朱丽兰　郭　磊　主　编
王丽梅　李　英　刘国红　副主编

After Effects

数字媒体后期制作项目教程

（微课版）

清华大学出版社
北　京

内容简介

本书以项目为主线，由易到难，将学习领域分为八大项目：制作基础动画、制作光特效、制作三维合成特效、后期调色、制作跟踪效果、制作模拟仿真效果、制作粒子特效和制作片头。每个项目均包括项目描述及项目目标、任务描述、任务实施、技术视角、项目总结和项目拓展几部分，每个项目又分为多个任务。通过对项目和案例的分析与讲解，让读者深入掌握数字媒体后期处理的标准、方法、技巧和注意事项，提高专业技能。

本书可作为本科和职业院校数字媒体相关专业的教材，也可作为数字媒体从业人员的参考资料。

图书在版编目（CIP）数据

After Effects数字媒体后期制作项目教程：微课版/朱丽兰，郭磊主编. —北京：清华大学出版社，2022.7
ISBN 978-7-302-60695-6

Ⅰ. ①A… Ⅱ. ①朱… ②郭… Ⅲ. ①图像处理软件—教材 Ⅳ. ①TP391.413

中国版本图书馆CIP数据核字(2022)第069334号

责任编辑： 张龙卿
封面设计： 徐日强
责任校对： 刘 静
责任印制： 宋 林

出版发行： 清华大学出版社
网　　址： http://www.tup.com.cn，http://www.wqbook.com
地　　址： 北京清华大学学研大厦A座　　**邮　　编：** 100084
社 总 机： 010-83470000　　**邮　　购：** 010-62786544
投稿与读者服务： 010-62776969，c-service@tup.tsinghua.edu.cn
质量反馈： 010-62772015，zhiliang@tup.tsinghua.edu.cn
印 装 者： 三河市龙大印装有限公司
经　　销： 全国新华书店
开　　本： 185mm×260mm　　**印　　张：** 13.25　　**字　　数：** 299千字
版　　次： 2022年7月第1版　　**印　　次：** 2022年7月第1次印刷
定　　价： 69.00元

产品编号：091843-01

前言

本书中的项目和案例由编者外出学习、培训、企业锻炼所积累的多种素材整理而成，主要来自青岛水晶石数字科技有限公司、Adobe 创意大学等。项目和案例中使用的软件主要是 After Effects CC，每个项目和案例均配有素材、案例效果、源文件和微课。

本书遵循本科及职业院校学生的认知规律，充分考虑其实用性、典型性、趣味性、可操作性以及可拓展性等因素，紧密结合专业能力和职业资格证书中的相关考核要求，构建基于典型的工作任务为载体的教学内容。通过 30 多个案例由浅入深、循序渐进地全面介绍了使用 After Effects CC 软件进行数字媒体后期处理的知识技能、制作方法、操作技巧和注意事项。

本书中的项目和案例均来自企业，由编者进行了教学处理。本书具有以下特点：

（1）本书内容的选取符合市场需求。本书精选的经典案例来自企业，涵盖了数字媒体后期处理新的技术和应用方向。

（2）本书完全按照任务驱动、案例教学和项目教学的思路进行编写。

（3）本书是通过校企合作方式完成的“工学结合”教材。本书由常年从事数字媒体后期教学的一线教师和企业中具有丰富经验的后期设计师编写完成。

本书的项目一、项目二由郭磊、李英、王梦禹、付曙光（原青岛水晶石教育学院讲师）编写，项目三、项目四由刘萍、王丽梅、沈志梅编写，项目五、项目六由李玉臣、徐媛、刘国红、李丹阳编写，项目七、项目八由朱丽兰、赵千秋、房亮（Adobe 创意大学认证讲师）编写，最后由朱丽兰、王丽梅统一审稿。

本书的参考学时为 64 学时，其中实训环节为 32 学时。具体课时按项目分配如下：项目一为 14 学时，项目二为 10 学时，项目三为 6 学时，项目四为 6 学时，项目五为 4 学时，项目六为 6 学时，项目七为 8 学时，项目八为 10 学时。

编　者

2022 年 3 月

目录

项目一　制作基础动画

【项目描述】

本项目部分案例源于青岛水晶石教育学院。

三维动画在3ds Max中制作完成并渲染输出后，需要用后期软件进行修改和调整（如加入片头、片尾、文字动画、光特效、景深、雾、矫正颜色等）。其中，在一个三维动画中，文字是必不可少的。本项目将通过实例来讲解文字动画效果的制作。部分案例截图如图1-1和图1-2所示。

图1-1　制作闪动文字

图1-2　保护动物

【项目目标】

知识目标：

（1）掌握After Effects CC操作界面。

（2）掌握After Effects CC的基本操作。

（3）掌握After Effects CC图层的操作。

（4）掌握After Effects CC遮罩的使用方法。

（5）掌握文字下落、变色、拖尾等效果的制作方法。

技能目标：

（1）能在After Effects CC中导入文件，创建合成层，改变时间轴显示模式，设置渲染参数。

（2）能制作抖动动画。

（3）能制作闪动文字。

（4）能制作文字下落效果。

素质目标：

培养学生团结合作、信息检索和创新创意的能力。

After Effects CC 中文字动画多种多样，包括文字基本属性动画和丰富多彩的文字特效。本项目将讲解较为简单的文字基本属性动画，文字特效将在后面的项目中讲解。

任务一　制作遮罩动画

【任务描述】

本任务将通过案例——制作喷泉动画，制作闪动文字，制作翻动的日历和制作保护动物，讲解后期软件、After Effects CC 界面、After Effects CC 基本操作、轨道蒙版、遮罩等知识。

【任务实施】

1. 软件介绍

目前，常用的后期软件有以下 3 种。

（1）合成软件：After Effects、Nuke、Digital Fusion、Shake、Autodesk Combustion。

（2）剪辑软件：Premiere、Vegas、Edius。

（3）跟踪软件：Pftrack、Boujou、SythEyes。

After Effects CC（简称 AE）是 Adobe 公司开发的一个影视后期特效合成及设计软件，用于高端视频特效系统的专业特效合成，是后期合成软件的佼佼者。AE 可以对多层的合成图像进行控制，制作出天衣无缝的合成效果；引入了关键帧和路径，使 AE 能轻松控制高级的二维动画；具有高效的视频处理系统，使得 AE 能输出高质量的视频；令人眼花缭乱的特技系统，使 AE 能实现使用者的一切创意。AE 保留有 Adobe 软件的相互兼容性，可以非常方便地调入 Photoshop、Illustrator 的层文件，可以近乎完美地再现 Premiere 的项目文件，甚至还可以调入 Premiere 的 EDL 文件。还能将二维和三维在一个合成中灵活地混合起来，用户可以在二维或者三维中工作或者混合起来在层的基础上进行匹配。使用三维的层切换可以随时把一个层转化为三维的；二维和三维的层都可以水平或垂直移动；三维层可以在三维空间里进行动画操作，同时保持与灯光，阴影和相机的交互影响，并且 AE 支持大部分的音频、视频、图文格式，甚至还能将记录三维通道的文件调入进行更改。

2. After Effects CC 的操作界面

要想熟练地使用 After Effects CC 软件进行后期制作，不能盲目地急于求成，必须先了解一下软件的操作界面、窗口布局等。只有对其操作界面有了宏观的认识，才能在工作中得心应手。

1）软件启动

双击桌面上的 AE 软件图标，打开软件，如图 1-3 所示，单击【新建项目】按钮，进入操作界面。

图 1-3 【欢迎】界面

2）操作界面的构成

After Effects CC 的操作界面主要由以下几部分组成：菜单栏、工具栏、项目面板、合成面板、时间线面板、信息面板、音频面板、预览面板、效果和预设面板、字符面板、段落面板等，如图 1-4 所示。

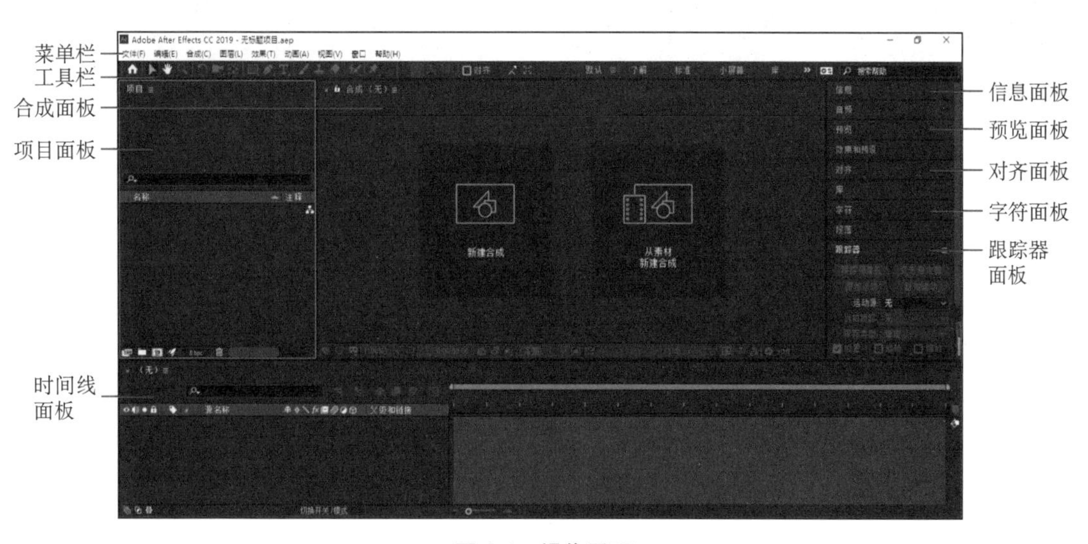

图 1-4 操作界面

其中，【项目】面板位于界面的左上角，用来管理所有素材和合成。在【项目】面板中可以很方便地进行导入、删除、编辑等操作。【项目】面板的上半部分为素材的缩略图和基本信息，如图 1-5 所示。

【合成】窗口是视频的预览区域，能够直接观察要处理的素材文件显示效果。该窗口不仅可以预览素材，在编辑素材的过程中也是不可缺少的。常用的工具栏的工具主要在这里使用，用户还可以建立快照以方便对比观察影片，如图 1-6 所示。

图 1-5 【项目】面板

图 1-6 【合成】窗口

【时间线】面板是工作界面的重要组成部分，它是进行素材组织的主要操作区域，主要用于管理图层的顺序和设置动画关键帧，如图 1-7 所示。

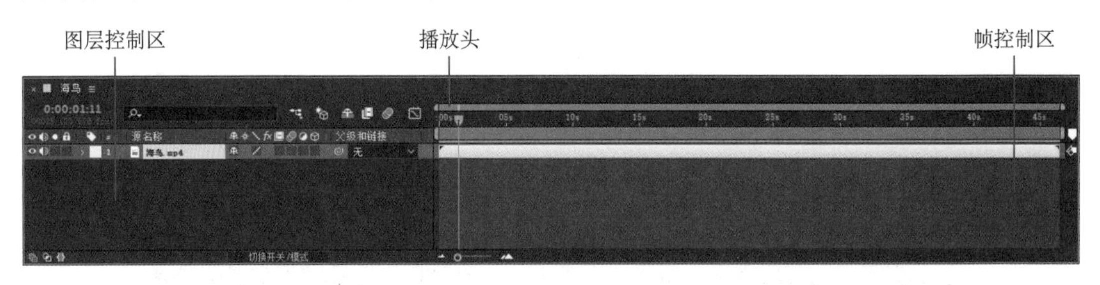

图 1-7 【时间线】面板

【音频】面板显示播放合成作品时的音量级别，它可以进行调节左、右声道的音量。利用【时间轴】面板和【音频】面板可以为音量设置关键帧，也可以将分贝值设置为百分数的形式显示，并可以设置分贝值的变化范围，如图 1-8 所示。

【预览】面板用来控制素材图像的播放和停止，进行合成内容的预览操作及相关设置，如图 1-9 所示。

【效果和预设】面板用于快速查找需要的滤镜或预设特效，也可以通过该面板进行滤镜分类显示。如果要对某个图层进行使用特效，可以直接在【效果和预设】面板中选择使用的特效，如图 1-10 所示。

上述面板都是浮动面板，如果不小心调整了面板的位置或者界面发生了变化，可以选择【窗口】→【工作区】→【将“默认”重置为已保存的布局】命令恢复默认窗口。

图 1-8　【音频】面板

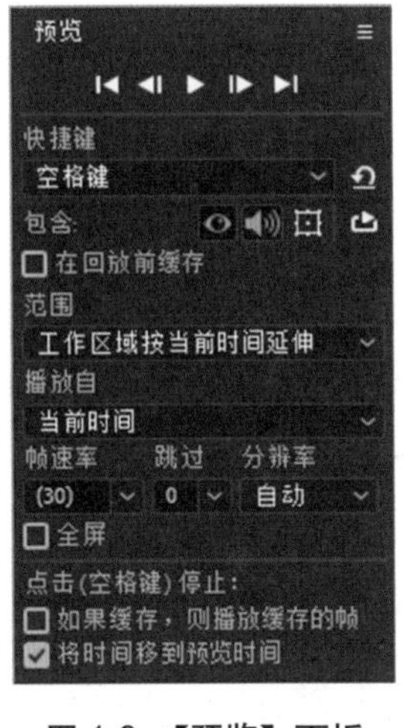

图 1-9　【预览】面板

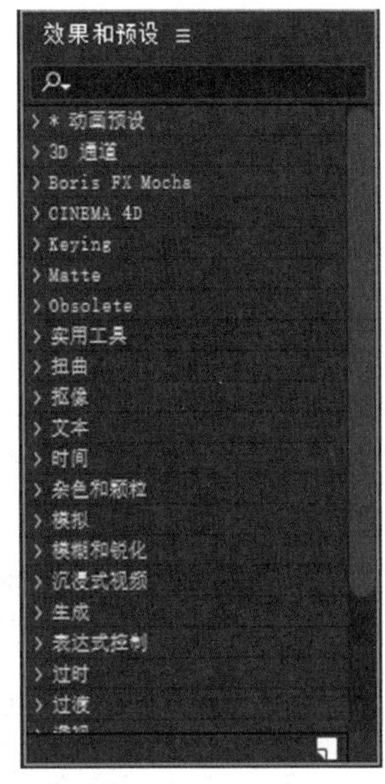

图 1-10　【效果和预设】面板

3. After Effects CC 的基本操作

案例 1：制作喷泉动画

(1) 双击【项目】面板下半部分的空白区域，弹出【导入文件】对话框，找到素材中的"喷泉"素材，任选一个图片文件，选中【Targa 序列】复选框，单击【导入】按钮，打开的对话框如图 1-11 所示。

图 1-11　【导入文件】对话框

（2）选择【合成】→【新建合成】命令（或按 Ctrl+N 组合键），创建一个新的合成层，弹出【合成设置】对话框，如图 1-12 所示。

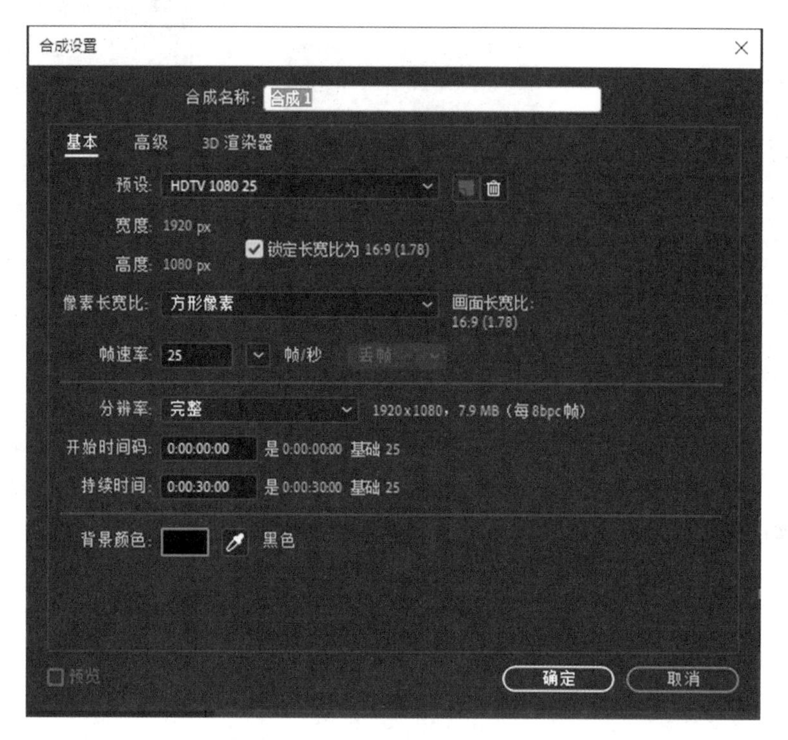

图 1-12 【合成设置】对话框

设置参数如下。

- 合成名称：喷泉背景。
- 预设：自定义。
- 锁定长宽比为 16.9 (1.78)：取消选中。
- 宽度：720px。
- 高度：404px。
- 像素长宽比：方形像素。
- 帧速率：25 帧 / 秒。
- 持续时间：0：00：04：00（时：分：秒：帧）。

设置完成后，单击【确定】按钮，如图 1-13 所示。

（3）将【项目】面板中的图片序列拖到图层控制区中，在【时间轴】面板上拖动播放头即可看到动画。

（4）渲染输出。按 Ctrl+M 组合键，打开【渲染队列】面板，如图 1-14 所示。单击右侧的【渲染】按钮，即可渲染输出。

注意：

在渲染时，如果【渲染队列】面板右侧的【渲染】按钮没有出现，则单击【输出到】后面的合成名称，选择输出位置即可。

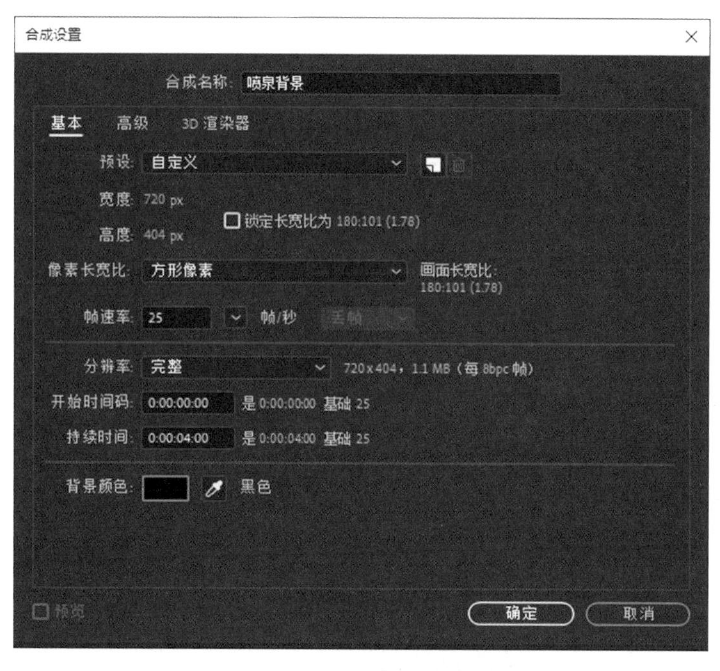

图 1-13 在【合成设置】对话框中设置参数

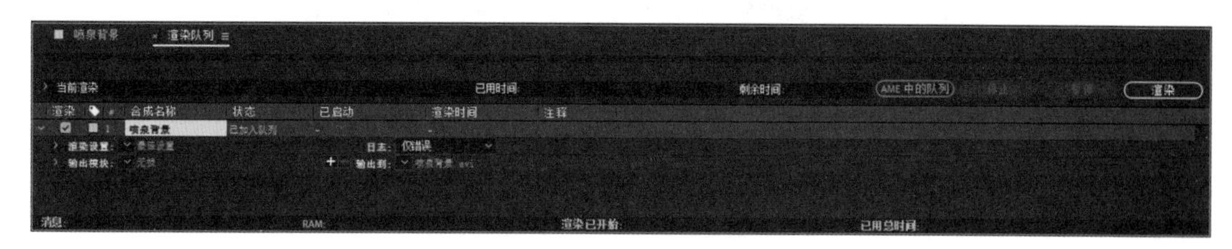

图 1-14 【渲染队列】面板

（5）保存项目。按 Ctrl+S 组合键，打开【另存为】对话框，如图 1-15 所示。选择输出位置，输入文件名称，文件类型为 .aep，单击【保存】按钮。

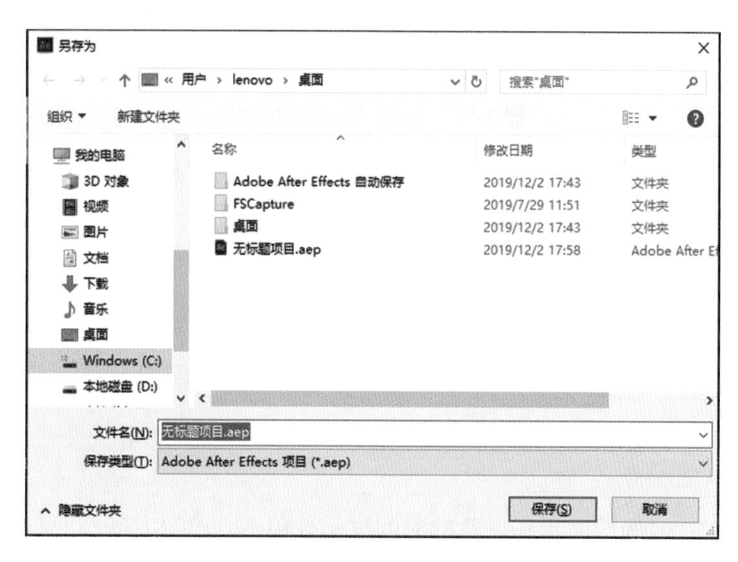

图 1-15 【另存为】对话框

【技术视角 1】

1. 导入文件

在 After Effects CC 中导入文件有多种方法。

（1）双击【项目】面板下半部分的空白区域，弹出【导入文件】对话框，选择需要导入的文件。

（2）选择【文件】→【导入】→【文件】命令。

（3）将文件拖到【项目】面板的空白区域。

其中，使用前两种方法都会弹出【导入文件】对话框，找到要导入的文件，如图 1-16 所示。

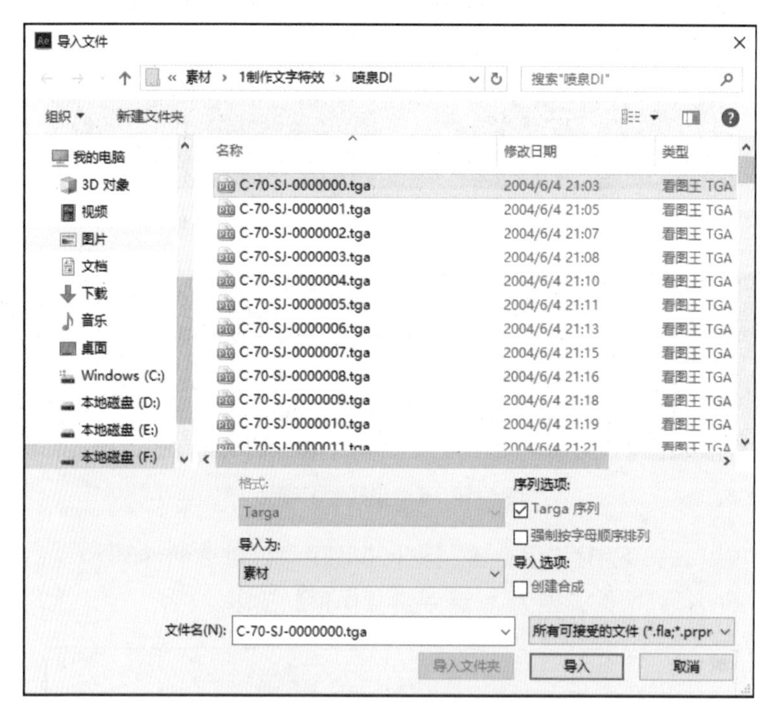

图 1-16 【导入文件】对话框

如果选中【Targa 序列】复选框，并导入了多幅图片，但只希望显示一幅图片，可将这些图片拖到【时间轴】面板上，在该面板上拖动可看到动画效果。

再次导入同一幅图片，不选中【Targa 序列】复选框，则只导入当前选中的这一幅图片。

2. 修改合成层属性

选择【合成】→【合成设置】命令，或者按 Ctrl+K 组合键，打开【合成设置】对话框，可以修改合成的属性。

3. 改变时间显示样式

按住 Ctrl 键，在时间线面板左上角的时间显示处单击，即可切换时间显示样式；或者按 Ctrl+Alt+Shift+K 组合键，打开【项目设置】对话框，选择【时间显示样式】选项卡，选中

【帧数】,单击【确定】按钮。

4. 渲染设置

（1）选择【编辑】→【模板】→【渲染设置】命令,打开【渲染设置模板】对话框,如图 1-17 所示。

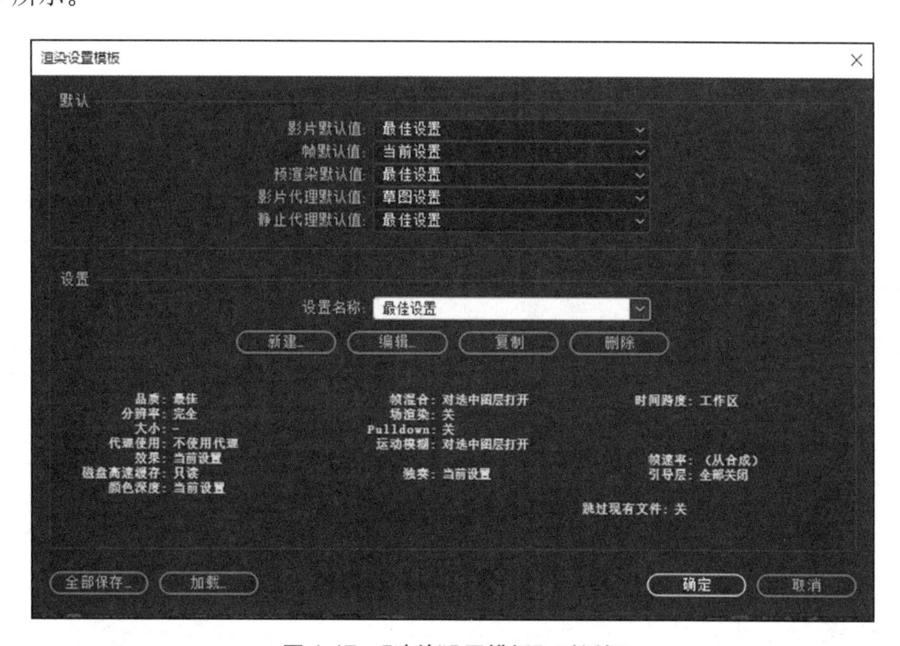

图 1-17　【渲染设置模板】对话框

单击【编辑...】按钮,打开【渲染设置】对话框,如图 1-18 所示。

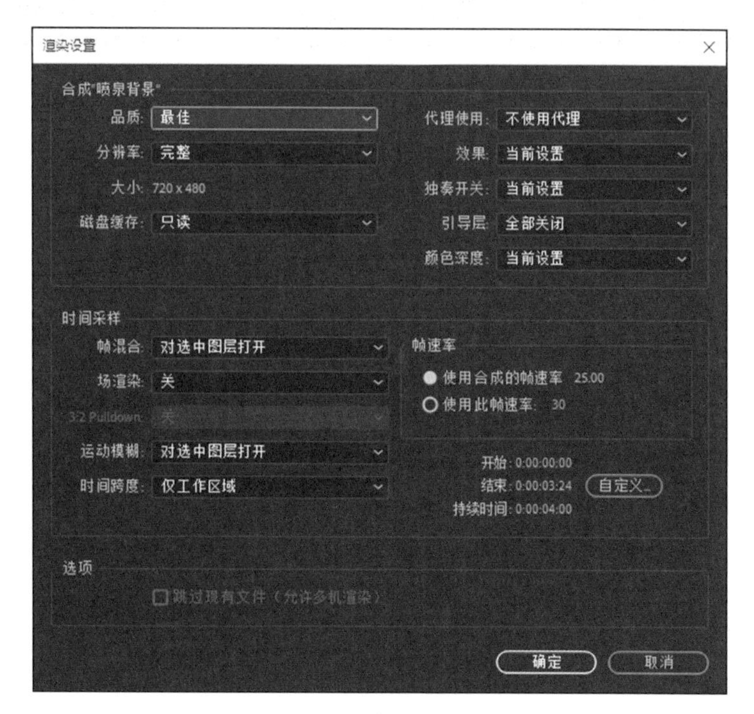

图 1-18　【渲染设置】对话框

参数设置如下。

- 帧速率：选择使用合成的帧速率为 25.00。
- 场渲染：关。
- 品质：最佳。
- 分辨率：完整。

（2）选择【编辑】→【模板】→【输出模块】命令，打开【输出模块模板】对话框，如图 1-19 所示。

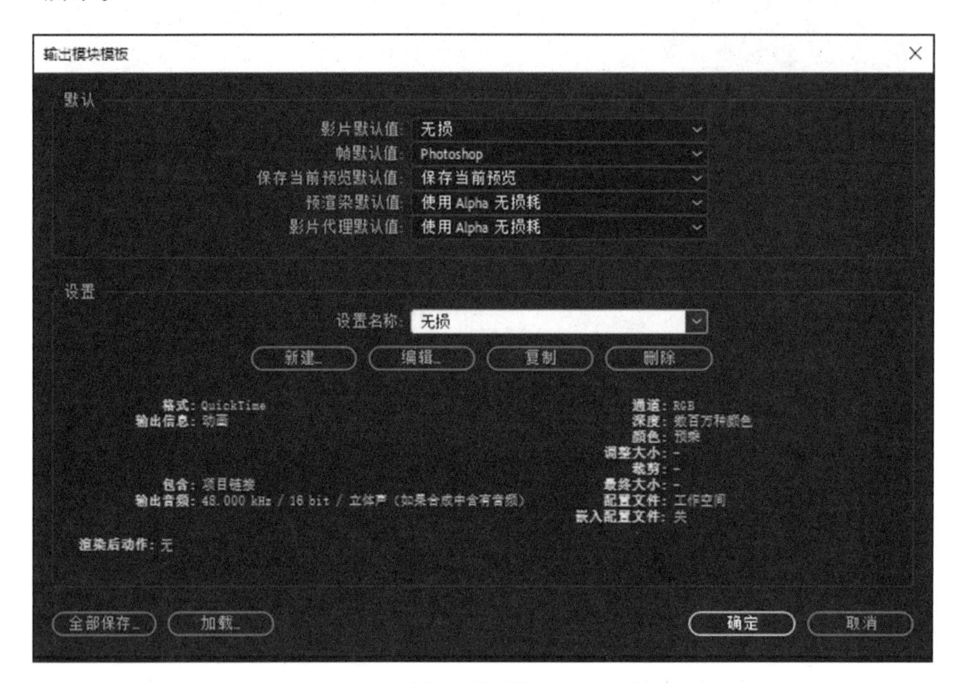

图 1-19 【输出模块模板】对话框

单击【编辑】按钮，打开【输出模块设置】对话框，如图 1-20 所示，设置【格式】为 QuickTime。

注意：

需要先安装 Quick Time，否则无此选项。

此时渲染输出的视频为 MOV 格式。

在 AE 中还可以输出 AVI 格式的视频，方法是设置【格式】为 AVI。

思考：

“案例 1：制作喷泉动画”中如果想让视频周围出现黑边，怎么办？

解决方法：按 Ctrl+K 组合键，打开【合成设置】对话框，将长度和宽度的数值加大即可。

案例 2：制作闪动文字

（1）新建一个 AE 项目文档，在【项目】面板空白区域双击，选择素材中“喷泉 DI”文件夹中的任意一个文件。选中下方的【Targa 序列】复选框，单击【导入】按钮，如图 1-21 所示。

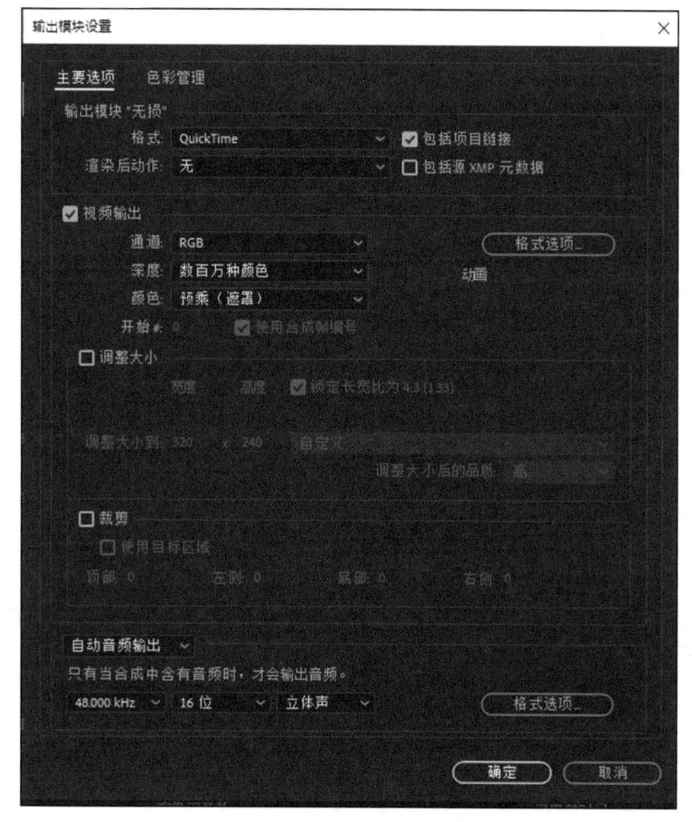

图 1-20 【输出模块设置】对话框

制作闪动文字 .mp4

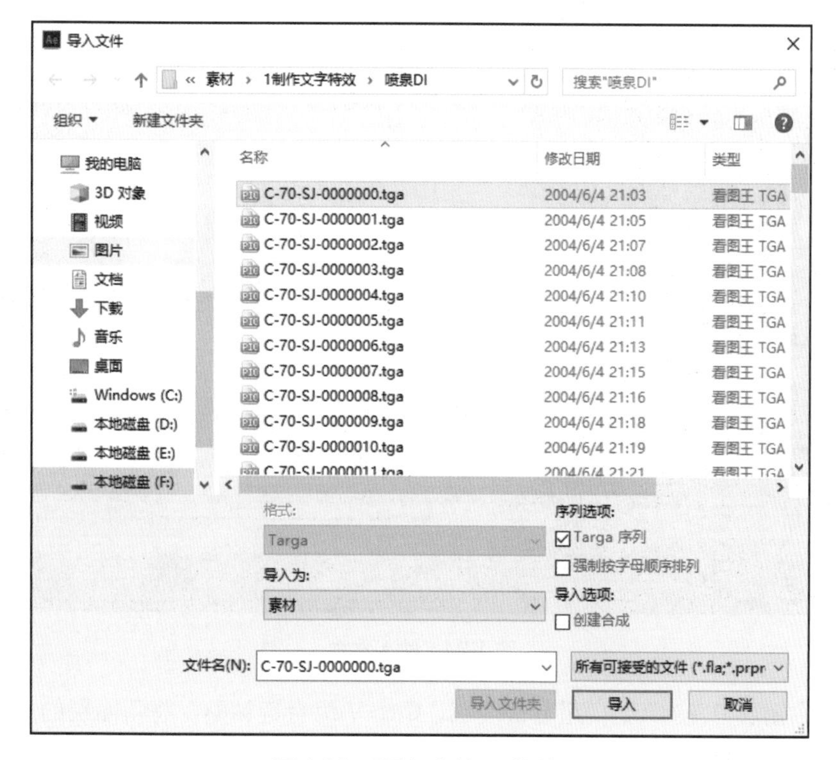

图 1-21 【导入文件】对话框

(2) 将导入的序列图片拖到【项目】面板的【新建合成】按钮上,生成一个合成层。按住 Ctrl 键,单击图层控制区的左上角,改变【时间显示样式】为帧数显示,如图 1-22 和图 1-23 所示。

图 1-22　改变前

图 1-23　改变后

(3) 在工具栏中选择【横排文字工具】,在场景中输入字母 P,在【字符】面板中设置其属性。选择【选取工具】,将 P 移动到合适位置,如图 1-24 所示。

图 1-24　输入文本

(4) 选中图层 P,按 Ctrl+C 组合键复制，Ctrl+V 组合键粘贴。将新图层的文本改为 Q,选择【选取工具】,调整字母 Q 的位置,使其向右移动,如图 1-25 所示。

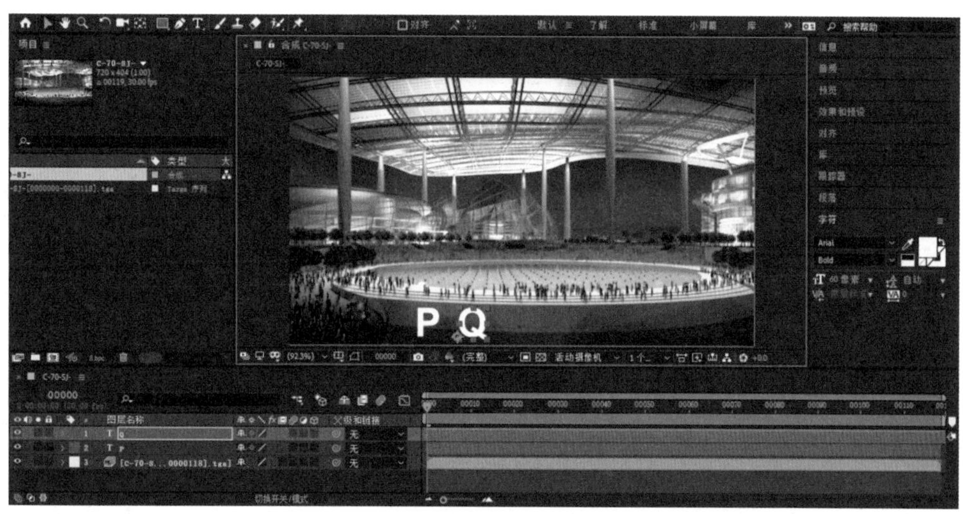

图 1-25　复制图层

(5) 在图层控制区中的空白处右击，选择【新建】→【纯色】命令，打开【纯色设置】对话框，设置参数如图 1-26 所示。设置完成后单击【确定】按钮，在合成窗口中添加一个白色方块，如图 1-27 所示。

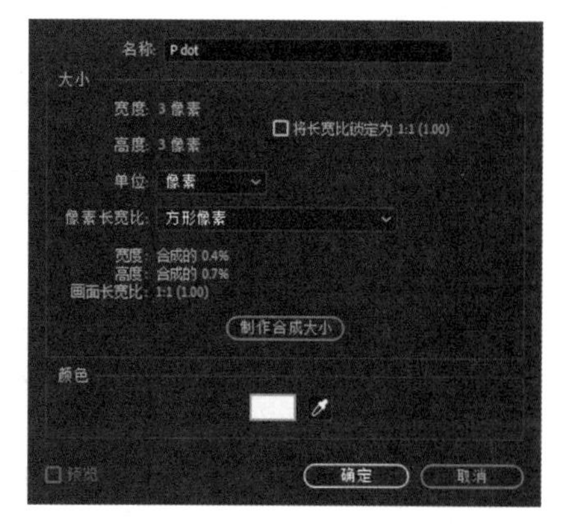

图 1-26　【纯色设置】对话框

(6) 选择【选取工具】，将创建的白色方块移动到字母 P 后面，单击窗口的空白处，取消选择，如图 1-28 所示。

(7) 按住 Ctrl 键，单击图层 P、Q 和 P dot，选中这 3 个图层，按 T 键打开上述 3 个图层的【不透明度】属性，单击前面的“小钟”图标，设置不透明度值为 80%，自动添加 3 个关键帧，如图 1-29 所示。将播放头拖动到第 50 帧处，设置 3 个图层的不透明度值为 60%，自动添加 3 个关键帧，如图 1-30 所示。

图 1-27　创建白色方块

图 1-28　移动白色方块

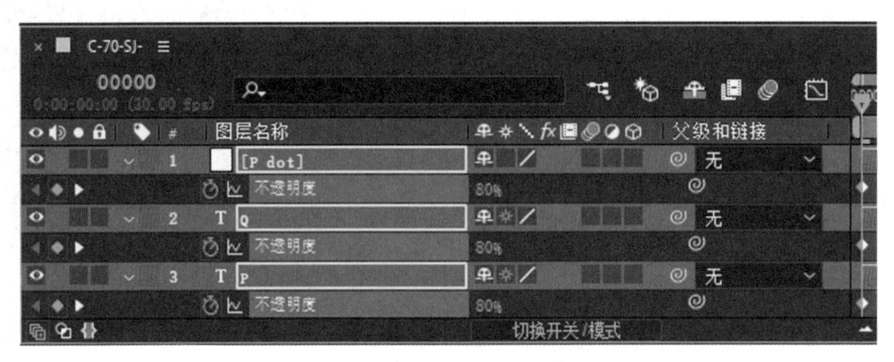

图 1-29　不透明度设置为 80%

图 1-30　不透明度设置为 60%

（8）框选图层 Q 的两个关键帧。选择【窗口】→【摇摆器】命令，打开【摇摆器】面板，设置【频率】为 50，【数量级】为 20，单击【应用】按钮，如图 1-31 所示。用同样的方法对图层 P 和 P dot 的关键帧进行设置，设置完成后帧控制区如图 1-32 所示。

图 1-31　【摇摆器】面板

（9）选中图层 Q，按 P 键打开其位移属性【位置】。将播放头拖动到第 51 帧处，单击【位置】前面的“小钟”图标，添加一个关键帧。将播放头拖动到 52 帧处，向右移动文本 Q，自动添加一个关键帧，如图 1-33 所示。

图 1-32　设置抖动

图 1-33　移动文本 Q

（10）在图层控制区的空白区域右击，选择【新建】→【纯色】命令，弹出【纯色设置】对话框，设置如图 1-34 所示，再单击【确定】按钮，添加一个白色方块。

（11）将白色方块移动到文本 P 的后面，如图 1-35 所示。选中图层“白色方块”，单击工具栏中的【矩形工具】■，在白色方块左下角处绘制一个小矩形，作为遮罩如图 1-36 所示。

（12）将播放头拖动到第 52 帧处，展开“蒙版 1”，单击“蒙版路径”前面的“小钟”图标，添加关键帧。将播放头拖动到第 51 帧处，将矩形遮罩移出白色块，如图 1-37 所示。

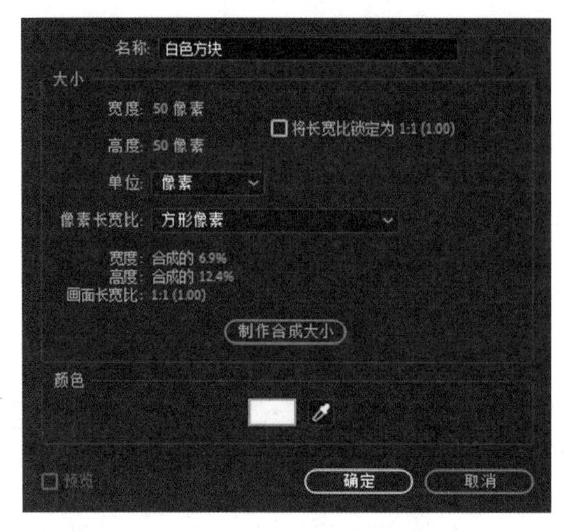

图 1-34 【纯色设置】对话框

图 1-35 移动白色方块到 P 后面

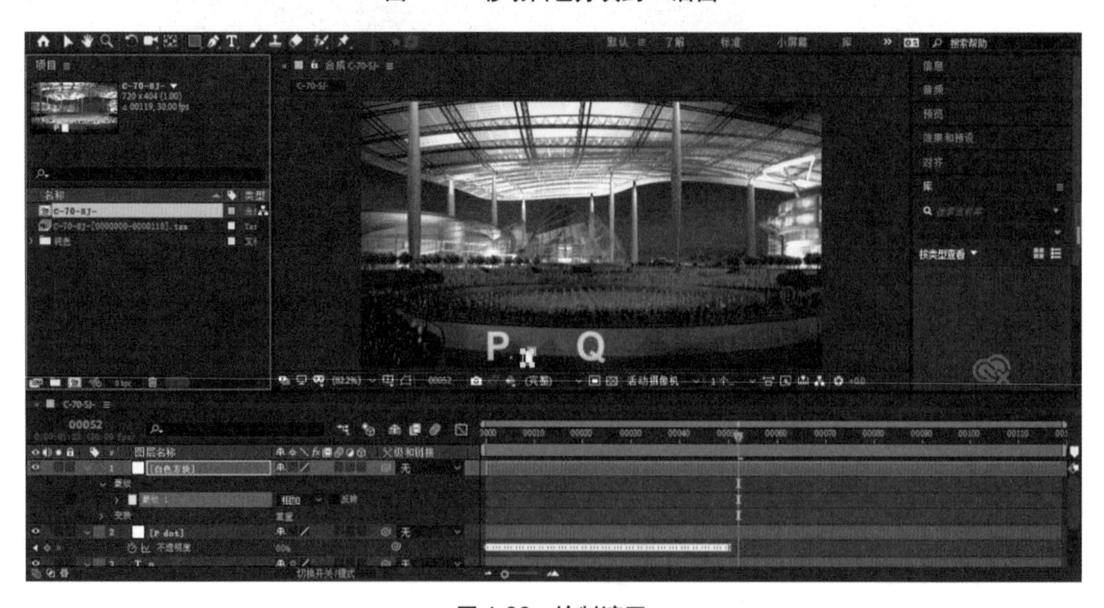

图 1-36 绘制遮罩

图 1-37　移出矩形遮罩

（13）将播放头拖动到第 60 帧处，单击“小钟”图标前面的“在当前时间添加或移除关键帧”按钮◆，将光标移动到遮罩的右上方，当光标变为▶，框选右端两个锚点，调整矩形遮罩大小，如图 1-38 所示。

图 1-38　第一次调整矩形遮罩大小

（14）将播放头拖动到第 70 帧处，添加关键帧，再次调整矩形遮罩大小，如图 1-39 所示。

（15）将播放头拖动到第 80 帧处，添加关键帧，再次调整矩形遮罩大小，如图 1-40 所示。

图 1-39　第二次调整矩形遮罩大小

图 1-40　第三次调整矩形遮罩大小

（16）将播放头拖动到第 90 帧处，添加关键帧，再次调整矩形遮罩大小，如图 1-41 所示。

图 1-41　第四次调整矩形遮罩大小

（17）将播放头拖动到第 100 帧处，添加关键帧，再次调整矩形遮罩大小，如图 1-42 所示。

图 1-42　第五次调整矩形遮罩大小

（18）将播放头拖动到第 100 帧处，选中图层“白色方块”，按 T 键，单击【不透明度】前面的“小钟”图标，添加一个关键帧，如图 1-43 所示。将播放头拖动到第 101 帧处，添加关键帧，设置【不透明度】为 0，如图 1-44 所示。

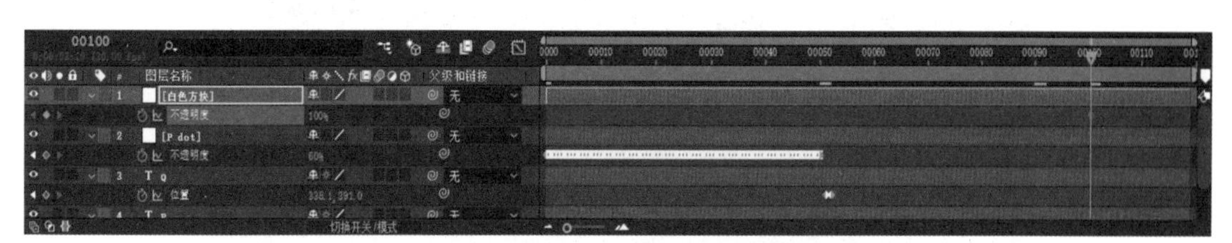

图 1-43　添加【不透明度】关键帧

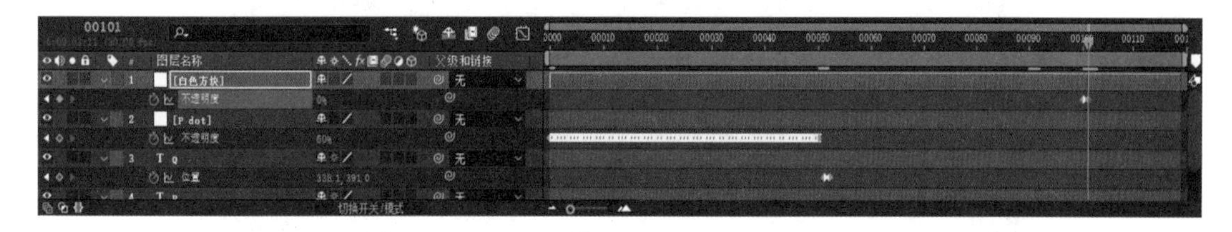

图 1-44　设置【不透明度】为 0

（19）将播放头拖动到第 100 帧处，选中图层 Q，按 P 键，打开【位置】属性，添加关键帧。将播放头拖动到第 101 帧处，添加关键帧，将文本 Q 向左移动，如图 1-45 所示。

（20）按 Ctrl+K 组合键打开【合成设置】对话框，更改合成名称为“制作闪动的文字”，如图 1-46 所示。

（21）按 Ctrl+M 组合键，渲染输出，如图 1-47 所示。

（22）按 Ctrl+S 组合键，保存项目。

图 1-45　设置 Q 的位置

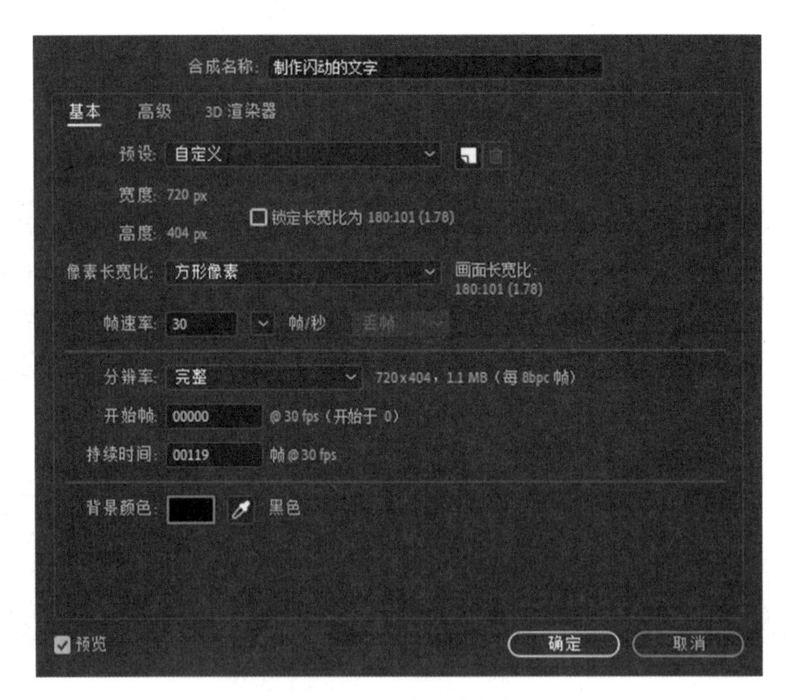

图 1-46　更改合成名称

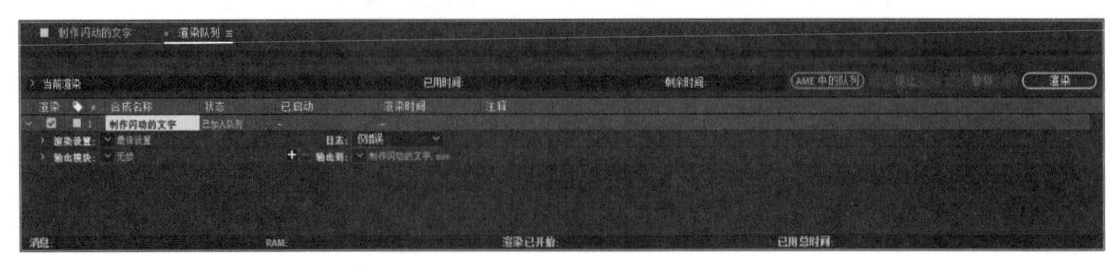

图 1-47　渲染队列

【技术视角 2】

1. 图层

在 After Effects CC 中无论是创作合成、动画，还是进行特效处理等操作，都离不开图层。除了单独的音频层外，各类型层至少有 5 个基本变换属性，它们分别是：【锚点】属性（快捷键为 A）、【位置】属性（快捷键为 P）、【缩放】属性（快捷键为 S）、【旋转】属性（快捷键为 R）和【不透明度】属性（快捷键为 T）。

可以通过单击【时间轴】面板中标签栏色彩标签前面的小箭头按钮展开变换属性标题，再次单击【变换】属性左侧的小箭头按钮可以展开其各个变换属性的具体参数，如图 1-48 所示。

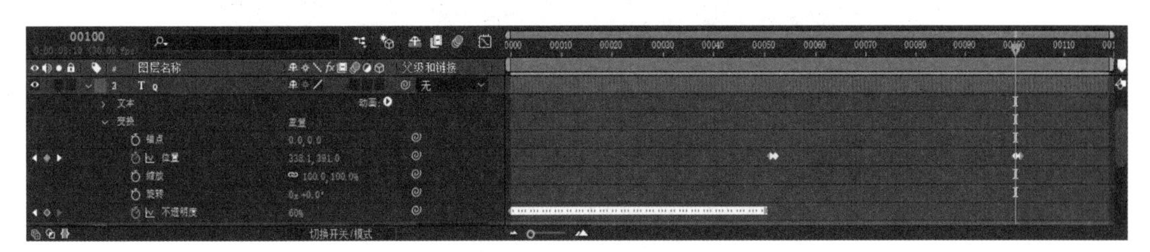

图 1-48　变换属性

上述几个属性前面有"小钟"图标，选中某帧后，单击"小钟"图标可以添加关键帧。如果要删除某关键帧，则选择该帧，单击"小钟"图标前面的按钮◆即可。

案例 3：最简单的动画——位移动画

（1）打开 After Effects CC 软件，在资源管理器中找到素材文件夹"喷泉 DI"，将"喷泉 DI"文件夹拖到 AE 的【项目】面板的下半区域中。将拖入的对象拖到【项目】面板下面的第三个按钮【新建合成】上，生成一个合成，此时在图层区域会增加一个图层，如图 1-49 所示。

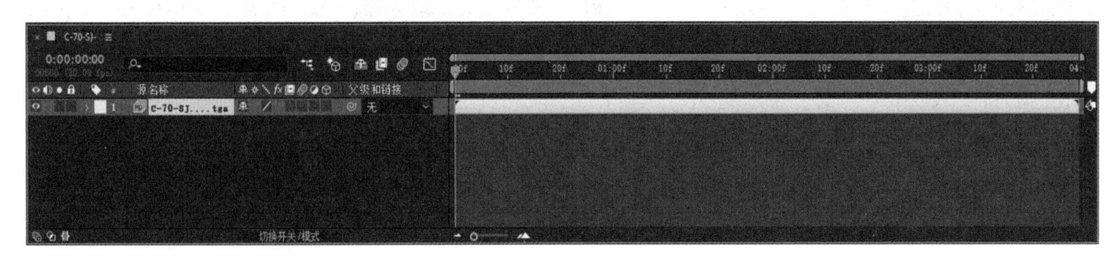

图 1-49　生成合成

（2）按 Ctrl+K 组合键，打开【合成设置】对话框，设置【合成名称】为 penquan，【帧速率】为 25，其他属性为默认值，如图 1-50 所示。

（3）单击选中图层，按 P 键打开图层的【位置】属性，将播放头定位在第 1 帧处，单击【位置】前面的"小钟"图标添加关键帧。将播放头放到第 20 帧处，改变对象的位置，如图 1-51 所示。

最简单的动画 .mp4

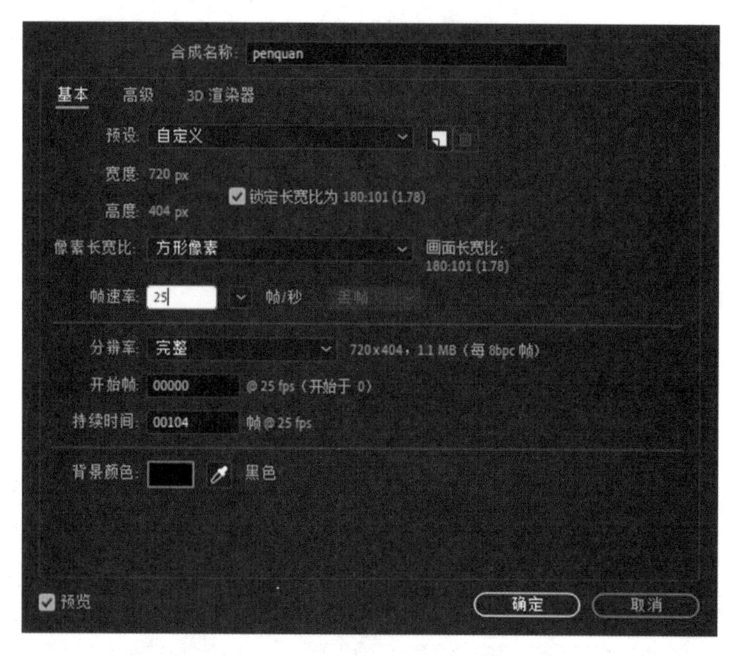

图 1-50 【合成设置】对话框

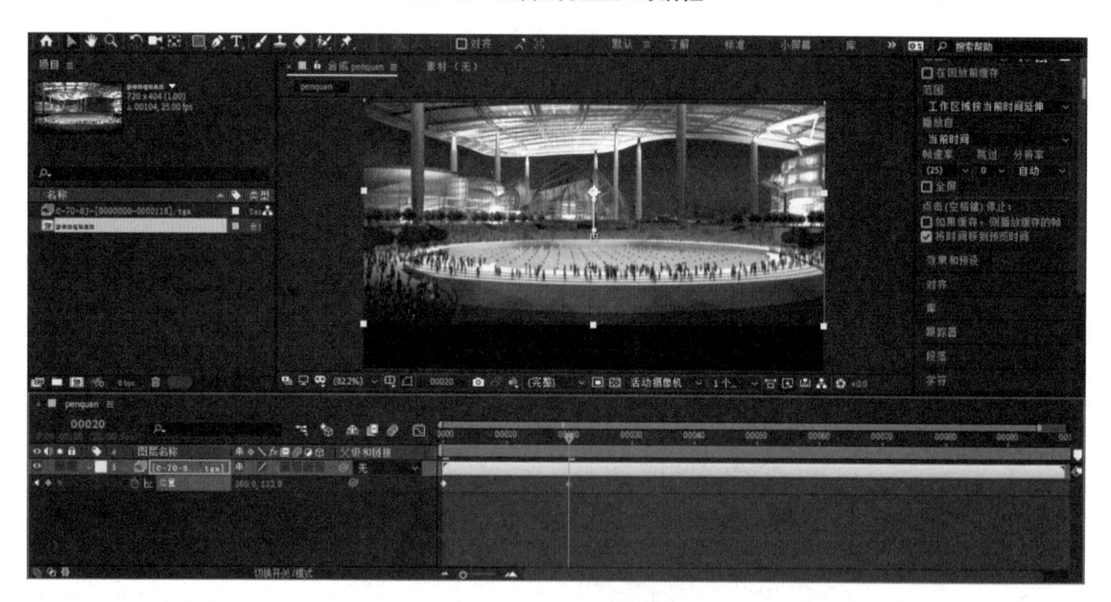

图 1-51 添加关键帧

（4）拖动播放头即可观看动画的位移效果。

2. 抖动效果

AE 中有一个【抖动】面板，利用该面板可以实现对象的随机抖动效果。

案例 4：抖动方块

（1）按 Ctrl+N 组合键创建合成图层，设置【合成名称】为 wiggler，【帧速率】为 25，如图 1-52 所示。

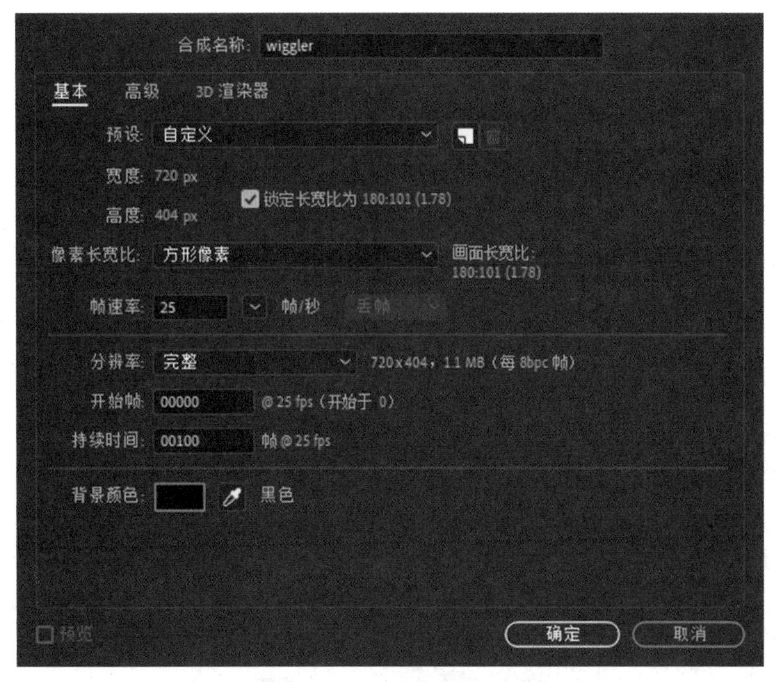

图 1-52　【合成设置】对话框

(2) 在 wiggler 合成的【时间轴】面板图层部分的空白区域中右击,从弹出的快捷菜单中选择【新建】→【纯色】命令,打开【纯色设置】对话框,设置如图 1-53 所示。

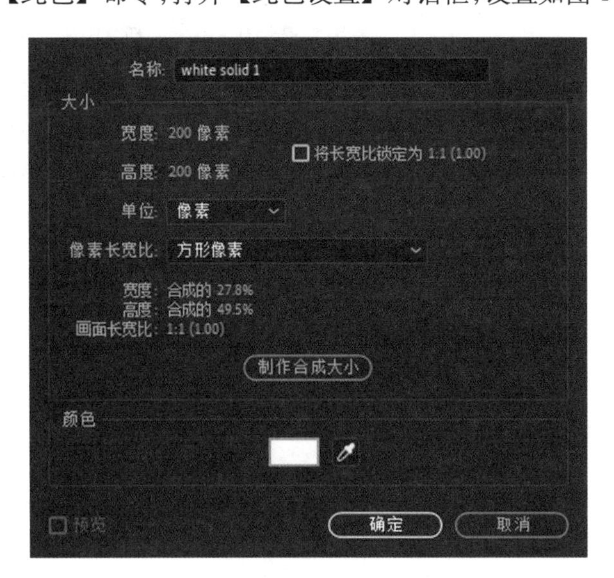

抖动方块 .mp4

图 1-53　【纯色设置】对话框

注意:

如果想再次打开【纯色设置】对话框,则在【项目】面板中单击【纯色】→【White Solid 1】,右击,从弹出的快捷菜单中选择【替换素材】→【纯色】命令即可。

(3) 单击【时间轴】面板中的 White Solid 1 图层,按 P 键展开位置属性,将播放头拖到第 1 帧处，单击【位置】前面的“小钟”图标添加关键帧；将播放头拖动到第 100 帧处，单击左侧的【在当前时间添加或移除关键帧】按钮◆添加关键帧，如图 1-54 所示。

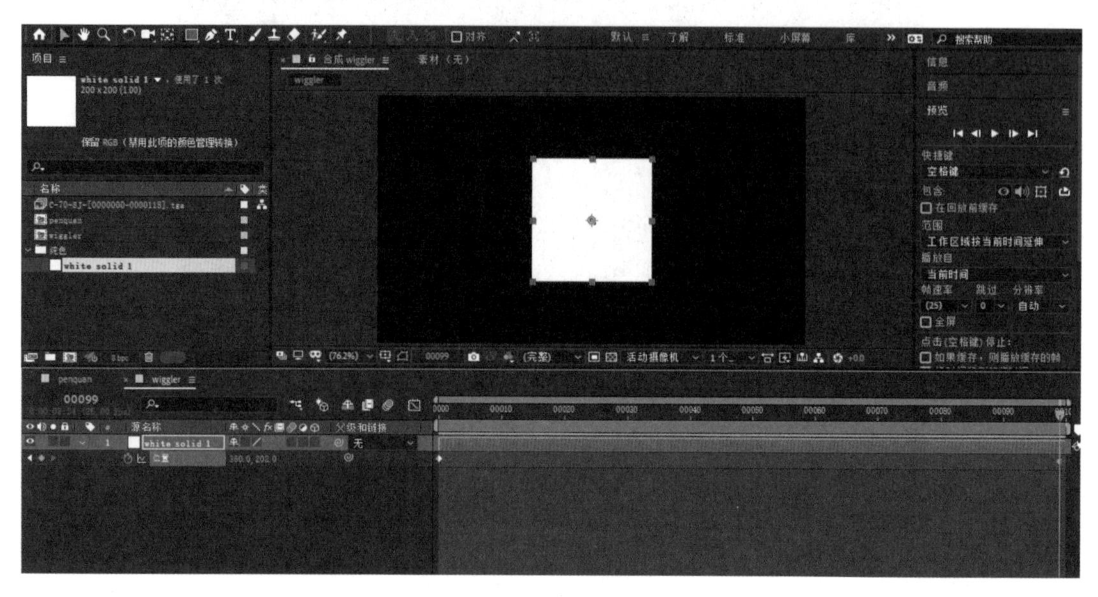

图 1-54　添加关键帧

（4）框选两个关键帧，选择【窗口】→【摇摆器】命令，打开【摇摆器】面板，设置【频率】为 10，【数量级】为 10。单击【应用】按钮，如图 1-55 所示。

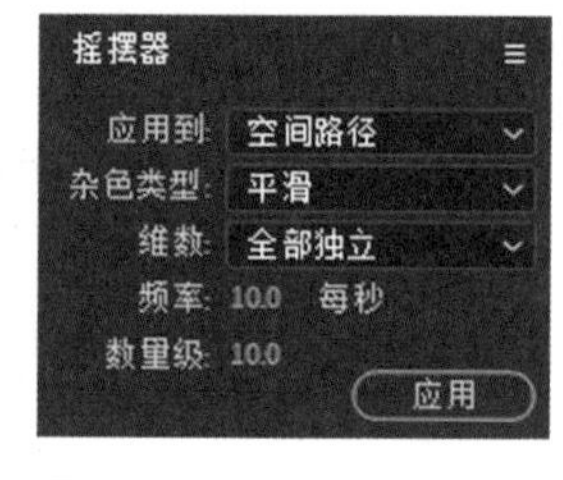

图 1-55　【摇摆器】面板

（5）按空格键或小键盘上的 0 键，可以预览动画。

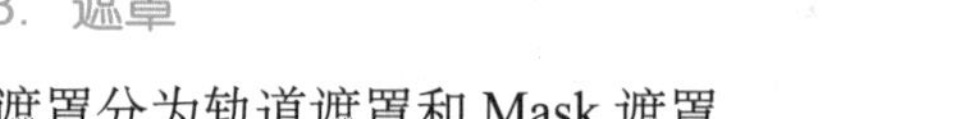

3. 遮罩

遮罩分为轨道遮罩和 Mask 遮罩。

1）轨道遮罩

轨道遮罩（Track Matte）又称轨道蒙版，可以把它理解成图层上面的窗口，因此制作时需要准备两个图层。

案例 5：制作日历翻动效果

本案例是一个轨道蒙版典型应用案例。利用轨道蒙版只显示规定区域内容，从而模拟日历翻动效果。

（1）按 Ctrl+N 组合键创建合成，设置参数如图 1-56 所示。

（2）创建数字素材。使用横排文字工具创建数字 20，文字参数如图 1-57 所示。

按 Ctrl+D 组合键复制数字 20 图层，摆放好位置，并将数字改为 19，如图 1-58 所示。

多次按 Ctrl+D 组合键复制数字图层，依次改为数字 20、21、22，并调整位置。选择上面的 4 个图层，使用【对齐】面板中的左对齐、垂直均匀分布使数字排列整齐，如图 1-59 所示。

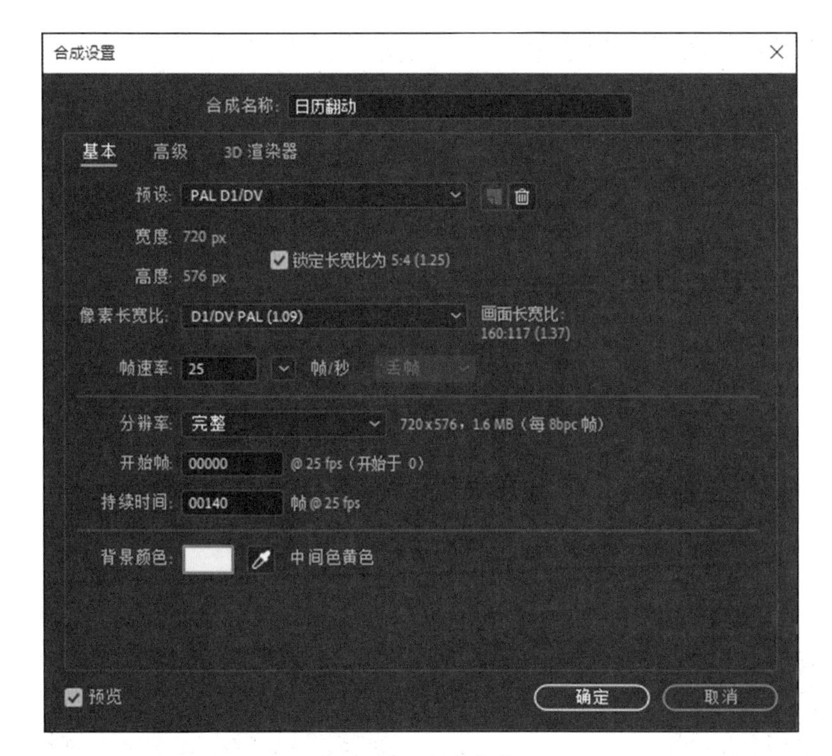

图 1-56　创建合成

制作日历翻动效果 .mp4

图 1-57　文字属性

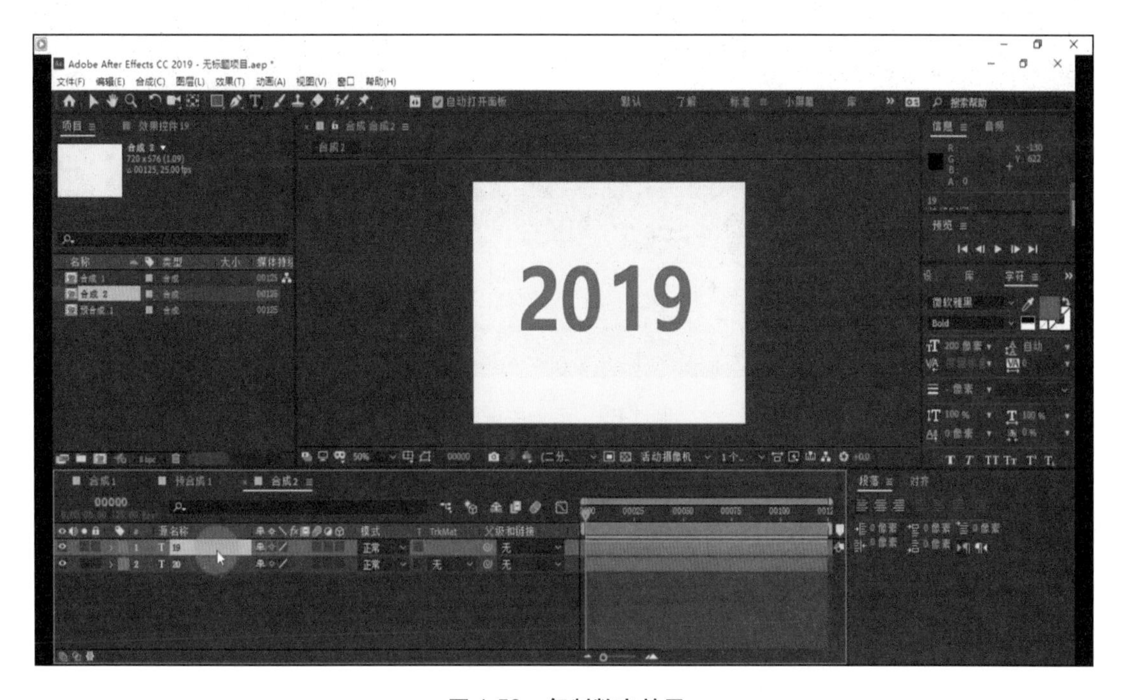

图 1-58　复制数字效果

（3）制作文字翻动动画。选择数字 19 图层，按 P 键打开位置属性，在第 0 帧添加关键帧，将播放指针放到第 20 帧，添加关键帧，让数字 19 保持不动维持 20 帧的时间，如图 1-60 所示。

图 1-59　多次复制数字效果

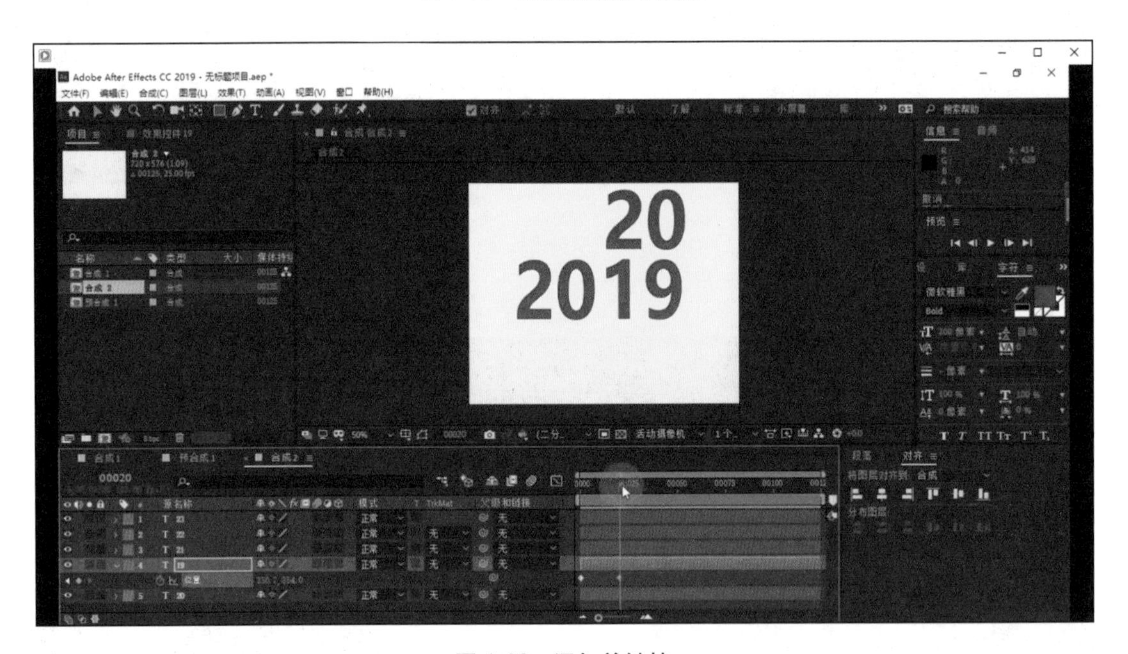

图 1-60　添加关键帧

将播放指针放到第 40 帧，将数字 19 向下移动一个行距的位置，将播放指针移动到 60 帧，添加关键帧，使数字 19 的位置保持不动维持 20 帧的时间。依次类推，60 ～ 80 帧向下移动，80 ～ 100 帧保持不变，100 ～ 120 帧向下移动，120 ～ 140 帧保持不变。如图 1-61 所示为第 60 帧效果，如图 1-62 所示为第 120 帧效果。在设置 120 帧效果时，数字会移出合成视窗之外，可以通过位置属性的第二个参数进行调整。

接下来其他数字也应该按照数字 19 运动的方式进行移动，因此，将播放指针放到第 0 帧处，将数字 19 图层上方的三个数字图层的父级属性都设置为数字 19 图层，如图 1-63 所示。测试动画，其他数字就可以跟着数字 19 移动了。

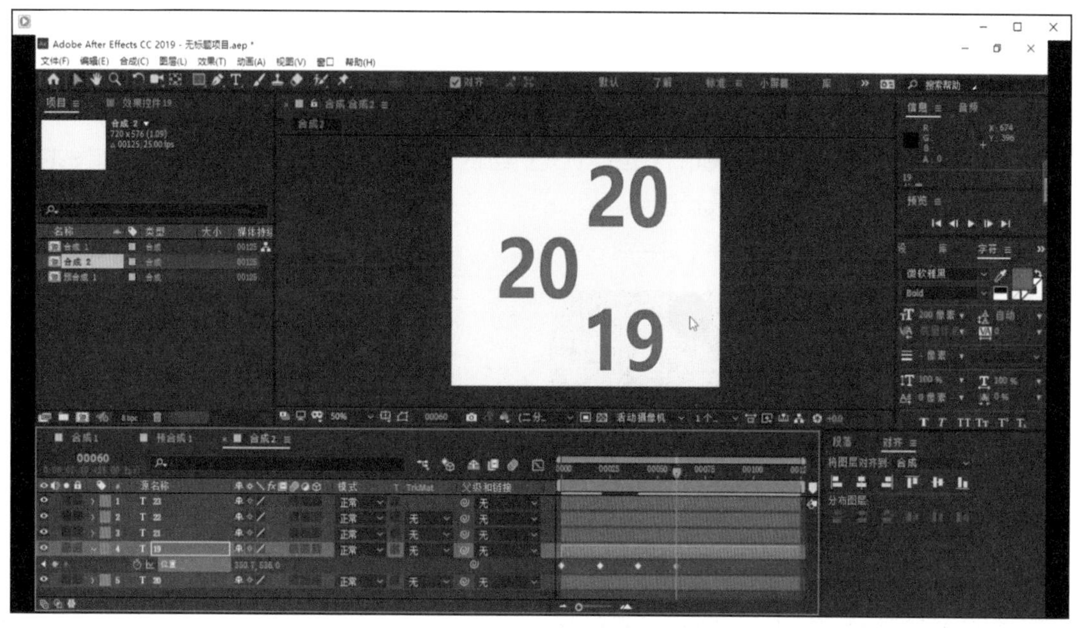

图 1-61　第 60 帧效果

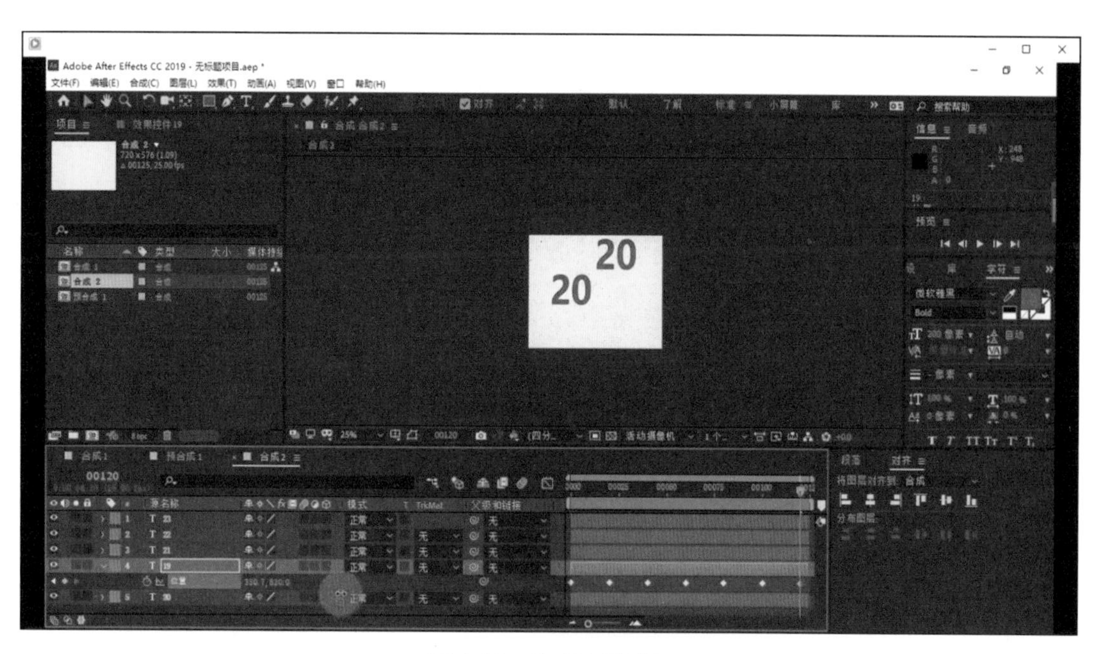

图 1-62　第 120 帧效果

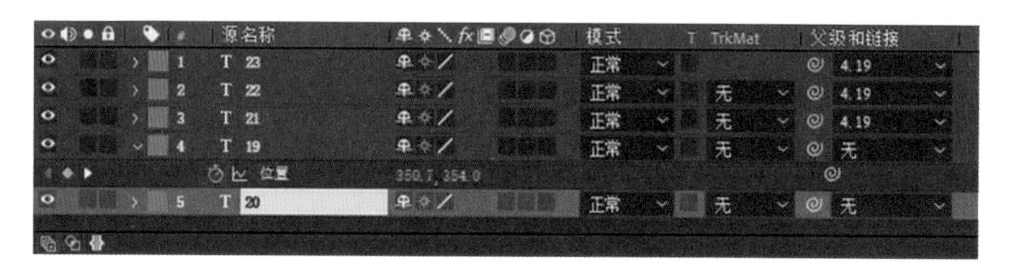

图 1-63　父子关系设置效果

（4）选择上方 4 个数字图层，执行【图层】→【预合成】命令，取名为文字滑动，选择“将所有属性移动到新合成”选项，如图 1-64 所示，将刚才制作的文字移动效果放置在预合成中。

（5）不要选择任何图层，使用【矩形工具】绘制一个矩形，正好盖住数字 19，如图 1-65 所示，图层区域自动添加一个形状图层。

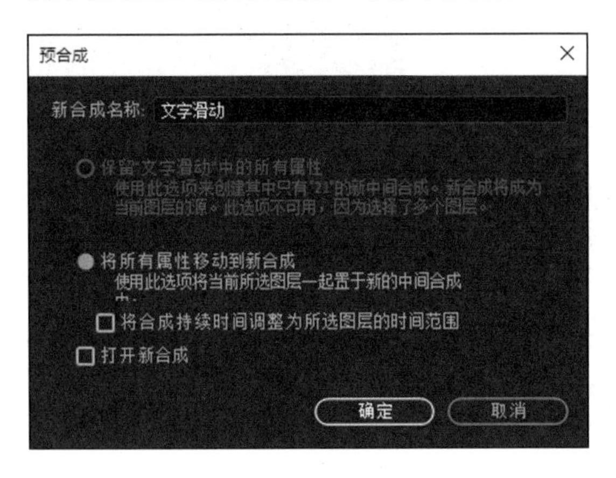

图 1-64　创建预合成

图 1-65　创建矩形

将文字滑动预合成图层的轨道蒙版设置为“Alpha 遮罩‘形状图层’”，如图 1-66 所示。预览动画，日历翻动的效果就完成了。

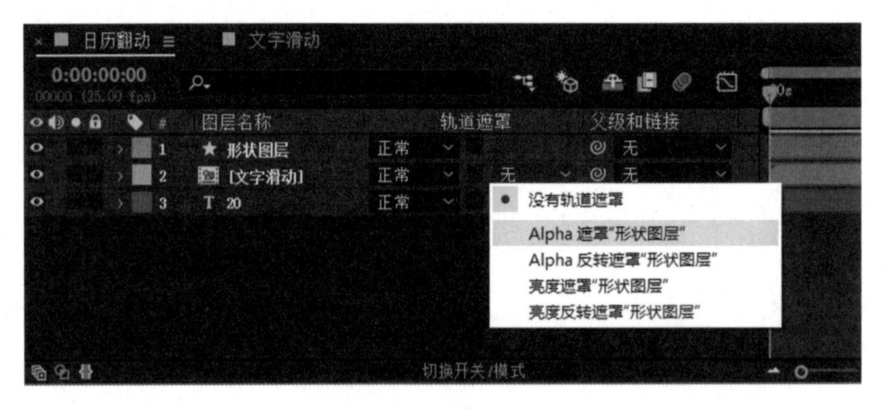

图 1-66　设置轨道蒙版

（6）保存项目，渲染输出。

注意：

（1）运用父级关系带动字母之间的移动。

（2）使用【预合成】命令快速将复杂的动画效果生成一个图层，便于使用轨道蒙版。

2）Mask 遮罩

Mask 遮罩，可以把它理解成图层的面具，实际是一个路径或者轮廓图，用于修改图层的 Alpha 通道。后面文中简称为遮罩。默认情况下，After Effects 层的合成均采用 Alpha 通道

合成。对于运用了遮罩的图层，将只有遮罩里面部分的图像显示在合成图像中（如果要显示遮罩外边的图像，可以选择【图层】→【蒙版】→【反转】命令）。遮罩在视频设计中广泛使用，例如，可以用来“抠”出图像中的一部分，使最终的图像仅有“抠”出的部分被显示。After Effects 提供了强大的遮罩创建、修改及动画功能，支持对某个特定的层设定多达 127 个的多重遮罩。单击【时间轴】面板中的相应影片素材层，即可以立即建立它的遮罩。还提供了方便的工具箱，可以使用钢笔、椭圆等各种类似 Photoshop 工具箱中的工具对遮罩进行修改，而且可以对遮罩的变化和运动进行时间设定。

（1）制作遮罩。遮罩一般在【合成】面板中制作。可以单击面板左下角的“缩放百分比”按钮，扩大面板的显示，方便绘制。

选中层，从工具面板中选择【矩形工具】或者【椭圆形工具】，在【合成】窗口中拖动即可绘制。也可以在【合成】窗口中选择【图层】→【蒙版】→【新建蒙版】命令，增加一个带有句柄的遮罩，然后选择【蒙版形状】，在【蒙版形状】对话框中可以设定遮罩的尺寸和位置，选择【矩形】或者【椭圆】。

工具栏中的【钢笔工具】可以绘制任何形状的遮罩，提供最为精确的控制。要绘制直线，在【图层】面板直接单击【钢笔工具】可以产生一个控制点。每次在新的位置单击，After Effects 将自动连接这些控制点。要绘制曲线，首先要理解方向线。所谓方向线，实际就是某个控制点的切线。每个控制点有两个方向线，方向线的末端是矩形的方向句柄，通过拖动方向线可以调整曲率。按照下述步骤绘制曲线：使用【钢笔工具】在层窗口单击，定位曲线遮罩的第一个位置；然后按住鼠标向要画的曲线方向拖动，拖动鼠标拉出方向句柄；在曲线要结束的地方再次单击，向第一个控制点相反的方向拖动；重复以上步骤，直到整个曲线画完。

（2）移动、缩放及旋转遮罩。利用工具栏中的【选择工具】选择要进行变换的遮罩或遮罩点，再选择【图层】→【蒙版与形状】→【自由变换点】命令。如果要移动遮罩或遮罩点，将光标放到约束框（框住遮罩的矩形框）中拖动。

要缩放遮罩，用鼠标拖动约束框的句柄。

要旋转遮罩或遮罩点，将光标放到约束框附近，当光标变成双箭头形状时，拖动鼠标即可旋转。

（3）修改遮罩形状。可以通过拖动控制点调整遮罩的形状。使用工具栏中的【增加控制点工具】增加控制点；使用【删除点工具】可以删除控制点。

（4）羽化遮罩。通过遮罩羽化，可以柔化遮罩的边界。选择【图层】→【蒙版】→【蒙版羽化】命令，输入羽化的横向及纵向值。

（5）动画遮罩。所谓动画遮罩，实际上就是一个动画的选择区域（Alpha 通道），通过这个区域的变化，可以使底层显示的图像不断变化。可以使用关键帧设置动画遮罩形状、羽化值及透明度。按照下述步骤设置动画遮罩形状：在【图层】面板中选择要动画的遮罩；在【时间布局】面板中展开层的遮罩属性；单击“蒙版形状”属性左边的时钟标记，设置第一个关键帧；移动时间标记，在【合成】窗口中移动或改变遮罩形状，After Effects 将自动产生关键帧。

案例 6：保护野生动物宣传片

本案例是一个遮罩技术综合应用的案例。利用轨道蒙版与遮罩相结合的技术制作动物特征轮廓与字母相叠加的效果，并添加 mask 遮罩动画，表现出野生动物力图挣脱人类捕杀的效果，运用创新的表现形式凸显视觉中心，使画面更生动，渲染紧张氛围。

(1) 创建项目，导入项目素材，并按照素材的分类用文件夹进行合理组织，方便后期使用，如图 1-67 所示。

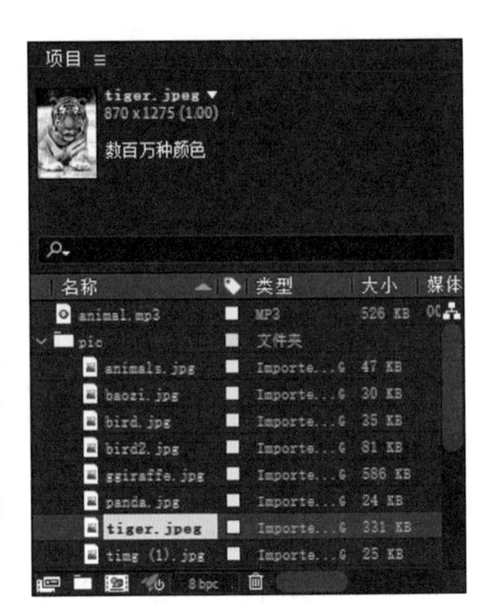

图 1-67　导入并组织项目素材

(2) 按 Ctrl+N 组合键创建合成，设置参数如图 1-68 所示，并在项目面板中将其组织在“合成”文件夹中，如图 1-69 所示。

(3) 找到素材中的图片文件“苏门答腊虎 .jpg”，将其拖放在【时间轴】面板上，并调整其大小，放置在合适的位置上，如图 1-70 所示。

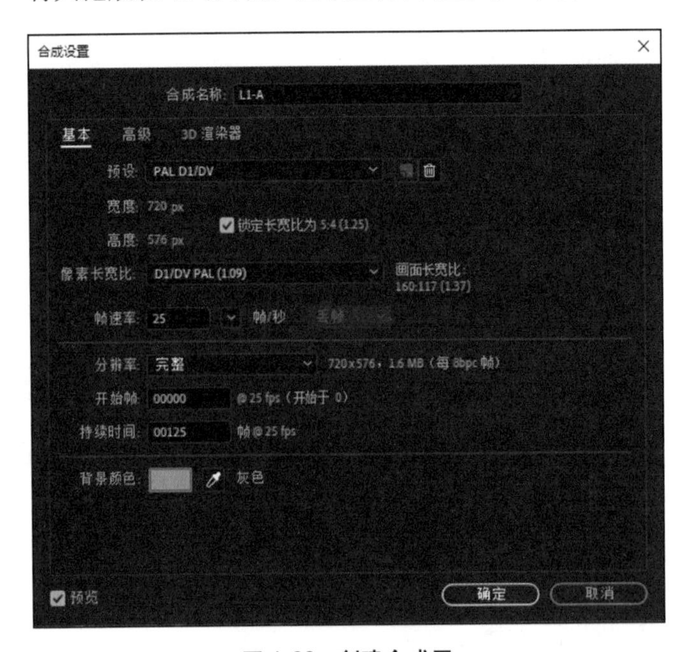

图 1-68　创建合成层

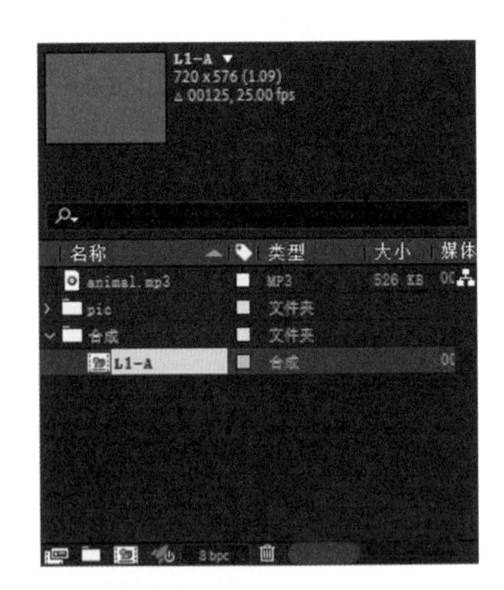

图 1-69　合成素材组织

图 1-70　【合成】窗口效果

（4）制作字母遮罩效果。选择横排文字工具，输入大写字母 A，并设置文字参数如图 1-71 所示。将字母 A 摆放在图片中老虎头部的位置，【合成】窗口效果如图 1-72 所示。

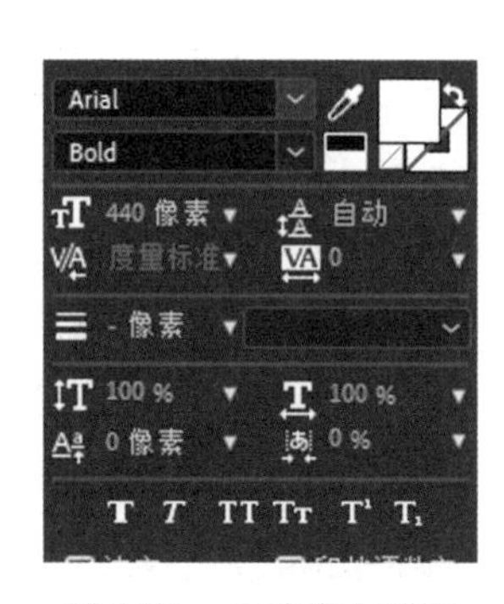

图 1-71　文字参数设置

图 1-72　【合成】窗口中摆放字母

在【时间轴】面板中选择字母 A 图层，右击并选择【创建】→【从文字创建蒙版】命令，生成 A 轮廓图层，效果如图 1-73 所示。

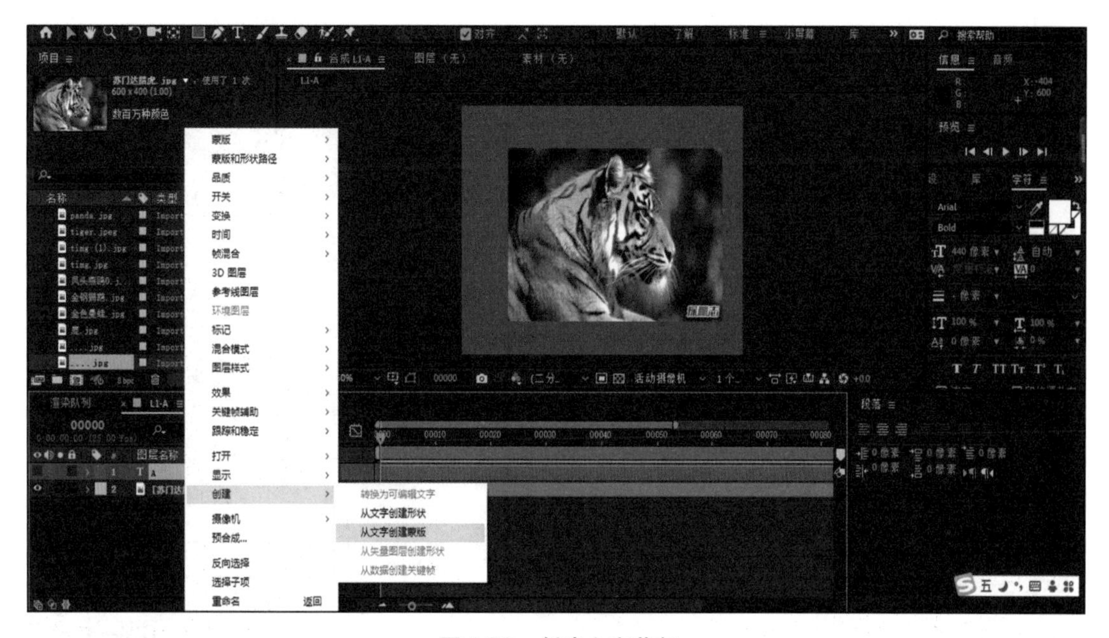

图 1-73　创建文字蒙版

选择“苏门答腊虎 .jpg”图层，按 Ctrl+D 组合键复制该图层，并将复制的图层移动到“A 轮廓”的下方，设置轨道遮罩为“Alpha 遮罩是 [A 轮廓]”。关闭文字图层和底层“苏门答腊虎 .jpg”图层的显示，得到如图 1-74 所示的效果。

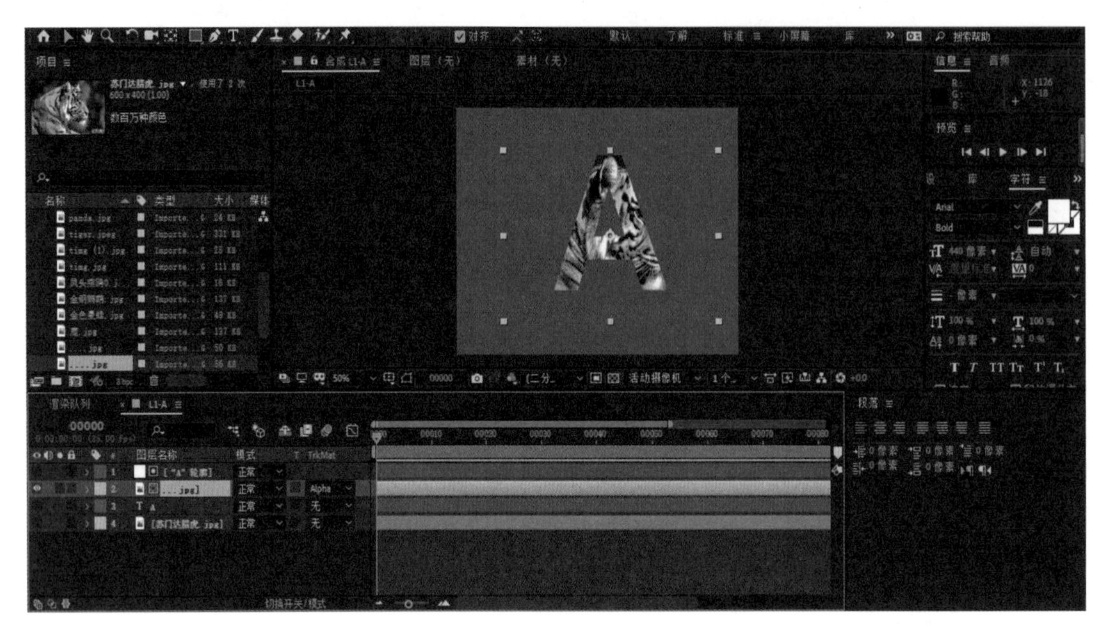

图 1-74　文字轨道蒙版效果

再次选择隐藏的“苏门答腊虎 .jpg”图层，按 Ctrl+D 组合键复制该图层，并打开该图层的显示开关，在图层上用钢笔工具添加 mask 遮罩，遮罩形状如图 1-75 所示。绘制时可以随时使用【转换顶点工具】以及【选取工具】调整某个锚点的位置和线条的弧度。

图 1-75　添加 mask 遮罩效果

（5）制作字母遮罩动画。选择第 2 层图层和第 4 层，即都是“苏门答腊虎 .jpg”图层，按 P 键打开位置属性，将播放指针拖动到第 25 帧，添加关键帧，如图 1-76 所示。

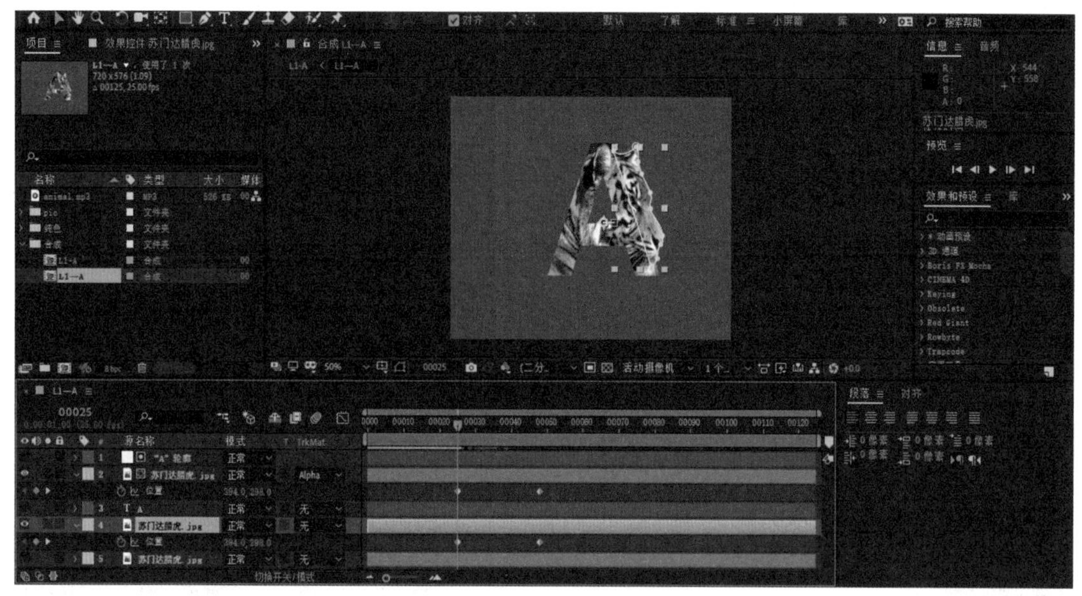

图 1-76　第 25 帧效果

再将播放指针移动到 48 帧，按“→”键，移动图片位置，此时一定注意第 2 层与第 4 层图片位置要保持一致，如图 1-77 所示。

图 1-77　第 48 帧效果

如果在移动的过程中，字母 A 与老虎侧面出现断开的现象，如图 1-78 所示，那就需要在第 4 层打开蒙版路径属性，并在第 25 帧、第 48 帧的位置调整遮罩形状，保证字母 A 的蒙版与老虎侧面相连接，如图 1-79 所示。

为了使字母更具立体感，还需要添加阴影效果。选择【图层】→【新建】→【纯色】命令，如图 1-80 所示，新建一个深灰色的纯色图层，参数如图 1-81 所示。

图 1-78　遮罩断开效果

图 1-79　遮罩连接效果

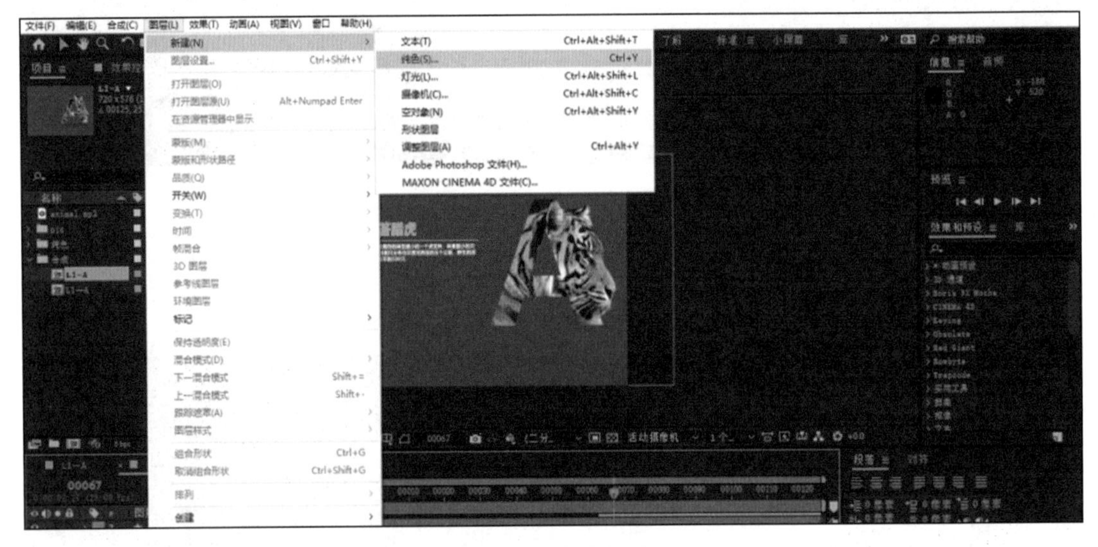

图 1-80　新建纯色图层

在纯色图层上添加一个椭圆形的 Mask 遮罩，并设置遮罩的羽化值，使其边缘过渡柔和，如图 1-82 所示。

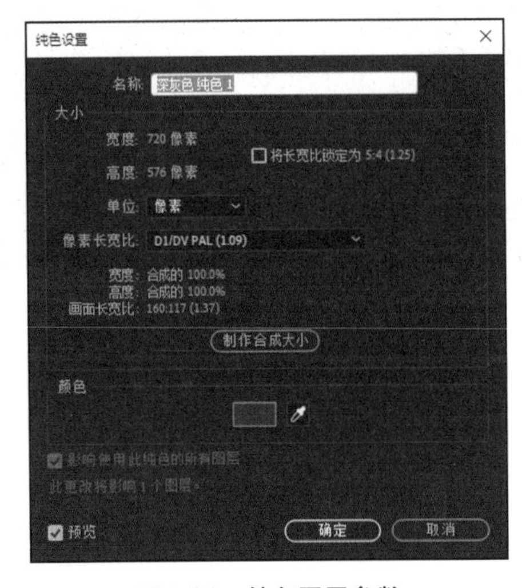

图 1-81　纯色图层参数

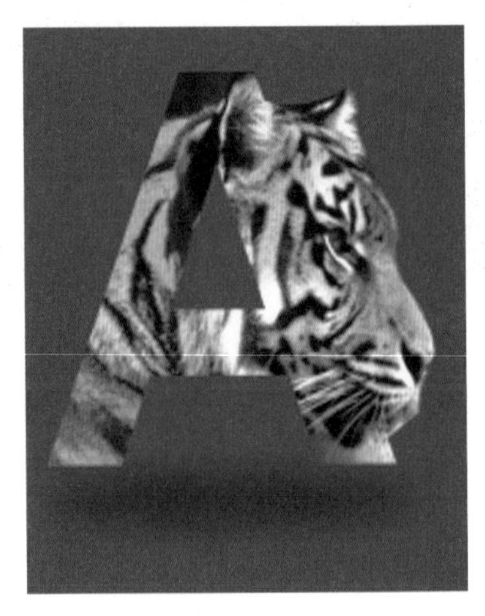

图 1-82　纯色图层添加椭圆遮罩效果

（6）添加文字介绍。使用【横排文字工具】输入“苏门答腊虎”字样，并设置如图 1-83 所示的参数，此为参考数值，可根据实际情况进行调整。

使用【矩形工具】绘制一条绿色的细线，从素材文件“文案 .doc”中找到苏门答腊虎的相关介绍并复制文字，使用文字工具制作如图 1-84 的效果。

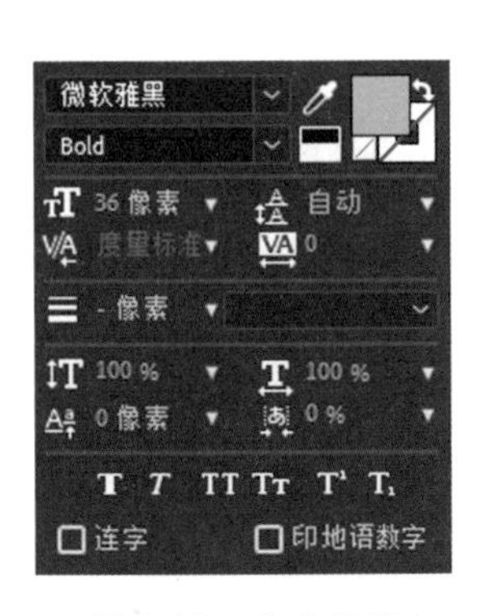

图 1-83　文字参数

图 1-84　文字介绍效果

打开动画并选择【效果与预设】→【* 动画预设】→ Text 文件夹，如图 1-85 所示。适当选择相应的效果添加到合成的文字上，如图 1-86 所示。这里“苏门答腊虎”字样选择的是【* 动画预设】→ Text → Animate In →【下雨字符入】，矩形线条选择的是【* 动画预设】→ Transitions-Movement →【伸缩 - 水平】，苏门答腊虎的具体介绍选择的是【* 动画预设】→ Text → Animate In →【蒸汽视力表】，可根据自己的兴趣进行调整。

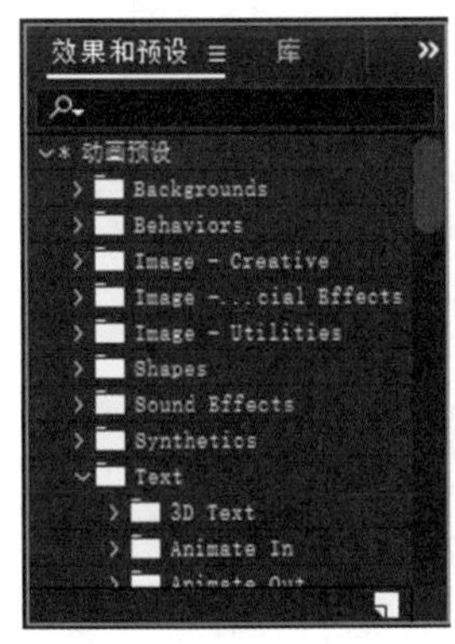

图 1-85　效果和预设面板

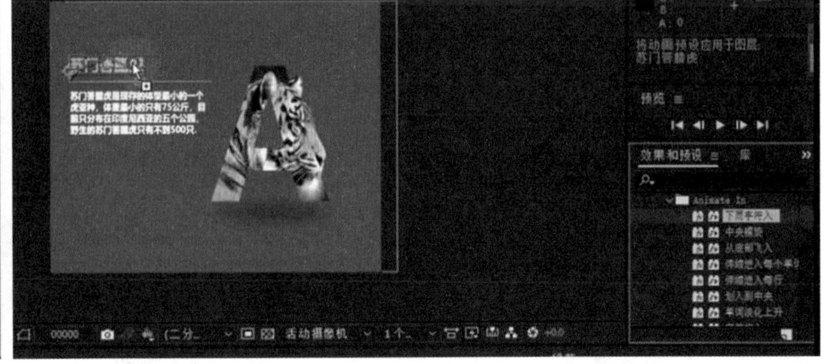

图 1-86　添加动画预设效果

（7）制作其他字母效果。用以上的方法可以制作其他字母与野生动物相融合的动画效果，如图 1-87 所示。在设计时可以互换字母与文字介绍的位置，使最终合成的样式更为丰富。

（8）制作 Animals 遮罩效果。新建合成，取名为 animals。使用横排文字工具输入 ANIMALS 字样，并设置如图 1-88 所示的参数格式。具体样式可根据实际实进行调整。

从项目面板中找到 animals.jpg 图片，放置在文字的下方，并设置轨道蒙版为“Alpha 遮罩 animals”，使用步骤（4）中添加阴影的方法，在字母下方添加椭圆的阴影，如图 1-89 所示。

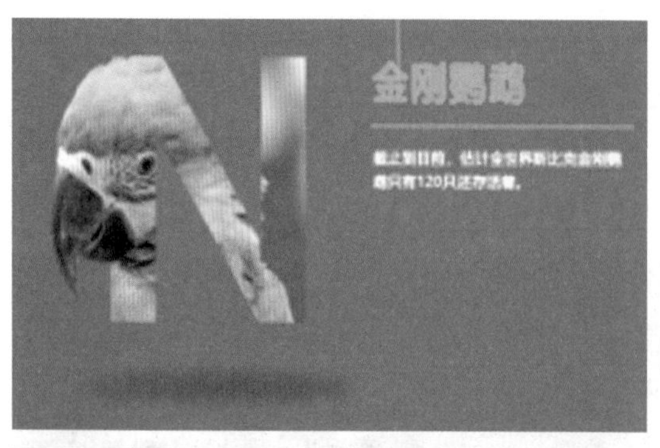

图 1-87　其他字母遮罩效果

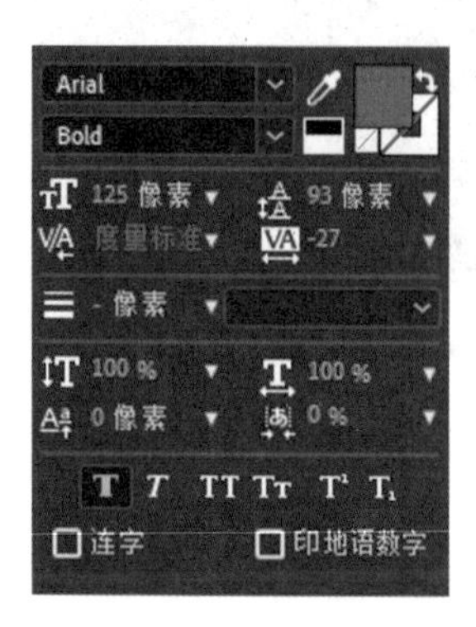

图 1-88　文字参数

图 1-89　添加阴影

（9）项目合成。新建合成，参数如图 1-90 所示。

选择【图层】→【新建】→【纯色】，新建一个纯色图层，并为该图层添加【效果】→【生成】→【梯度渐变】，设计一个由浅灰到深灰的径向渐变效果，如图 1-91 所示。

合成设置

合成名称：comp_zong

基本　高级　3D 渲染器

预设：自定义

宽度：720 px

高度：400 px

锁定长宽比为 9:5 (1.80)

像素长宽比：D1/DV PAL (1.09)　画面长宽比：128:65 (1.97)

帧速率：25　帧/秒　丢帧

分辨率：完整　720x400，1.1 MB（每 8bpc 帧）

开始时间码：0:00:00:00　是 0:00:00:00 基础 25

持续时间：0:00:23:08　是 0:00:23:08 基础 25

背景颜色：黑色

预览　确定　取消

图 1-90　【合成设置】面板

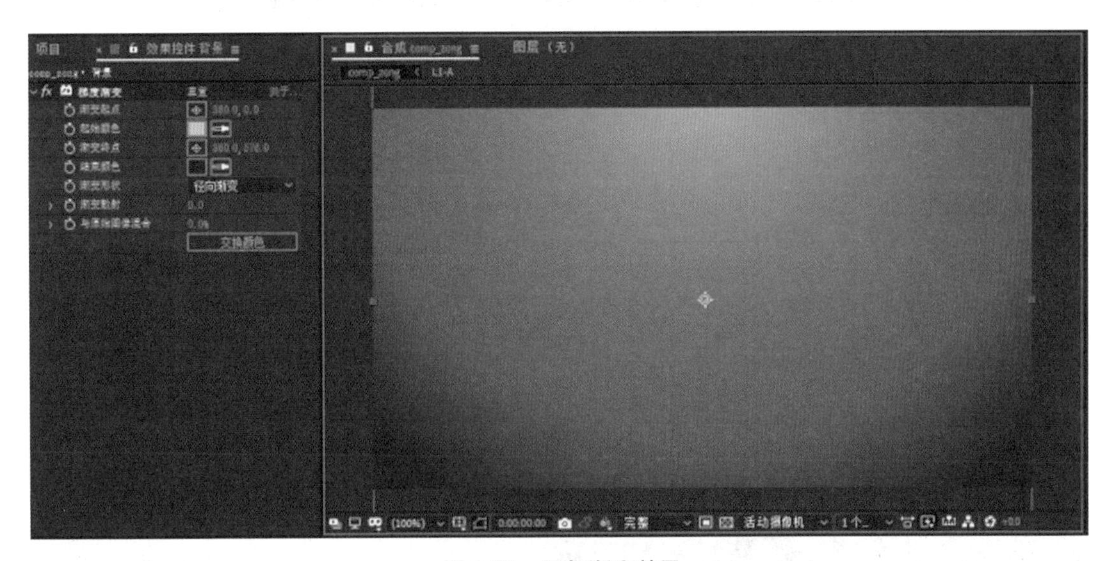

图 1-91　添加渐变效果

选择 animal.mp3、L1-A 合成，将其拖放在【时间轴】面板中。选择 L1-A 合成，选择【效果】→【透视】→【投影】命令，在打开面板中设置柔和度，如图 1-92 所示，为合成添加淡淡的投影效果。

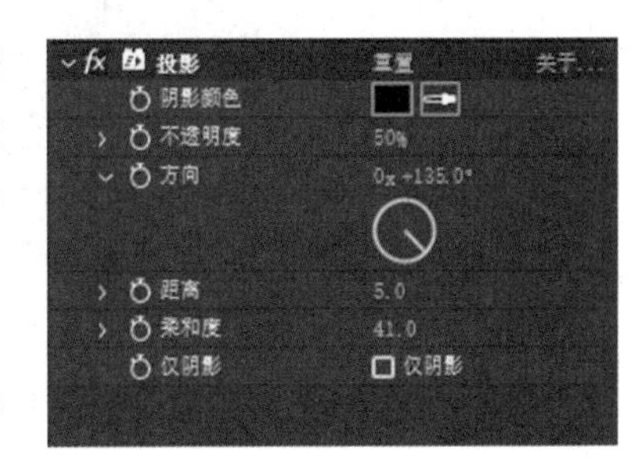

图 1-92　合成投影参数

选择 L1-A 合成，分别按 P、S、T 键打开位置、缩放、透明度属性。制作 L1-A 合成，从左侧快速移入后逐渐缩小，直到最后消失的动画效果，如图 1-93 所示。

图 1-93　动画效果

用同样的方法，制作 L2-N 合成、L3-I 合成、L4-M 合成、L5-A 合成、L6-L 合成、L7-S 合成的入场及消失动画。为了提升宣传片效果，可以使合成一左一右进出，层次感更强，如图 1-94 所示。

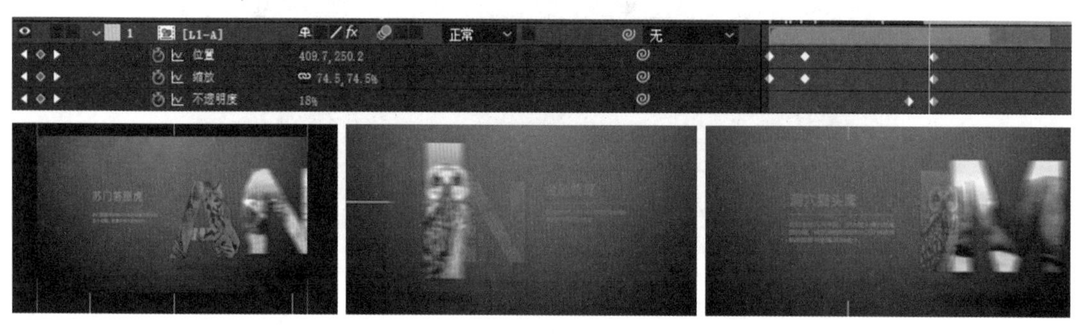

图 1-94　合成进出场效果

最后，将 animals 合成拖到【时间轴】面板中，将合成开始位置拖至 19 秒，分别按 S、T 键打开缩放、透明度属性，添加关键帧动画，关键帧参数如图 1-95 ～图 1-97 所示。此时间设置为背景音乐的结束部分，一定确保动画节奏与音乐强弱相匹配。

图 1-95　第 19 秒关键帧设置

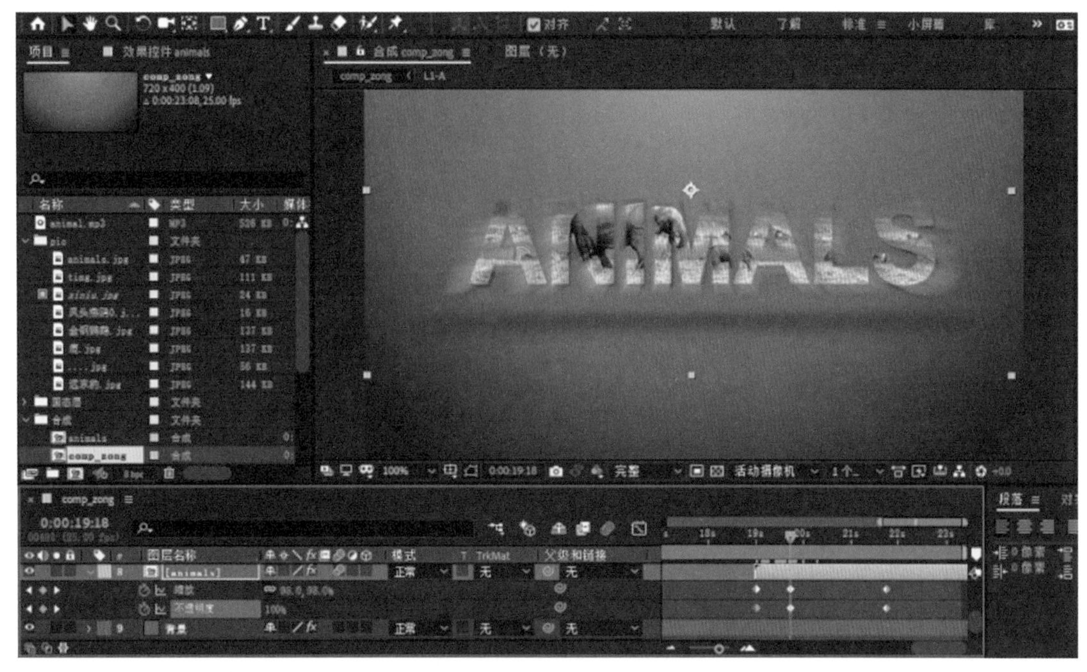

图 1-96　第 18 和第 19 帧关键帧设置

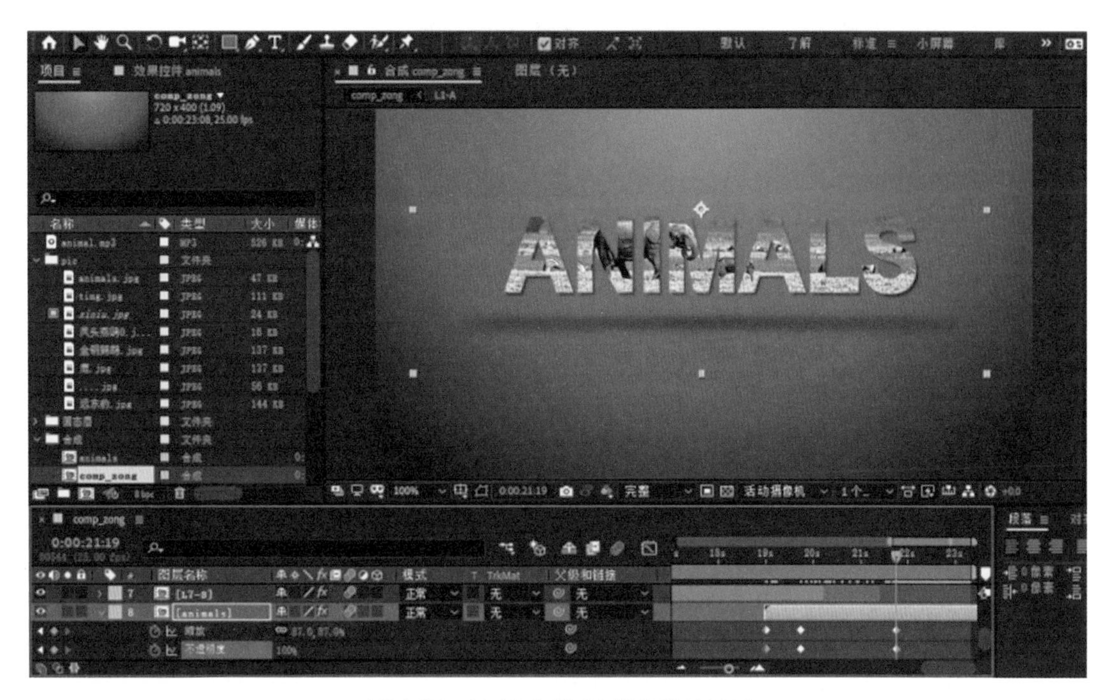

图 1-97　第 19 和第 20 帧关键帧设置

用【横排文字工具】输入“保护动物就是保护我们的同类”字样，并通过【效果与预设】→【* 动画预设】→ Text 为其添加文字动画效果。此处选择的是【效果与预设】→【* 动画预设】→ Text → Blurs →【蒸发】。添加此效果后，需要互换两个关键帧的位置，效果如图 1-98 所示。

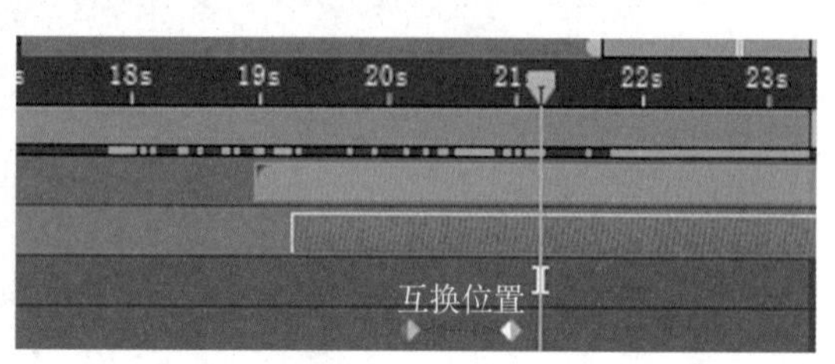

图 1-98　添加文字动画效果

（10）保存项目，渲染输出。

注意：

（1）运用字母形状制作遮罩效果。

（2）运用 Mask 遮罩灵活的形状调整特性，制作野生动物外形轮廓遮罩。

（3）在制作宣传片合成时，要注意打开背景音乐波形，使制作的动画效果与声音的强弱进行合理匹配，从而有效地渲染宣传片的整体氛围。

任务二　制作文字动画

【任务描述】

本任务通过案例制作不同效果的文字动画。根据制作方法大致可分为 3 类：①通过调整物体参数如位置（Position）、缩放（Scale）、不透明度（Opacity）、旋转（Rotation）、填充颜色（Fill Color）产生动画效果；②添加遮罩（Mask）文字路径产生动画效果；③添加特效，如描边（Stroke）、辉光（Glow）、残影（Echo），从而产生动画效果。

【任务实施】

案例 1：制作文字下落效果

（1）按 Ctrl+N 组合键，创建一个新的合成层，设置如图 1-99 所示。

（2）选择工具栏中的【文本工具】，在场景中输入 www.sdwfvc.cn，如图 1-100 所示。

（3）在【图层】面板展开文本图层。单击【动画】后面的三角按钮，选择【位置】命令，将文字移到场景上方（此处的位置值控制文字开始位置）。

（4）展开【动画制作工具 1】→【范围选择器 1】→【偏移】，按住鼠标左键拖动其值，可以看到文字下落的效果。设置第 1 帧中的【偏移】值为 0，单击【偏移】前面的“小钟”图标。将播放头拖动到第 125 帧处，将【偏移】值设置为 100%，如图 1-101 所示。

（5）单击【添加】后面的三角按钮，选择【属性】→【缩放】命令，设置【缩放】值为 300%，实现缩小过程，如图 1-102 所示。

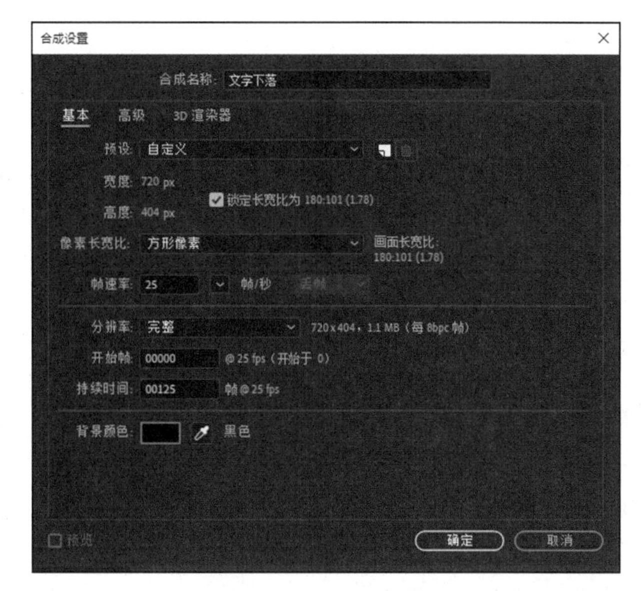

图 1-99　新建合成层

制作文字下落效果.mp4

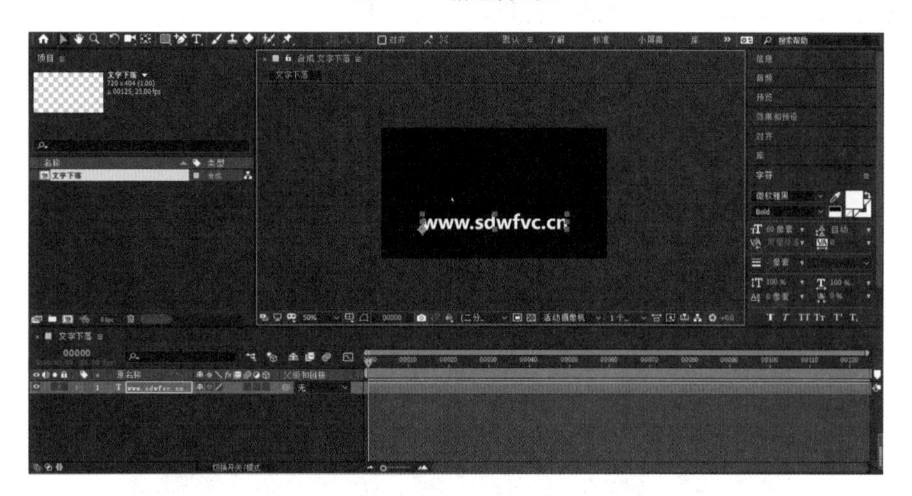

图 1-100　输入文本

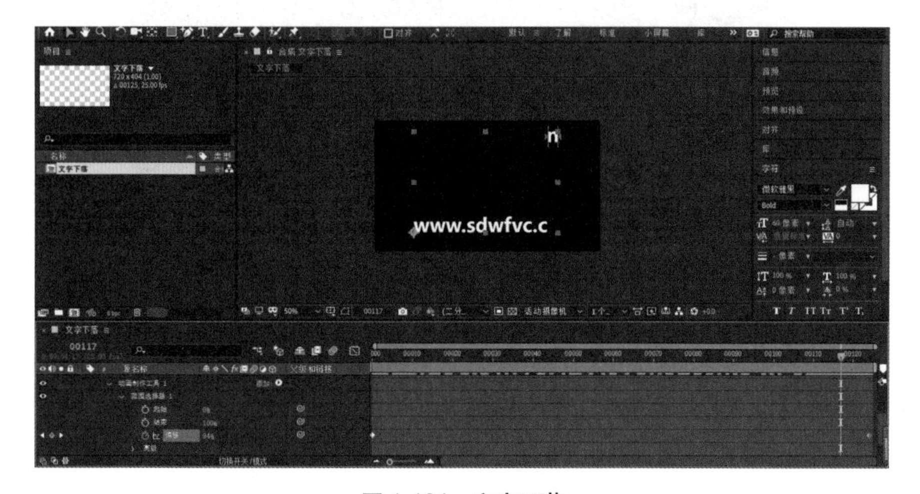

图 1-101　文字下落

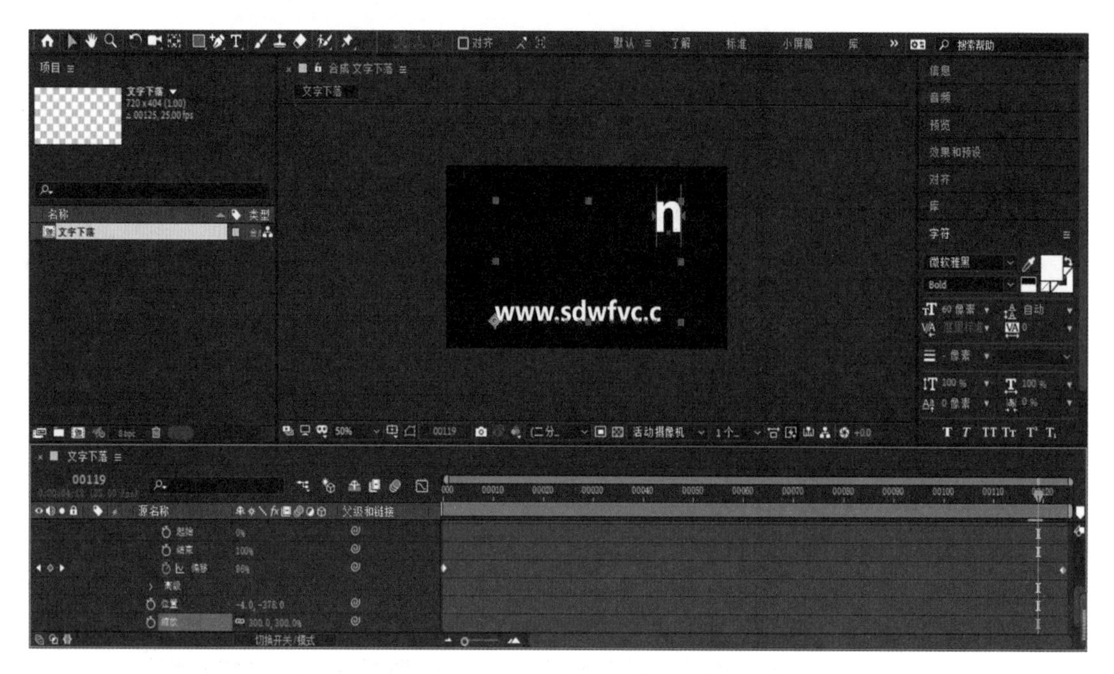

图 1-102 缩小过程

（6）收缩文字图层，在图层窗口空白区域处右击，选择【新建】→【纯色】命令，设置如图 1-103 所示。

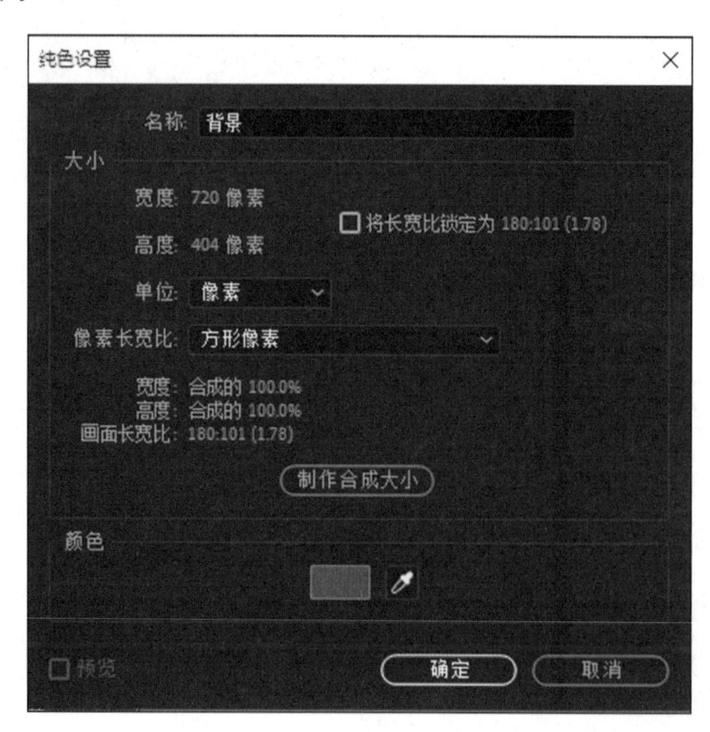

图 1-103 创建 Solid

（7）将“背景”图层拖到文本层的下方，如图 1-104 所示，并渲染输出。

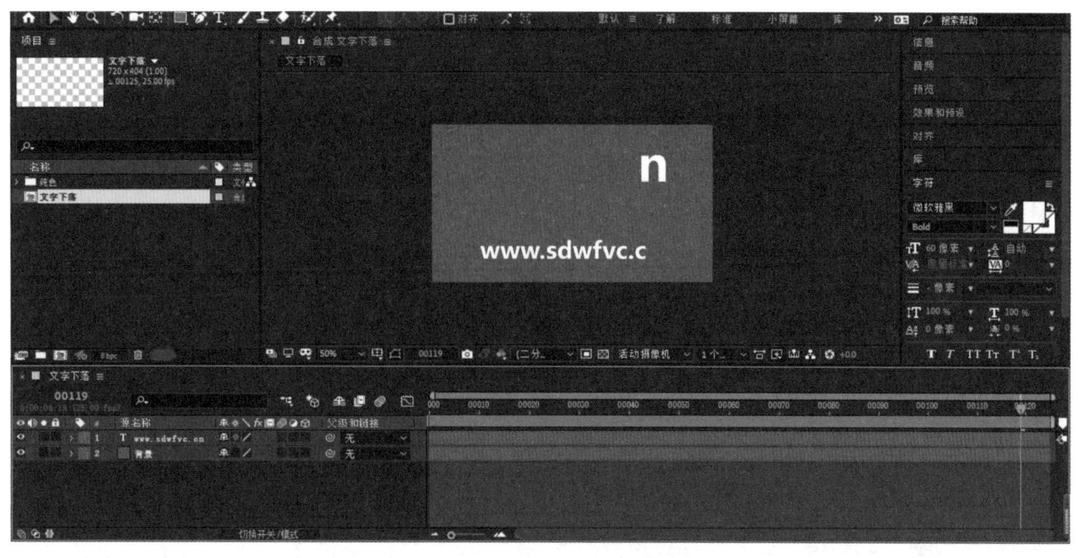

图 1-104　添加背景

案例 2：文字从左到右出现

（1）按 Ctrl+N 组合键，创建一个新的合成层。

（2）选择工具栏中的【文本工具】，在场景中输入 www.sdwfvc.cn。

（3）在【图层】面板展开文本图层。单击【动画】后面的三角按钮，选择【位置】命令，将文字移到场景左侧。展开【动画制作工具 1】→【范围选择器 1】→【偏移】，此时第 1 帧中的【偏移】值为 0，再单击【偏移】前面的“小钟”图标。将播放头拖动到第 125 帧处，将【偏移】值设置为 100%，如图 1-105 所示。

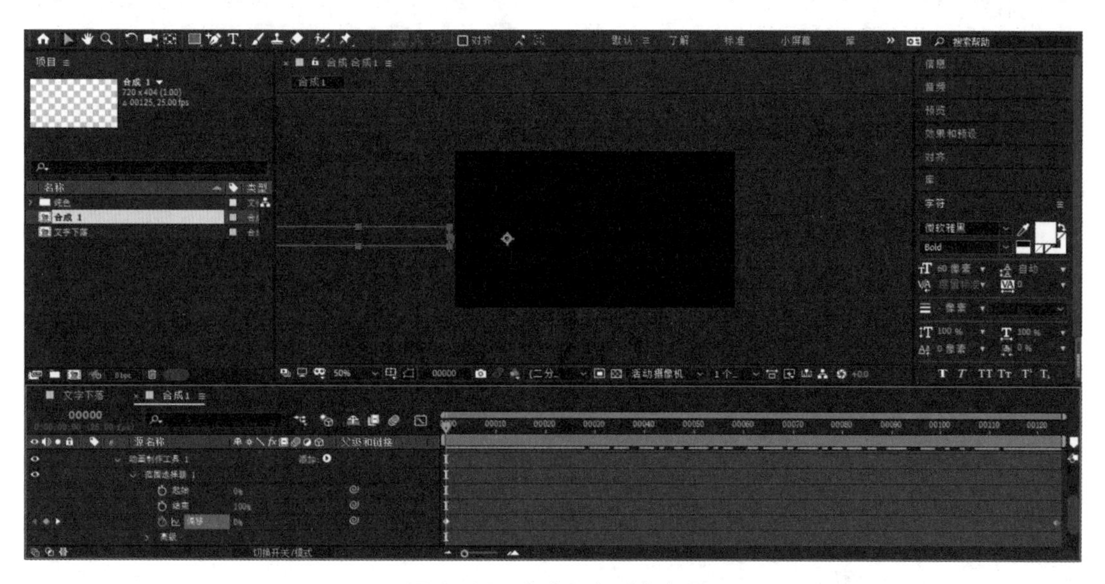

图 1-105　文字从左到右出现

（4）单击【添加】后面的三角按钮，选择【属性】→【旋转】命令，设置【旋转】值为 2x+0.0，实现旋转过程，如图 1-106 所示。

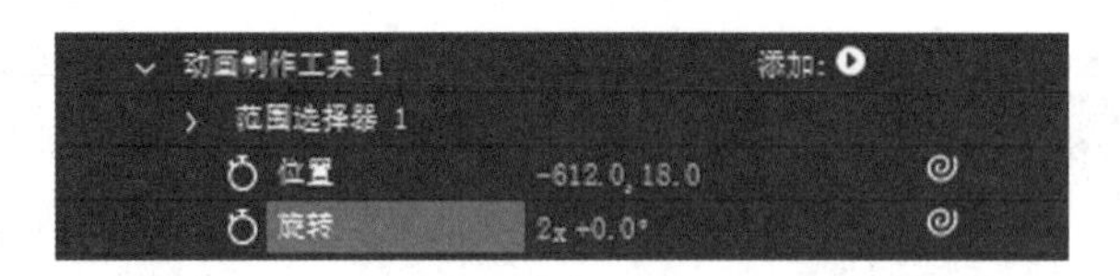

图 1-106　文字旋转

文字从左到右出现 .mp4

（5）保存文件并渲染输出。

案例 3：文字下落后变色

在“文字下落”案例的基础上制作。

（1）将播放头拖到第 100 帧处，展开文本图层，单击【动画】后面的三角按钮，选择【填充颜色】→ RGB 命令，此时出现【动画制作工具 2】→【范围选择器 1】，设置【起始】为 0，设置【结束】为 6%（使每一个文字在一个框内，结束的值与文字大小有关），如图 1-107 所示。

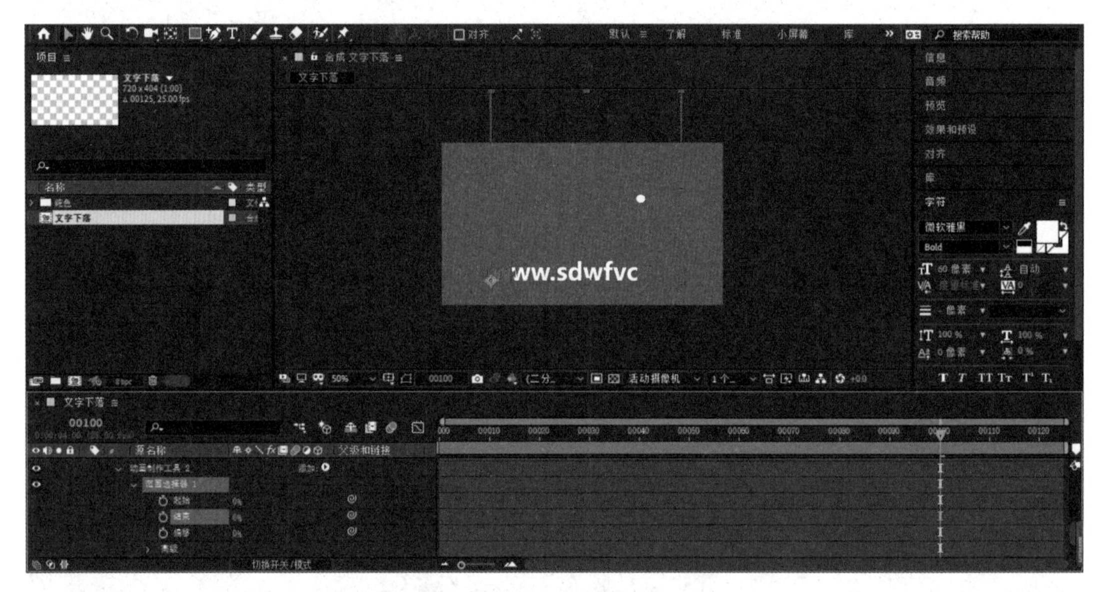

图 1-107　设置 Start 和 End 的值

文字下落后变色 .mp4

（2）在第 100 帧处，单击【偏移】前面的“小钟”图标，设置为 -17%。将播放头拖到第 125 帧处，设置【偏移】值为 100%。

（3）在第 100 帧处，单击【填充颜色】前面的“小钟”图标，将文本颜色设置为白色，将播放头拖动到第 103 帧处，改变颜色为红色，每单击 K 帧一次，改变一下颜色，如图 1-108 所示。

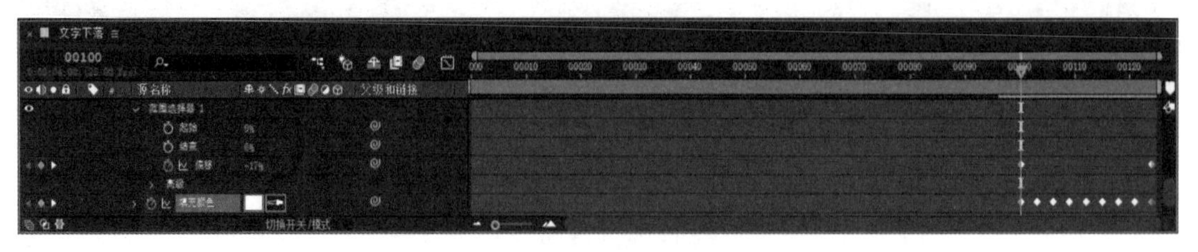

图 1-108　设置偏移和填充颜色的值

(4) 保存文件并渲染输出。

案例 4：文字一个个出现后放大并变色

1) 文字一个个出现

(1) 按 Ctrl+N 组合键新建一个合成层，设置如图 1-109 所示。

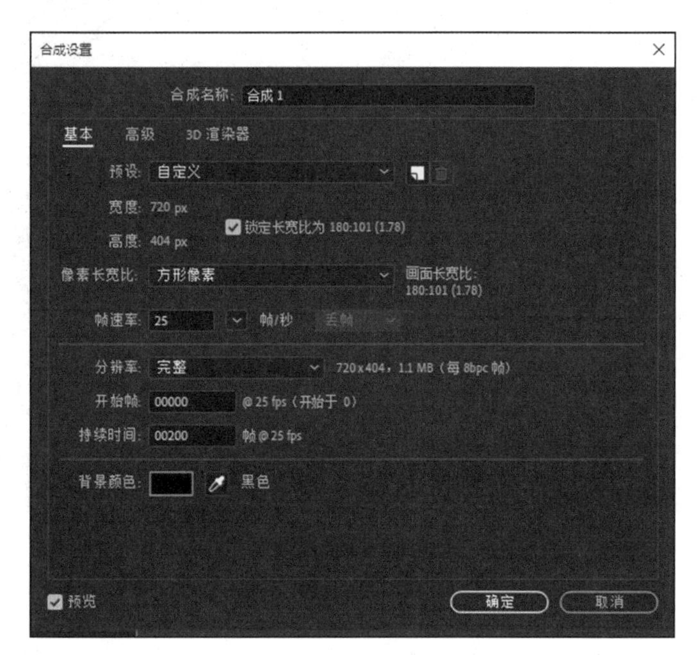

图 1-109　新建合成层

文字一个个出现后放大并变色 .mp4

(2) 选择工具栏中的【文本工具】，在场景中输入文本 www.sdwfvc.cn。

(3) 展开文本图层，单击【动画】后面的三角按钮，选择【不透明度】命令，设置【动画制作工具 1】→【不透明度】值为 0，如图 1-110 所示。

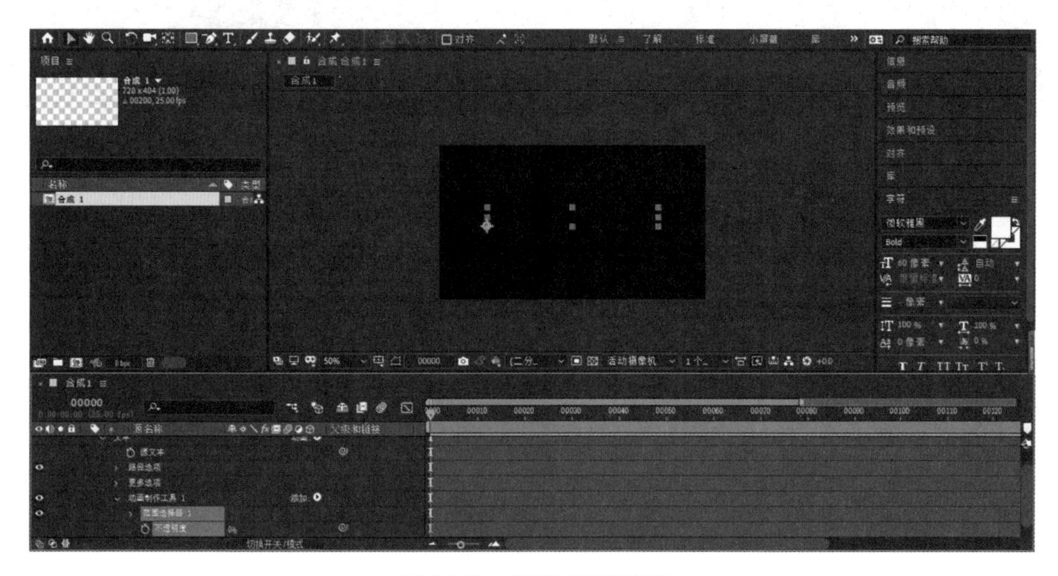

图 1-110　设置不透明度值

（4）展开【动画制作工具 1】→【范围选择器 1】→【偏移】，单击【偏移】前面的“小钟”图标，在第 1 帧处设置其值为 0，在第 200 帧处设置其值为 100%，如图 1-111 所示。

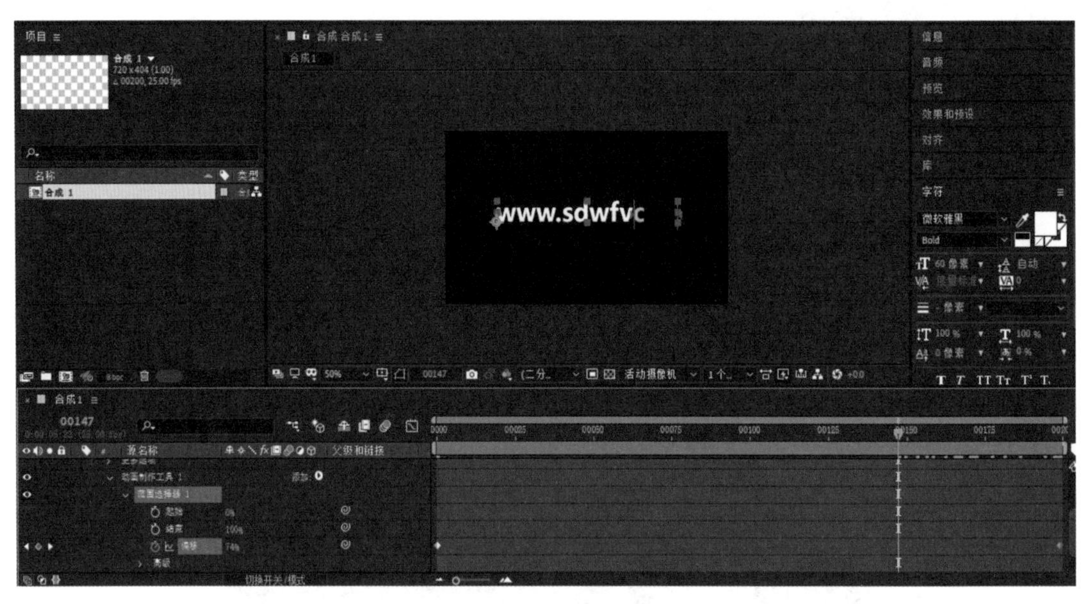

图 1-111　设置偏移值

2）文字放大

（1）单击【文本】属性，然后单击【动画】后面的三角按钮，选择【缩放】命令，设置其值为 200%，如图 1-112 所示。

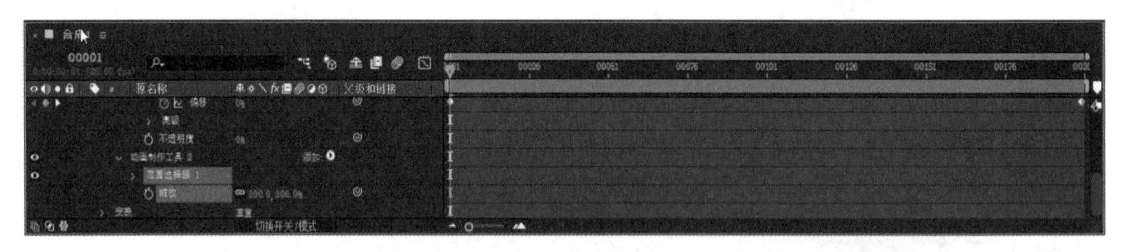

图 1-112　设置缩放值

（2）设置【动画制作工具 2】→【范围选择器 1】→【结束】值为 6%。在第 1 帧处单击【偏移】前面的“小钟”图标，设置其值为 -14%；在第 200 帧处设置【偏移】值为 100%，如图 1-113 所示。

3）变色

（1）将播放头拖到第 1 帧处，选择【文本】属性，单击【动画】后面的三角按钮，选择【填充颜色】→ RGB 命令，此时出现【动画制作工具 3】→【范围选择器 1】，设置【起始】为 0，设置【结束】为 6%（使每一个文字在一个框内，结束的值与文字大小有关）。

（2）在第 1 帧处，单击【偏移】前面的“小钟”图标，设置为 -14%。将播放头拖到第 200 帧处，设置【偏移】值为 100%，如图 1-114 所示。

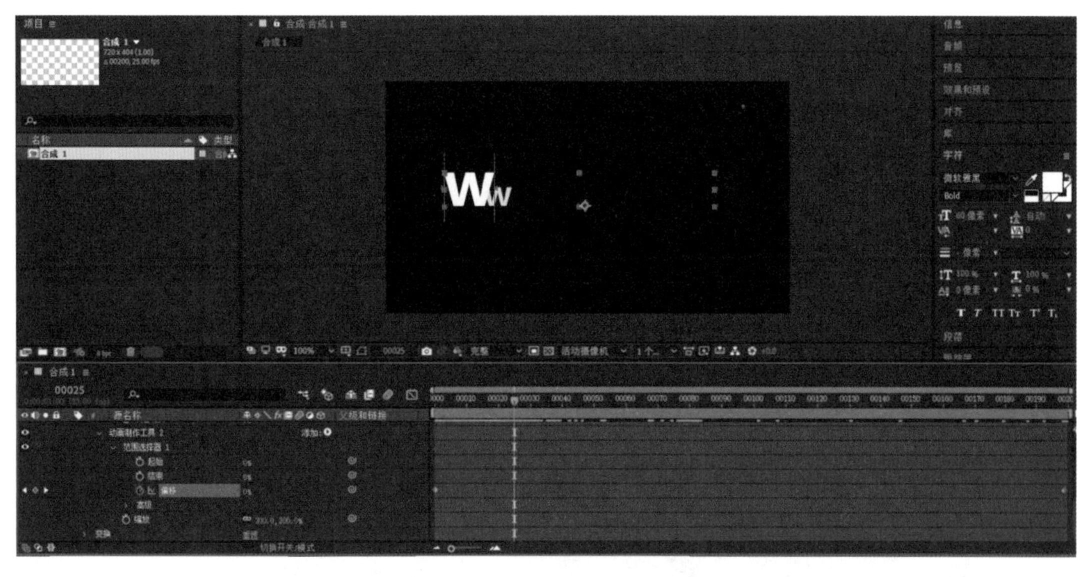

图 1-113　设置结束和偏移值

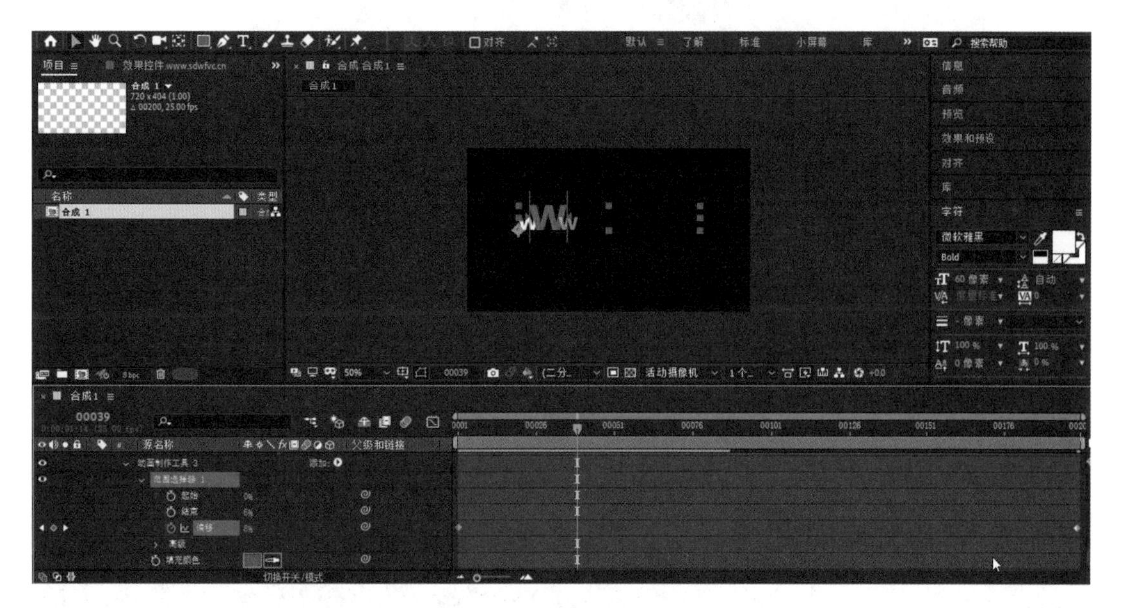

图 1-114　设置 Offset 值

(3) 将播放头拖到第 1 帧处，单击【填充颜色】前面的“小钟”图标，将文本颜色设置为白色。将播放头拖动到第 30 帧处，改变颜色为红色。将播放头拖到第 47 帧处，改变颜色为蓝色。以此类推，每单击 K 帧一次，改变一下颜色，如图 1-115 所示。

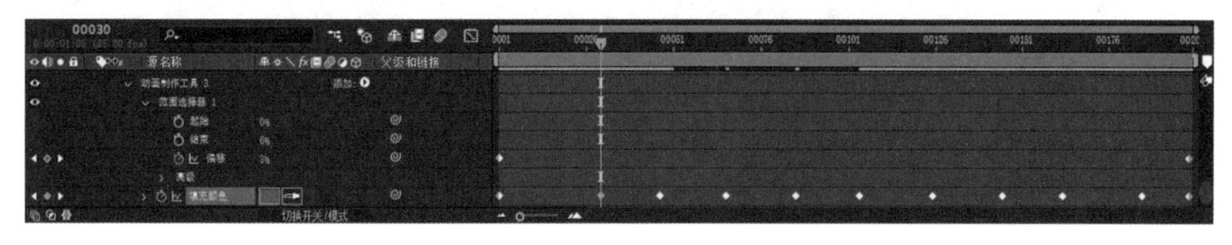

图 1-115　设置【填充颜色】关键帧

案例 5：制作黑客帝国文字效果

（1）按 Ctrl+N 组合键，创建一个合成层，设置如图 1-116 所示。

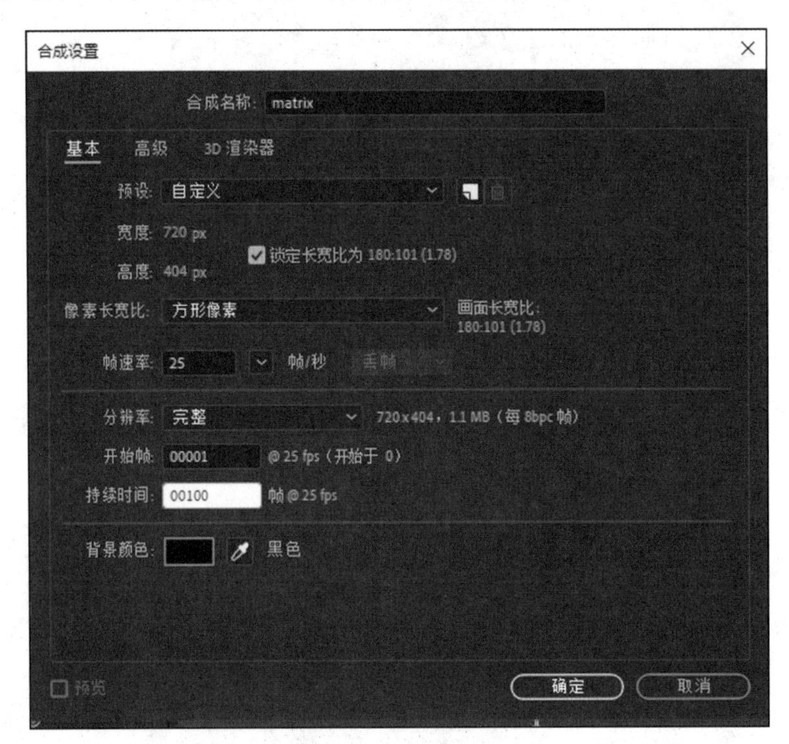

图 1-116　创建合成层

制作黑客帝国文字效果 .mp4

（2）选择工具栏中的【文本工具】，在场景中输入文本（从左到右一串字符），如图 1-117 所示。

图 1-117　输入文本

（3）展开文本图层，选择【变换】→【位置】命令，设置【位置】值，将文字移到场景下方偏左侧位置，如图 1-118 所示。

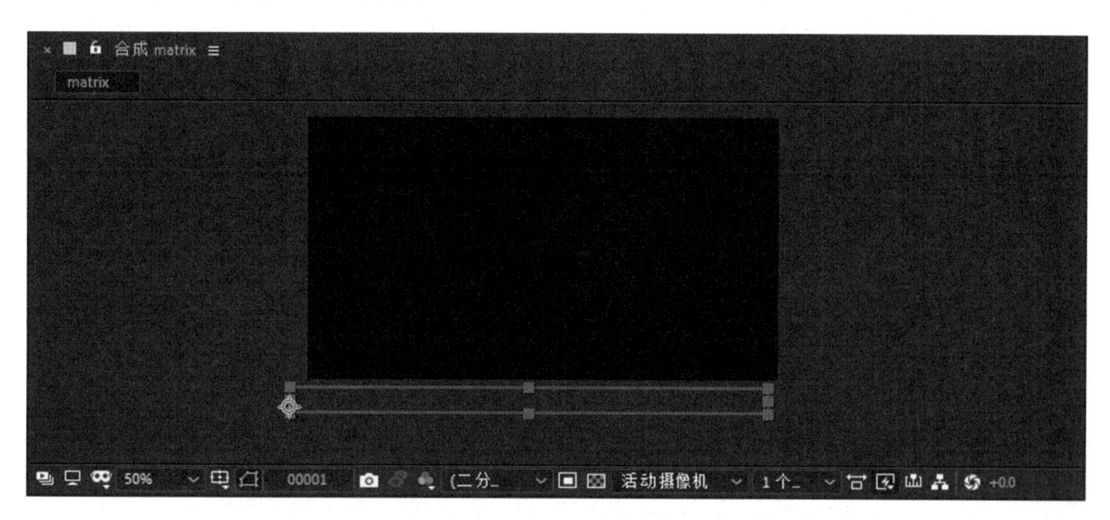

图 1-118　设置【位置】值

（4）单击【动画】后面的三角按钮，选择【位置】命令，设置其值。将文本移到场景上方，如图 1-119 所示。

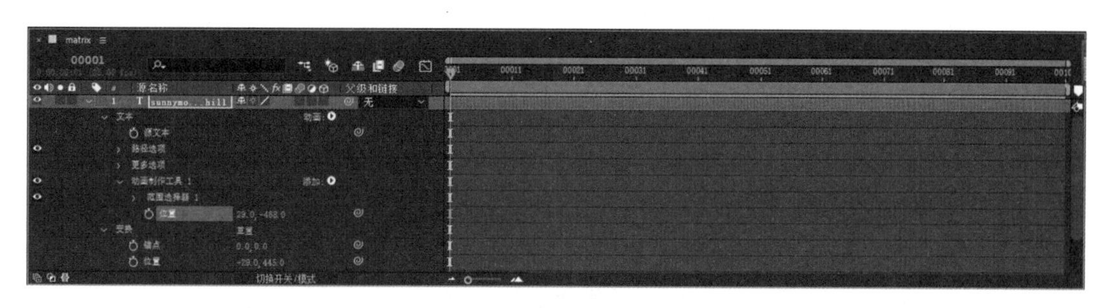

图 1-119　设置【动画制作工具 1】的【位置】值

（5）展开【动画制作工具 1】→【范围选择器 1】→【偏移】，单击【偏移】前面的“小钟”图标，在第 1 帧处设置其值为 0，在第 100 帧处设置其值为 100%，如图 1-120 所示。此时，字符一个一个往下落。

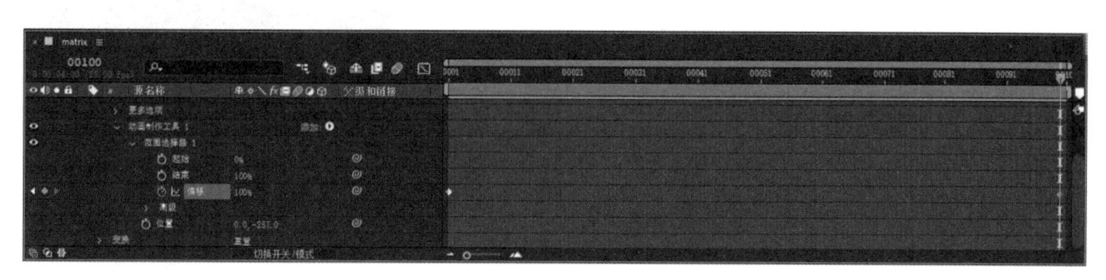

图 1-120　设置【偏移】值

（6）展开【文本】→【动画制作工具 1】→【范围选择器 1】→【高级】→【随机排序】，设置其值为“开”（文字出现的随机值）。此时，字符随机下落，如图 1-121 所示。

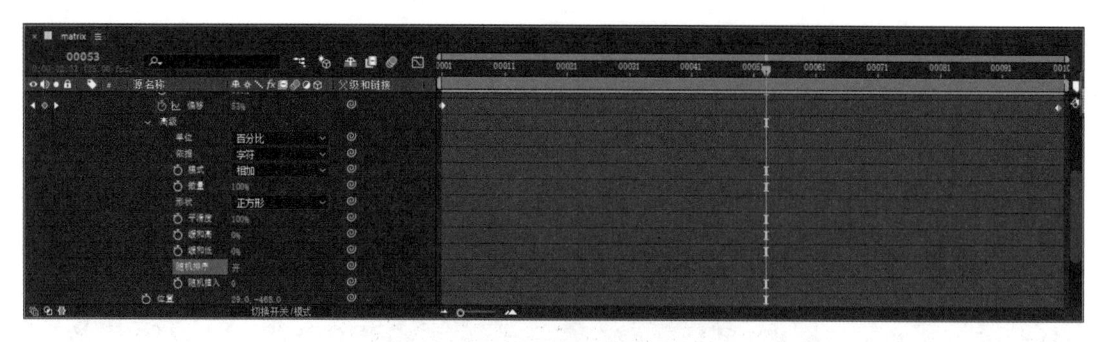

图 1-121　设置【随机排序】值

（7）单击【动画制作工具 1】中【添加】后面的三角按钮，选择【属性】→【字符位移】命令，设置【字符位移】值为 40。将字符串进行加密处理，如图 1-122 所示。

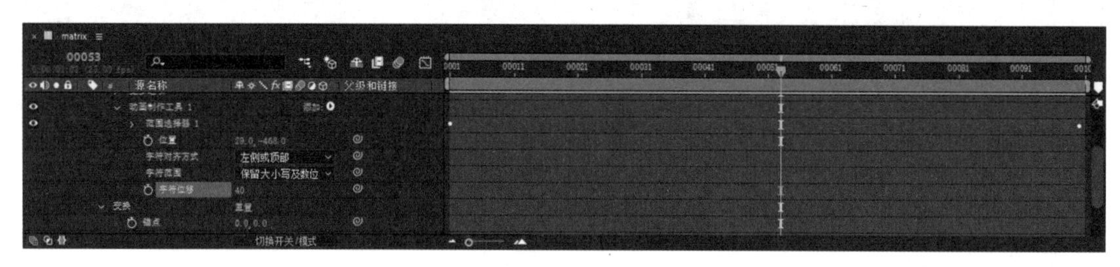

图 1-122　设置【字符位移】值

（8）选中文本图层，按 Ctrl+D 组合键复制一份，双击复制出来的文本图层，输入一串数字。选中数字图层，按 P 键设置位置的值，将 X 轴的数值减小或增大，使其左移或右移，最终将文字和数字错开。

（9）保存文件并渲染输出。

案例 6：拖尾文字

（1）选中两个图层，按 Ctrl+Shift+C 组合键，将图层进行预合成，也就是将选中的图层放到一个新合成中。

（2）在合成图层上右击，从弹出的快捷菜单中选择【效果】→【时间】→【残影】命令，打开【效果控件】面板，设置如图 1-123 所示。

（3）选中“预合成 1”图层，按 Ctrl+D 组合键复制一个合成图层，按 P 键调整位置。

（4）保存文件并渲染输出。

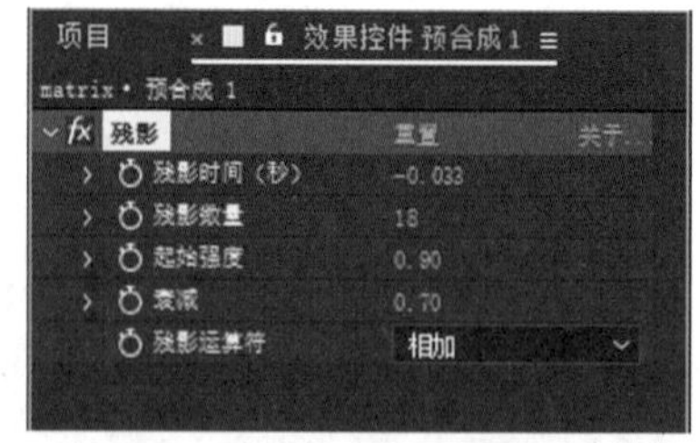

图 1-123　【效果控件】面板

【技术视角】

本部分常用选项如下。

- 动画：在文字动画制作中，用于在文字层上添加动画效果。
- 控制器：配合动画使用，用于实现复杂动画效果。

制作拖尾文字 .mp4

- 路径选项：文字路径选项,用于按照指定路径制作文字动画的功能。
- 描边：用于按照指定路径绘制路径图形,有时可以用于实现简单的手写字效果。
- 矢量绘画（矢量绘画）：矢量画笔,主要用于制作手写字效果,尤其是手写体的文字。
- 残影：配合文字层动画制作类似电影《黑客帝国》中的文字效果。
- 辉光：用于提高图像亮度,也可以指定颜色发光。
- 摇摆器：在动画制作中经常会用到摇摆器来制作抖动的动画效果。

【项目总结】

本项目通过案例讲解了 AE 的合成基本流程,实现素材合成、效果叠加、PSD 由静转动的技巧,重点学会 AE 的关键帧动画、遮罩动画,并充分理解 AE 是动起来的 Photoshop。

注意：

（1）AE 制作时要依托于创建合成、修改合成,并对合成中的层进行具体属性设置,如关键帧等。

（2）帧速率在不同国家会有所不同。

（3）混合方式通常是用上层与下层进行混合。

（4）视频输出时通常需要压缩。播放器是否可预览与压缩方式有关,可用 AE 观察输出效果。

【项目拓展】

（1）给三维动画“立交桥上的钓鱼者”添加文本特效。本案例是一个短片中的一个镜头,短片充满着闪烁、生长变化等动态元素,选取的镜头中涉及经典的文字及色块的动态变化。案例为镜头合成,在原始素材视频的基础上在画面中添加闪烁元素、块生长元素、文字元素等,以加强画面视觉效果,如图 1-124 所示。

图 1-124　截图

（2）根据所学知识,自己设计并制作前面输出的三维动画中的文字特效。

项目二　制作光特效

【项目描述】

本项目部分案例来源于潍坊职业学院滨海校区三维动画项目。

本项目将通过案例学习 AE 插件组 Trapcode 及 Light Factory（光工厂）的基本用法，重点学会文字扫光、体积光等效果的实际制作，以及三维镜头中模拟太阳光效果的制作，并能灵活运用这些插件完成后期镜头的制作。部分案例截图如图 2-1 ～图 2-4 所示。

图 2-1　三维效果

图 2-2　加光线耀眼效果

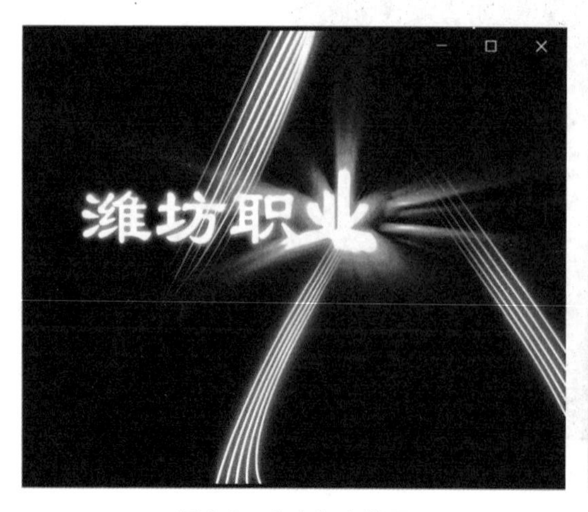

图 2-3　文字扫光效果

图 2-4　太阳光效果

【项目目标】

技能目标：

（1）能制作辉光效果。

（2）能制作体积光效果。

（3）能制作文字扫光效果。

（4）能制作太阳光效果。

（5）能制作动态光线。

（6）能制作柔光效果。

（7）能制作星光效果。

知识目标：

（1）掌握 AE 插件组 Trapcode 的基本用法。

（2）掌握 LightFactory（光工厂）的基本用法。

（3）掌握打组 / 嵌套的方法。

素质目标：

培养学生团结合作、信息检索和创新创意的能力。

任务一　制作光束动画

【任务描述】

本部分将通过案例学习音乐控制素材的相关知识，素材跟着音乐动，实现光束动画。主要练习转换音乐的方法、音乐的处理、让素材跟着音乐动、彩色条的设置、图层的嵌套等知识点。

制作光束动画 .mp4

【任务实施】

（1）在【项目】面板空白区域双击，选择素材“_WStyle.wav”并将其打开。

（2）将素材“_WStyle.wav”拖到【项目】面板下方的【新建合成】按钮上，创建一个合成图层，按 Ctrl+K 组合键，打开【合成设置】对话框，设置如图 2-5 所示。

（3）此时，可以按小键盘上的点或 0 来播放音乐。

（4）选中音乐图层，选择【动画】→【关键帧辅助】→【将音频转换为关键帧】命令，转换音乐。或者右击音乐图层，从弹出的快捷菜单中选择【关键帧辅助】→【将音频转换为关键帧】命令，此时音乐图层上面多了一个“音频振幅”图层，如图 2-6 所示。

（5）让素材跟着音乐动。在【图层】面板空白区域右击，选择【新建】→【纯色】命令，创建一个纯色块，设置如图 2-7 所示。

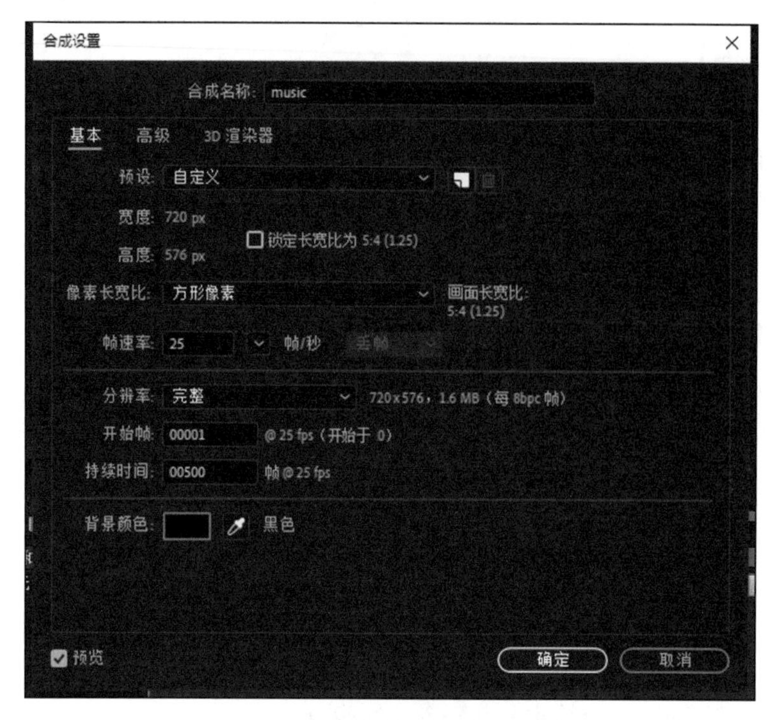

图 2-5　【合成设置】对话框

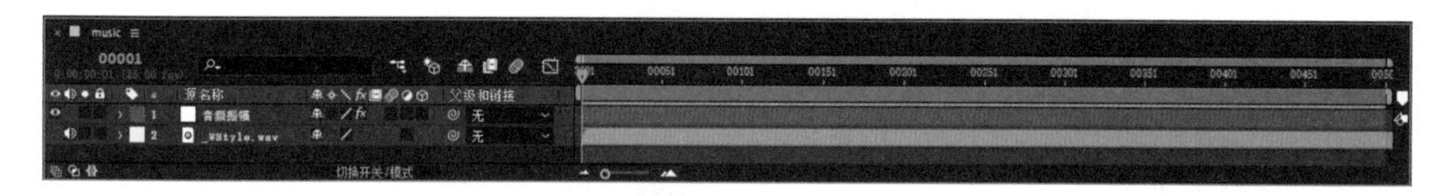

图 2-6　转换音乐

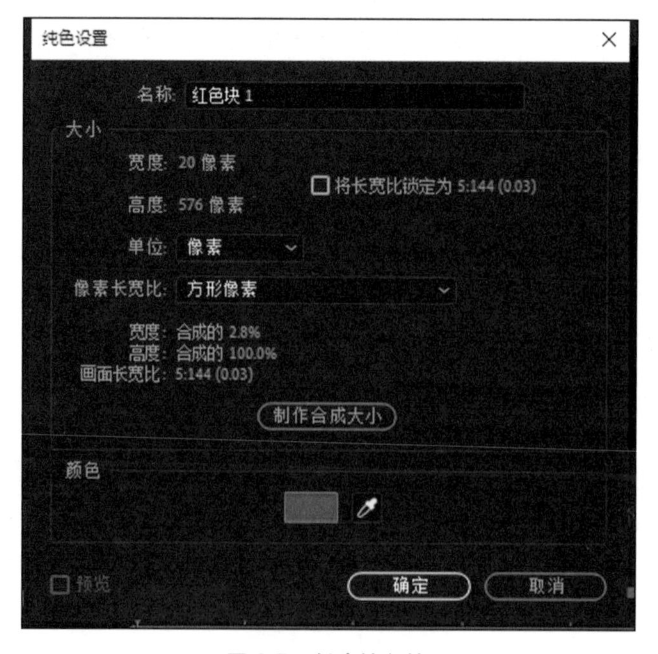

图 2-7　创建纯色块

（6）选中纯色块图层，按 P 键，按住 Alt 键，单击【位置】前面的“小钟”图标，出现“表达式：位置”。展开“音频振幅”图层的【效果】→【两个通道】→【滑块】选项，拖动“表达式：位置”后面的第三个按钮到【滑块】上。此时，【时间轴】面板中出现语句。如果想让光束左右摆动，上下不动，则单击 [temp,temp] 的第二个 temp，输入 288（Y 轴不变），将第一个 temp 改为 temp*20（水平范围），如图 2-8 所示。

图 2-8　设置光束

此时，光束在场景中左右晃动。如果没有晃动，则将播放头拖到第 1 帧处，单击【滑动】前面的“小钟”图标，将色块移到场景左侧。将播放头拖到最后一帧处，将色块移到场景右侧。框选这两个关键帧，选择【窗口】→【摇摆器】命令，打开【摇摆器】面板，设置频率和振幅值，单击【应用】按钮。

（7）右击纯色块图层，选择【效果】→【颜色校正】→【颜色平衡（HLS)】命令，在图层窗口中展开【效果】→【颜色平衡（HLS)】。按住 Alt 键，单击【色相】前面“小钟”图标，将展开后的第三个按钮拖到【滑块】上，在表达式后面添加“*20”，如图 2-9 所示。

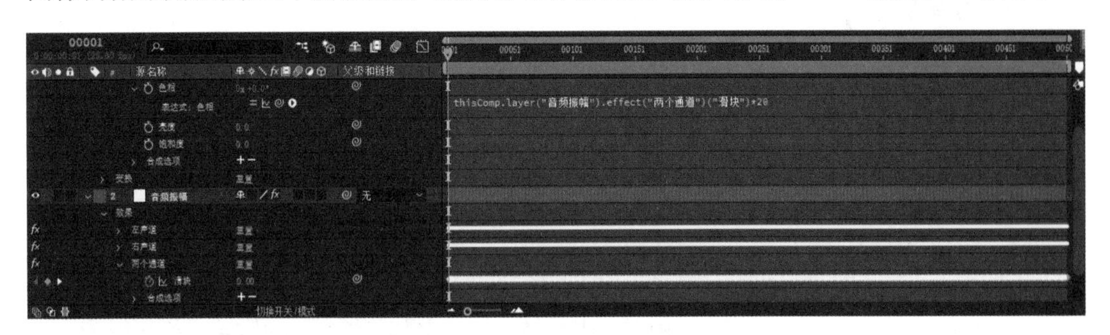

图 2-9　设置色彩平衡

（8）选中所有图层，按 Ctrl+Shift+C 组合键嵌套所有图层，命名为 color。在图层上右击，选择【效果】→【时间】→【残影】命令，设置如图 2-10 所示。

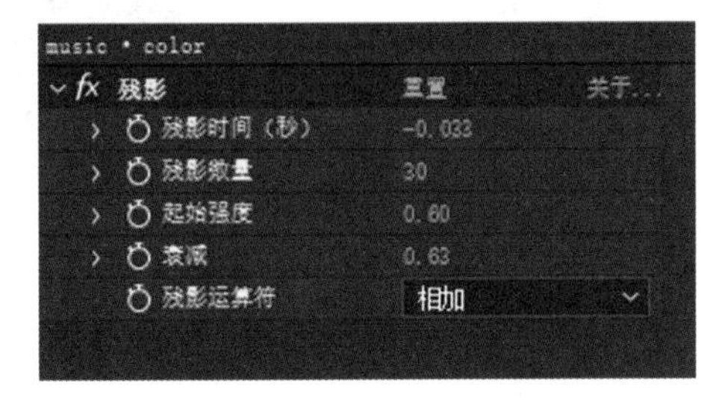

图 2-10　设置拖尾属性值

（9）选择工具栏中的文本工具，在场景中输入文本 www.sdwfvc.cn，单击图层 color 后面 TrkMat（轨道遮罩）项目里的【Alpha 遮罩“www.sdwfvc.cn”】，如图 2-11 所示。如果 TrkMat 项目没有显示出来，可以单击【时间轴】面板左下角第二个图标。

图 2-11　设置文本

（10）保存文件并渲染输出。

任务二　制作加光线耀眼效果

制作加光线耀眼效果.mp4

【任务描述】

本部分将通过案例学习 AE 中外挂插件的安装方法、Shine 特效的属性设置，以及如何打三维相机和打灯光、遮罩等知识点。

【任务实施】

（1）安装 Shine 插件。将素材文件 Shine.aex 复制到 C:\Program Files\Adobe\Adobe After Effects CC 2019\Support Files\Plug-ins\Effects（AE 的安装路径）文件夹中。

（2）启动 AE CC，接上一个制作光束动画案例，选中文本图层和 color 图层，按 Ctrl+Shift+C 组合键进行预合成，在预合成图层上右击，从弹出的快捷菜单中选择【效果】→ RG Trapcode → Shine 命令，打开【效果控件】面板，单击上面的 Licensing... 项，输入注册码 9019-8503-2567-3852-××××进行注册。注册完成后，设置 Shine 的参数如图 2-12 所示。

（3）保存文件并渲染输出。

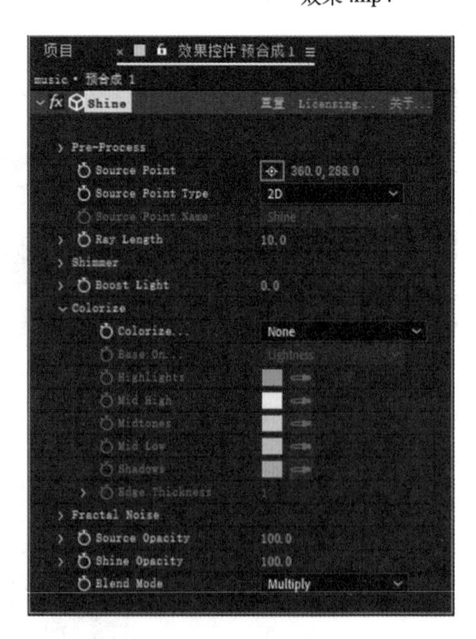

图 2-12　Shine 设置

注意：

AE 插件的卸载方法如下。如果不是安装版插件，在桌面右击 AE 快捷图标，在弹出的对话框中找到“查找目标”，然后找到 Plug-ins 文件夹，双击打开它。在 Effects 文件夹或者其他文件夹里找到要卸载的插件，然后删除它就可以了。如果是安装版的插件，在控制面板的

“删除 / 添加程序”功能里面找到对应的插件并卸载就可以，或者在 Windows 的【开始】→【程序】菜单里卸载。

案例：制作暴力动画

（1）按 Ctrl+N 组合键创建合成层，设置如图 2-13 所示。

合成设置
合成名称：3DLayer
基本　高级　3D 渲染器
预设：自定义
宽度：720 px
高度：480 px
锁定长宽比为 3:2 (1.50)
像素长宽比：方形像素
画面长宽比：3:2 (1.50)
帧速率：25　帧/秒
分辨率：完整　720x480，1.3 MB（每 8bpc 帧）
开始帧：00001　@ 25 fps（开始于 0）
持续时间：00150　帧 @ 25 fps
背景颜色：黑色
预览
确定　取消

制作暴力动画 .mp4

图 2-13　创建合成层

（2）做环境。在【项目】面板的空白区域右击，导入素材中的图片 3.jpg，将图片拖入合成层 3DLayer 中，按 Enter 键重命名为 wall。展开 wall 图层中的【变换】→【位置】，单击图层后面的 3D Layer 按钮，打开图片的三维层，此时【位置】后面有三个坐标值。调整【缩放】使图片覆盖场景左右。调整【位置】的 Y 值，使图片向上移动，如图 2-14 所示。

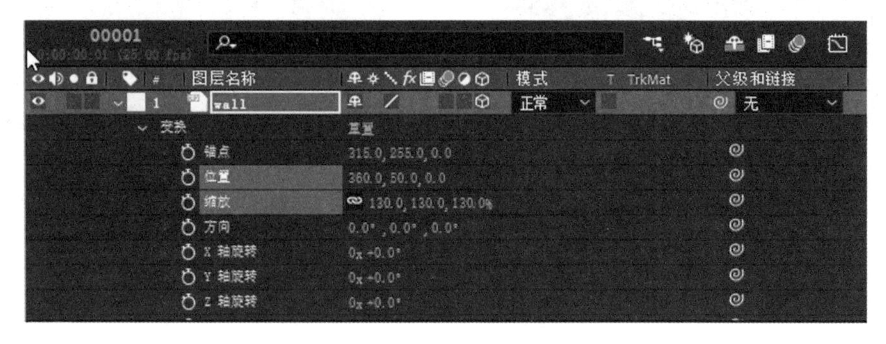

图 2-14　调整图片位移

（3）做地面。选择 wall 图层，按 Ctrl+C 组合键复制图层，按 Ctrl+V 合键粘贴图层，并重命名为 ground。取消缩放前方的约束比例按钮，设置【缩放】值（*X* 为 127，*Y* 为 −79，

Z 为 63)、【位置】值和【*X* 轴旋转】的角度，使其成为地面，如图 2-15 所示。

图 2-15　调属性

右击图层 ground，选择【效果】→【颜色校正】→【曲线】命令，将 ground 调黑，如图 2-16 所示。

（4）打灯光。在【图层】面板空白区域右击，选择【新建】→【灯光】命令，设置如图 2-17 所示。

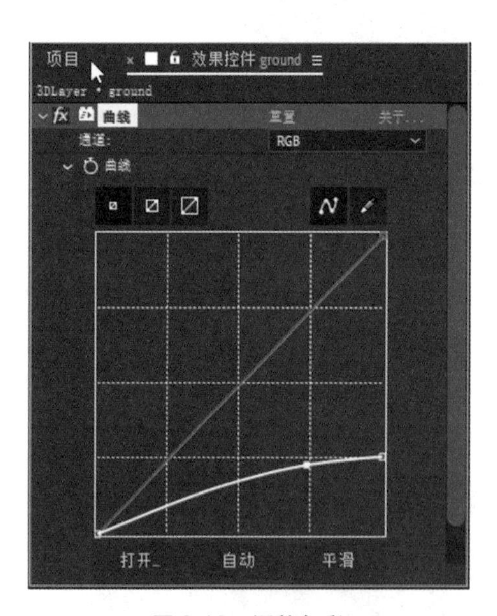

图 2-16　调整色彩

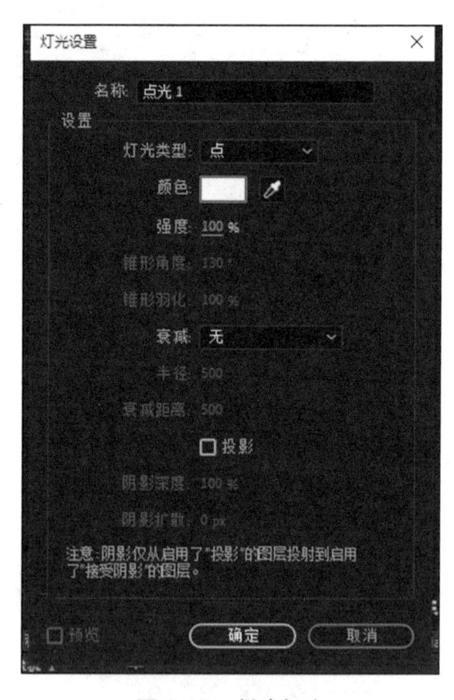

图 2-17　创建灯光

展开【点光 1】→【灯光选项】，设置【强度】为 175%，【颜色】为橙黄色，如图 2-18 所示。【合成】窗口效果如图 2-19 所示。

注意：

灯光类型中有 4 个选项，分别为平行光（太阳光等）、聚光灯（手电筒等）、点光源（蜡烛、灯泡等）、环境光。

图 2-18　设置灯光属性

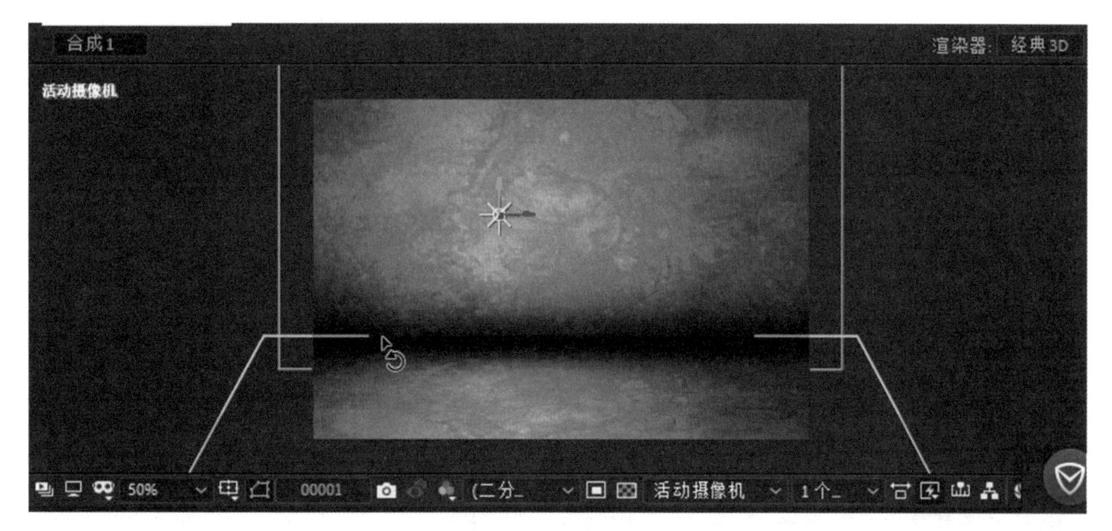

图 2-19　背景效果

（5）制作文字效果。选择工具栏中的【文本工具】，在场景中输入文字“拒绝校园暴力”，在文本图层上右击，从弹出的快捷菜单中选择【效果】→【生成】→【描边】命令。选择工具栏中的【钢笔工具】，在场景的文本上随意画一段连续的轨迹（蒙版 1，最好沿着文本的周围画），效果如图 2-20 所示。

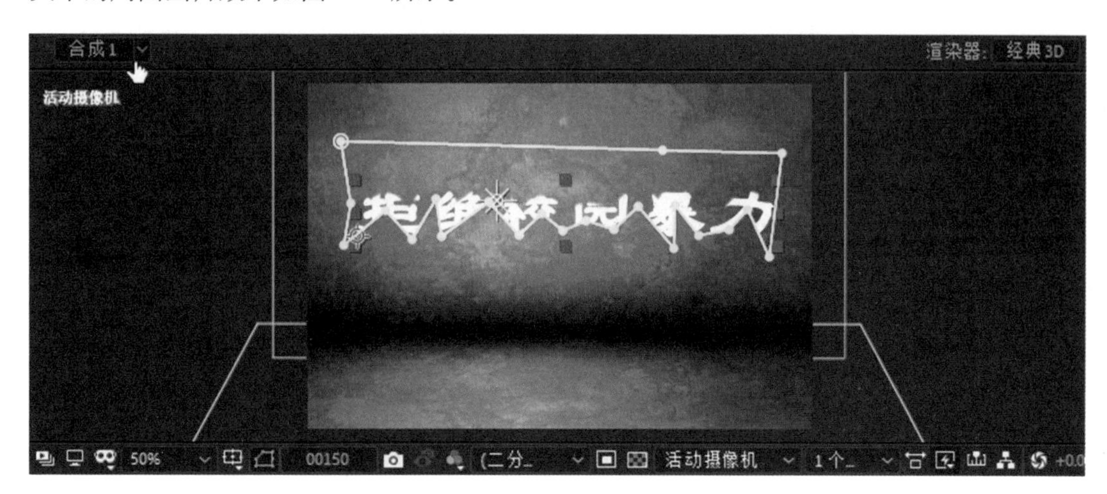

图 2-20　文本图层遮罩效果

在【效果控件】面板中设置【描边】→【路径】为“蒙版 1”,【绘画样式】为“显示原始图像”,【画笔大小】为 32,如图 2-21 所示。

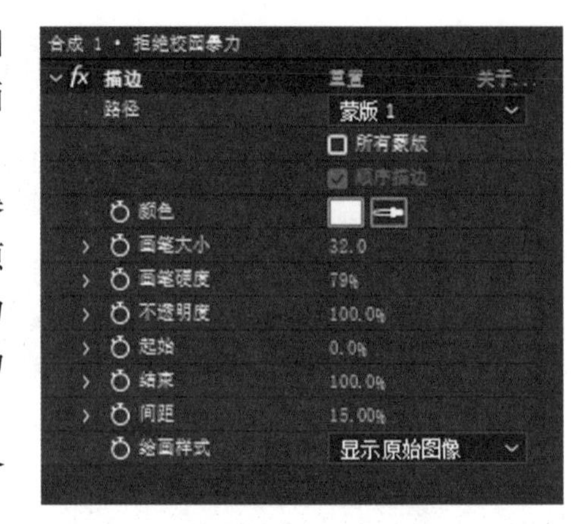

图 2-21　设置描边特效

在图层窗口中展开文本图层【拒绝校园暴力】→【效果】→【描边】。将播放头放到第 1 帧处,单击【结束】前面的“小钟”图标,设置值为 0；将播放头拖到第 110 帧处,设置【结束】值为 100%,如图 2-22 所示。

(6) 导入素材中的图片 OOOPIC.jpg。拖到合成层 3DLayer 中,设置【缩放】值调整合适大小,设置图层后面的【模式】为“变暗”,如图 2-23 所示。

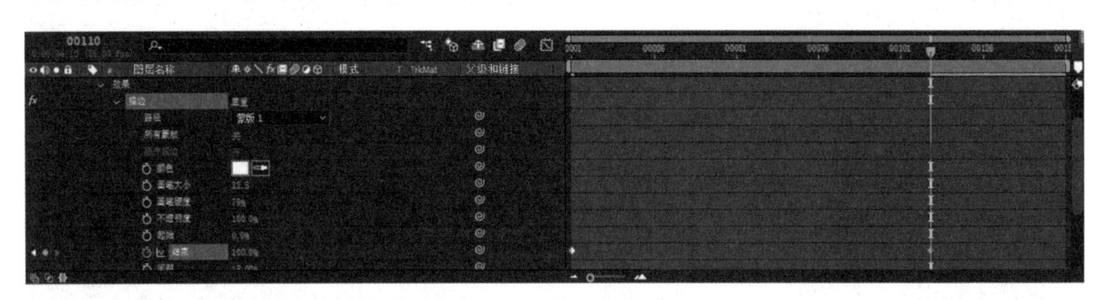

图 2-22　添加关键帧

图 2-23　设置图层模式

选中图层 OOOPIC,选择工具箱中的【椭圆工具】,绘制小圆圈。展开图层 OOOPIC →【蒙版】→【蒙版 1】,将播放头放到第 1 帧处,单击【蒙版扩展】前面的“小钟”图标,设置其值为 0；将播放头拖到第 40 帧处,将其值调大,显示出整个画面为准。参数如图 2-24 所示,效果如图 2-25 所示。

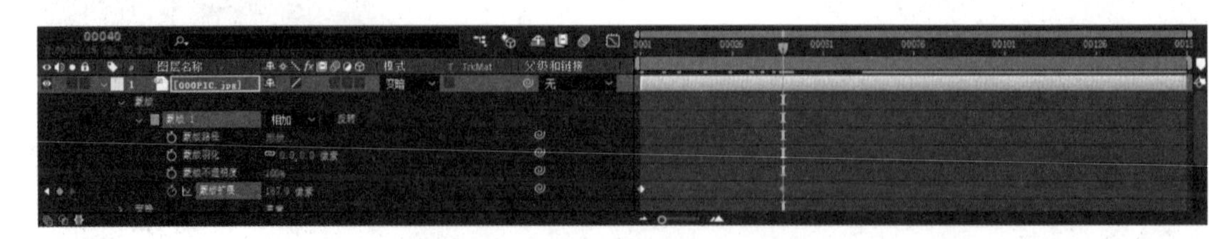

图 2-24　设置【蒙版扩展】的参数

(7) K 相机。在【图层】面板空白区域处右击,选择【新建】→【摄像机】命令。将播放头放到第 1 帧处,展开【摄像机 1】→【变换】,单击【位置】前面的“小钟”图标；

展开【摄像机 1】→【摄像机选项】,单击【缩放】前面的“小钟”图标。在选中【摄像机 1】图层的情况下按 U 键,只显示【位置】和【缩放】选项,调整两者的参数。将播放头放到第 1 帧处,参数如图 2-26 所示,【合成】窗口效果如图 2-27 所示。

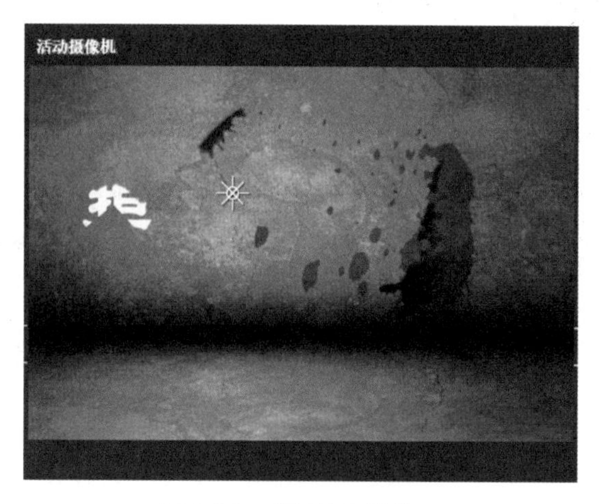

图 2-25　蒙版扩展的效果

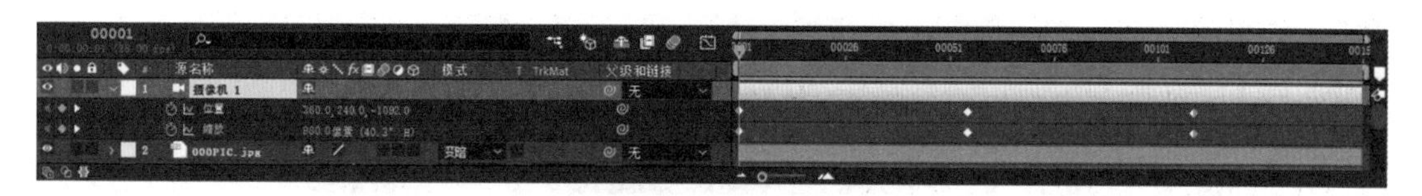

图 2-26　第 1 帧摄像机参数设置

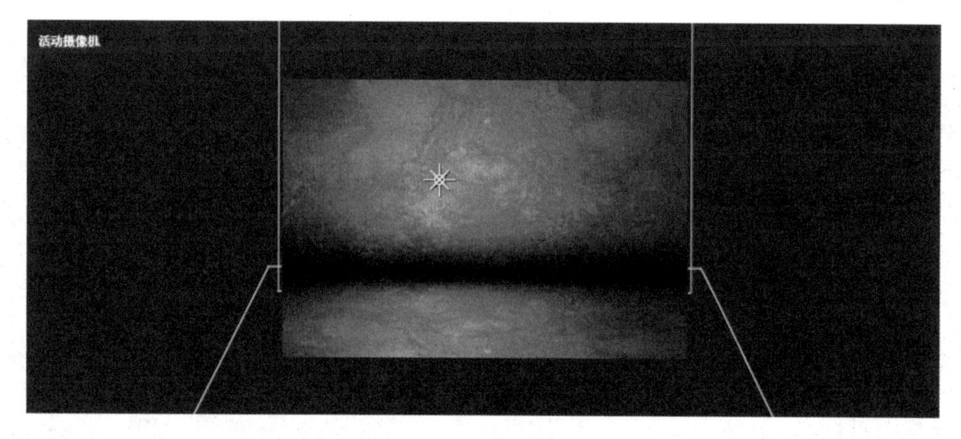

图 2-27　第 1 帧摄像机效果

将播放头放到第 55 帧处,【位置】和【缩放】的参数值如图 2-28 所示,【合成】窗口效果如图 2-29 所示。

图 2-28　第 55 帧摄像机参数设置

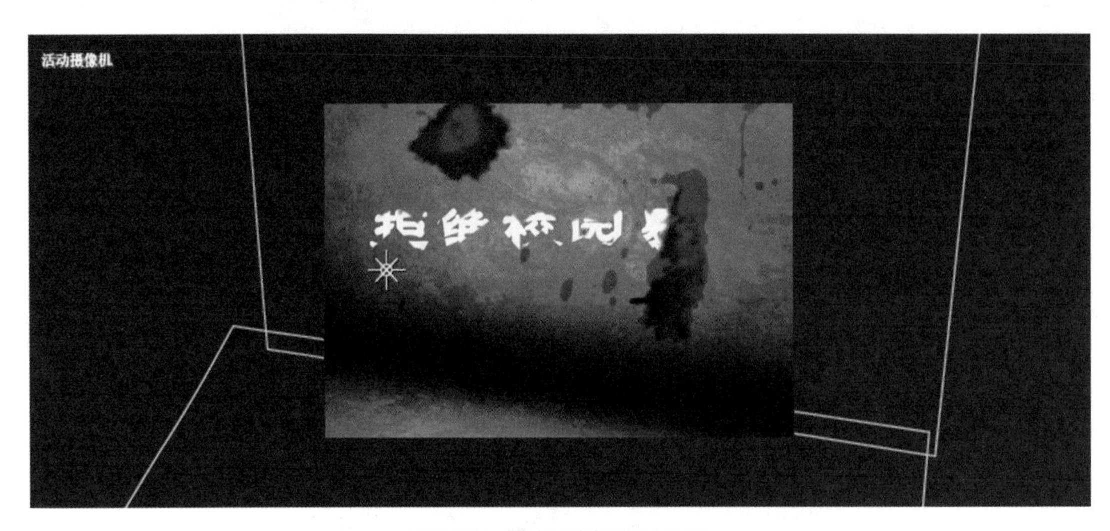

图 2-29　第 55 帧摄像机效果

将播放头放到第 110 帧处，【位置】和【缩放】的参数值如图 2-30 所示，【合成】窗口效果如图 2-31 所示。

图 2-30　第 110 帧摄像机参数设置

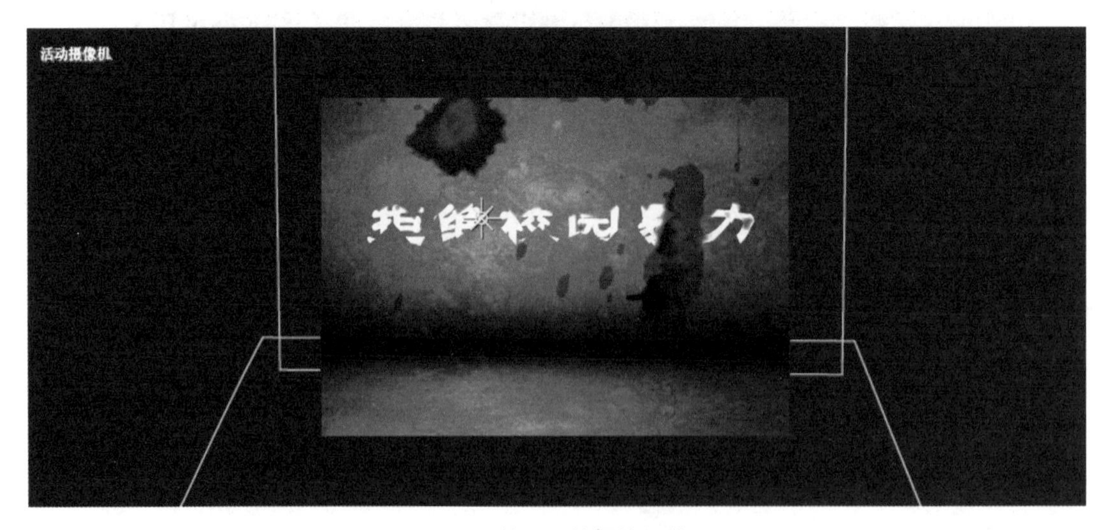

图 2-31　第 110 帧摄像机效果

（8）保存文件并渲染输出。

注意：

也可以打开图层 OOOPIC 的 3D 图层选项，这时需把此图层拖到文本图层下方。

任务三　制作文字扫光效果

【任务描述】

本部分主要是学习 AE 插件 Shine（体积光）、3D Stroke（三维描边）和 Starglow（星光）的使用方法和属性设置。对应案例是制作文字扫光效果，通过扫光效果展示文字内容，并配以动态的背景线条，构成一个综合的展示效果，可用于片头制作。操作中重点要注意特效之间的结合和关键帧节奏的把握。

【任务实施】

案例：制作文字扫光效果

（1）创建合成层。按 Ctrl+N 组合键，弹出【合成设置】对话框，设置如图 2-32 所示。

（2）制作文字动画。文字内容需要从左到右逐渐显现出来。选择工具栏中的【横排文字工具】，在场景中输入文本“潍坊职业学院”，在【字符】面板中设置其属性，如图 2-33 所示。

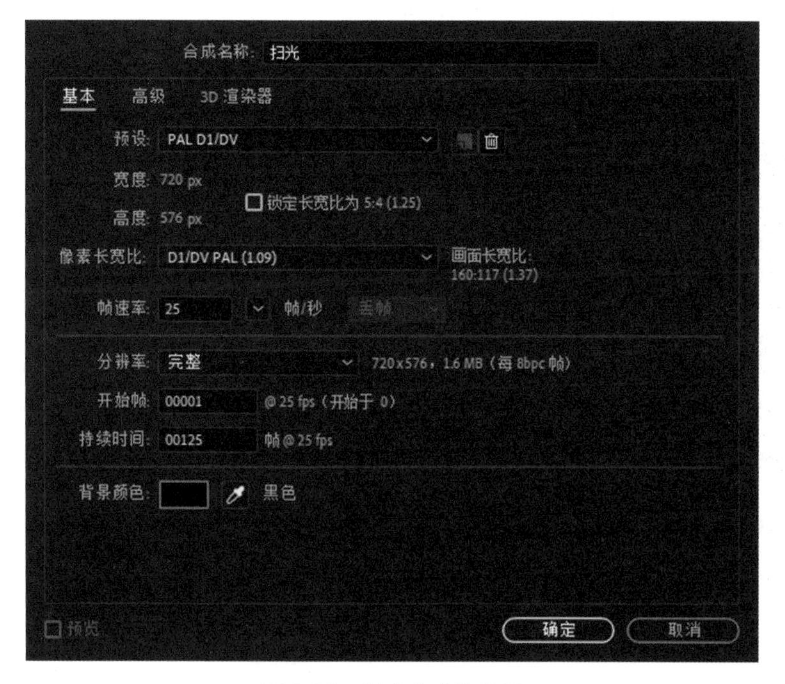

图 2-32　新建合成的设置

制作文字扫光效果 .mp4

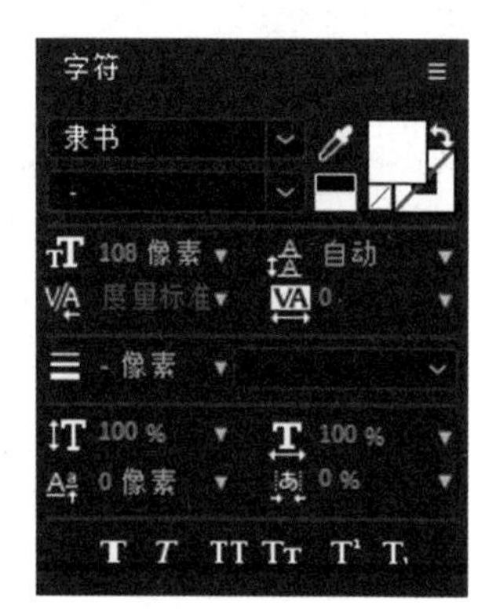

图 2-33　字符面板设置

选中文本图层，选择工具栏中的【矩形工具】，在文本左侧绘制矩形，展开文本图层中的【蒙版】→【蒙版 1】→【蒙版羽化】，设置其值为 60。调整遮罩的大小和位置（此时可以将【反转】前的复选框选中，使文字显示出来，等调整好之后，再取消选择）。将播放头放到第 1 帧处，单击【蒙版路径】前面的“小钟”图标，将播放头拖到第 125 帧处，调整遮罩大小（此时可以同时选中矩形遮罩的右侧两个锚点，按住 Shift 键，用鼠标左键拖动到文本右侧），使其覆盖住所有文字。实现文字从左到右逐渐显现出来的效果如图 2-34 所示。

图 2-34　文字从左到右逐渐显现出来

选中文本图层，在图层上右击，选择【效果】→【风格化】→【发光】命令，在【效果控件】面板中设置【发光】属性。颜色 A 的 RGB 为（0,255,67），颜色 B 的 RGB 为（0,236,247），参数设置如图 2-35 所示，文本效果如图 2-36 所示。

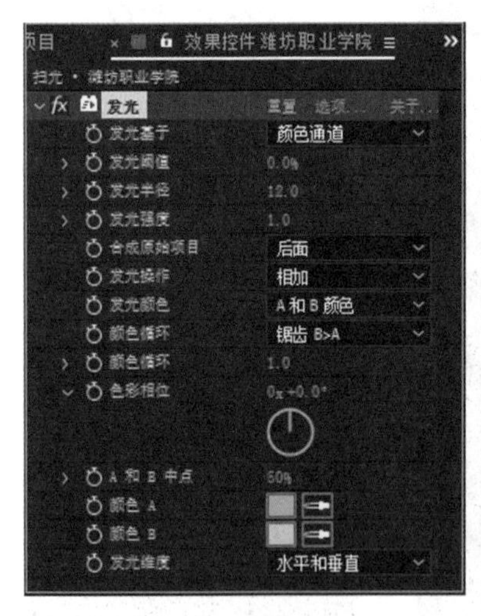

图 2-35　设置发光属性

潍坊职业学院

图 2-36　文本效果

其中，【发光阈值】表示发光程度。

(3) 制作文字扫光。在文字中添加扫光，形成由扫光带出文字的效果。

选中文本图层“潍坊职业学院”，按 Ctrl+C 和 Ctrl+V 组合键进行复制和粘贴操作。选中新复制的文本图层，删除发光效果。在图层上右击，选择【效果】→ RG Trapcode → Shine 命令，打开特效窗口，设置如图 2-37 所示。

展开 pre-process，选中 Use Mask（使用遮罩）选项。Mask Radius 表示遮罩半径，Ray Length 表示光芒长度，Boost Light 表示推进灯光，Shimmer 表示微光参数。

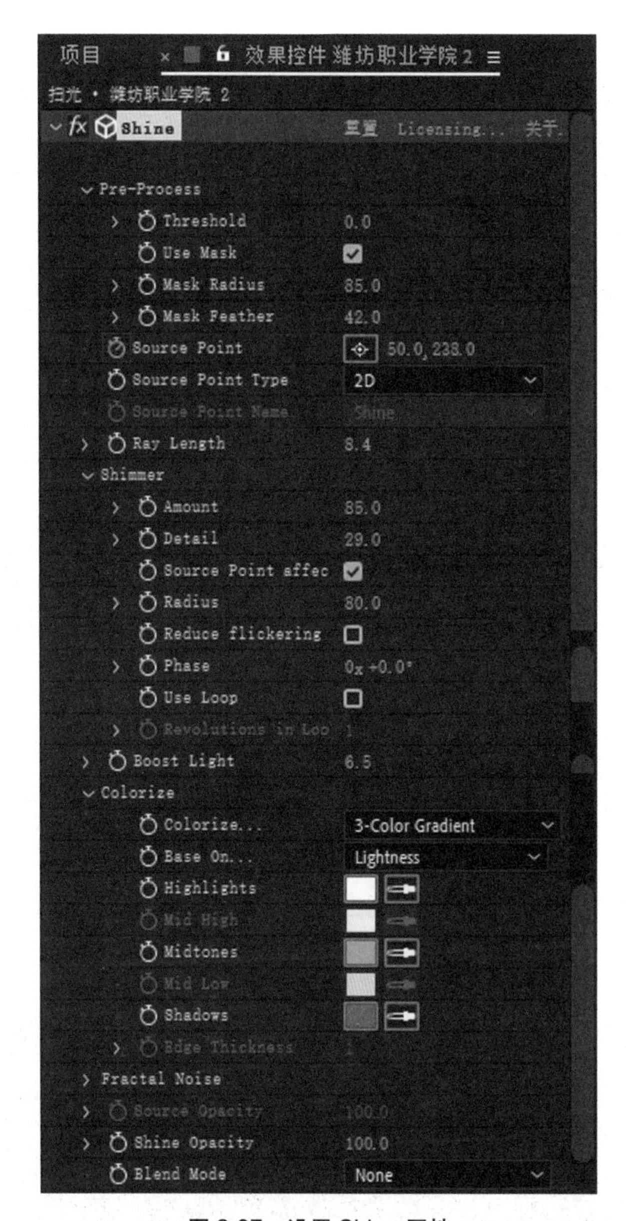

图 2-37　设置 Shine 属性

将播放头放到第 1 帧处，展开文本图层→【效果】→ Shine → Source Point 命令，单击 Source Point 前面的“小钟”图标，将源点放到文本左侧。将播放头拖到第 125 帧处，将源点放到文本右侧，如图 2-38 ～图 2-41 所示。

图 2-38　Source Point 在第 1 帧的参数设置

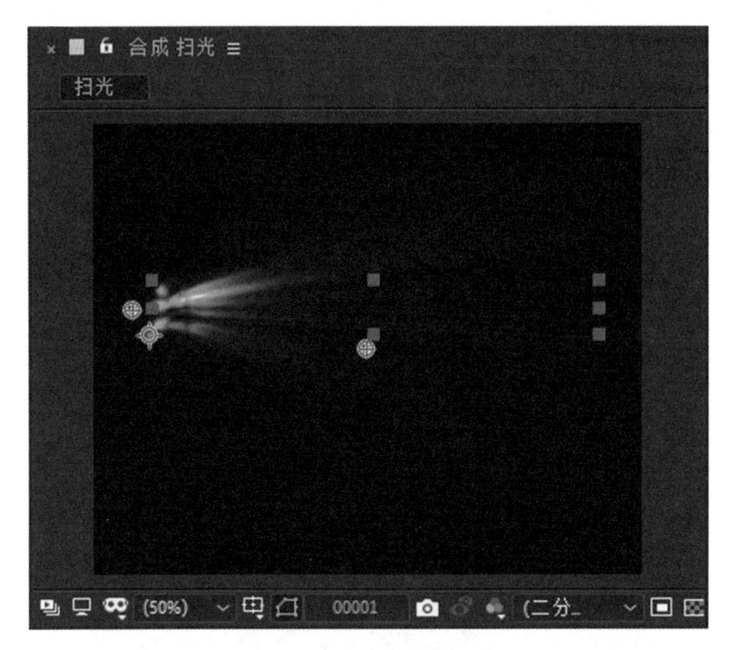

图 2-39　第 1 帧扫光效果

图 2-40　Source Point 在第 125 帧的参数设置

图 2-41　第 125 帧扫光效果

设置图层“潍坊职业学院 2”的模式为“相加”，如图 2-42 所示。

图 2-42　设置图层混合模式

(4) 制作光线背景。制作光线滑动的动态背景效果，可以丰富画面内容。

在图层窗口空白区域右击，选择【新建】→【纯色】命令，设置如图 2-43 所示。

选中纯色图层“白色 纯色 1”，选择工具栏中的【钢笔工具】，在场景中勾画 Mask 遮罩路径，如图 2-44 所示。

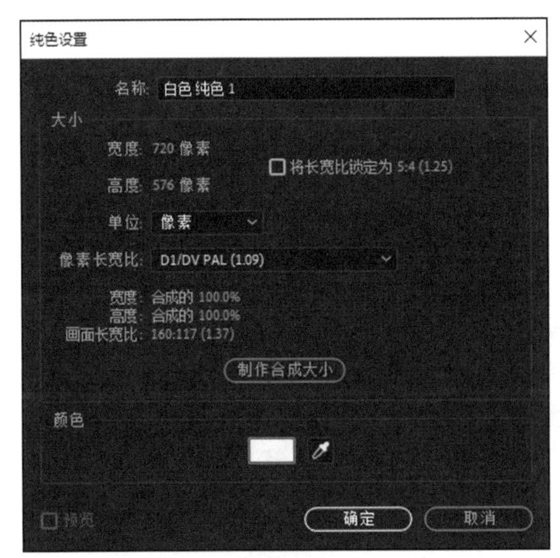

图 2-43　创建纯色块

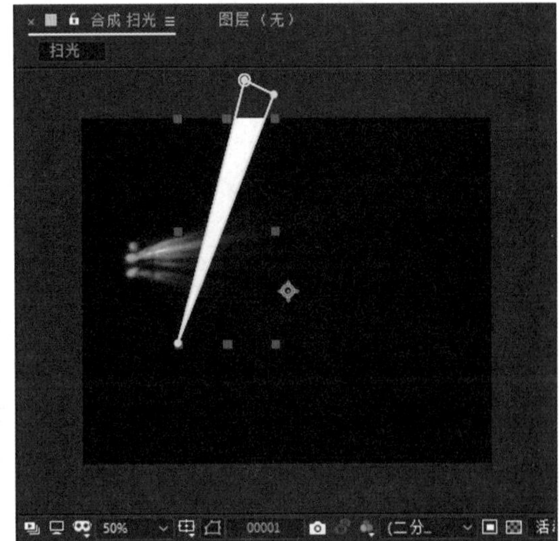

图 2-44　勾画 Mask 路径

安装插件 3D Stroke（三维描边）：从素材中找到 3DStroke.aex 并进行复制。打开 AE 的安装路径 C:\Program Files\Adobe\Adobe After Effects CC 2019\Support Files\Plug-ins\Effects 并粘贴。

重启 AE 软件，在纯色图层“白色 纯色 1”上右击，从弹出的快捷菜单中选择【效果】→ RG Trapcode → 3D Stroke 命令，添加 3D Stroke（三维描边）效果。在【效果控件】面板，单击上面的【Licensing...】项，输入注册码 8291-8797-2567-6362-×××× 进行注册。注册完成后，设置 3D Stroke 的参数如图 2-45 所示。

调节 Thickness（厚度）为 3.0，在 Taper（锥度）组选中 Enable（是否使用下面的参数）选项，在 Repeater（重复）组选中 Enable（是否使用下面的参数）选项，调节 Opacity（不透明度）为 40，X displace 为 10，Y displace 为 −20，Z displace 为 −30，效果如图 2-46 所示。

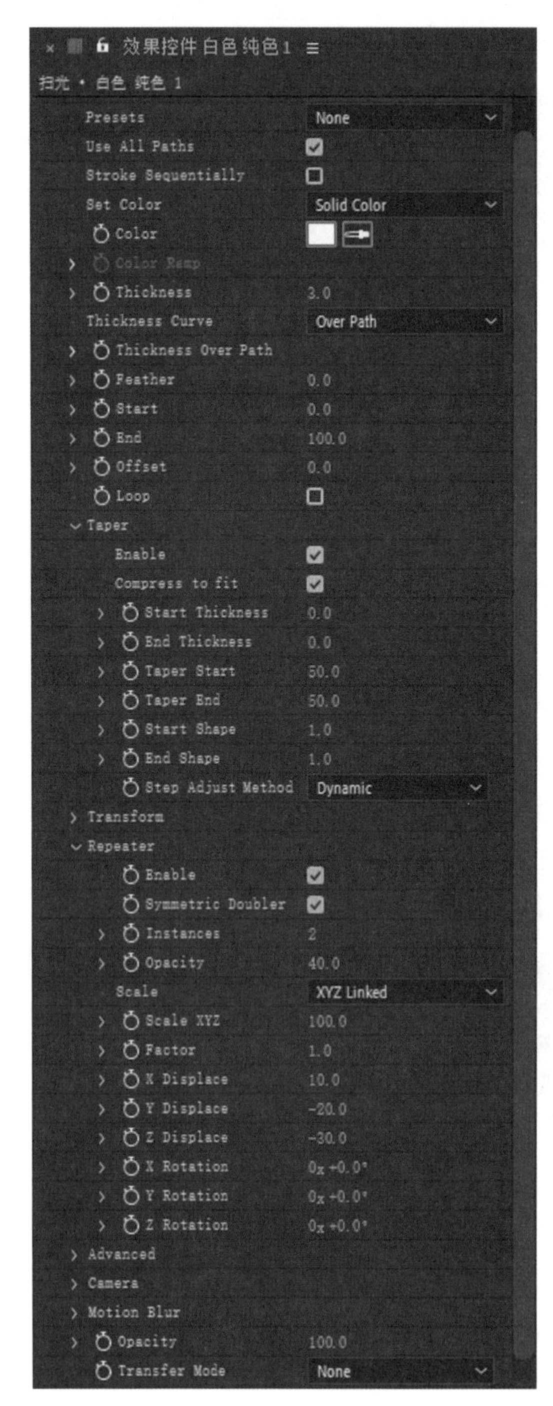

图 2-45　设置 3D Stroke 属性

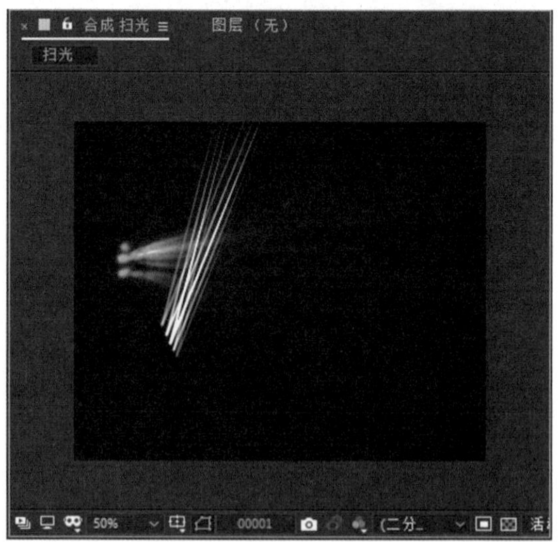

图 2-46　3D Stroke 效果

展开图层【白色 纯色 1】→【效果】→ 3D Stroke → Start。将播放头放到第 1 帧处，单击 Start 前面的“小钟”图标，设置 Start 值为 100；将播放头拖到第 75 帧处，设置 Start 值为 0。单击 End 前面的“小钟”图标，设置 End 值为 100。将播放头拖到第 125 帧处，设置 End 值为 0，如图 2-47 所示。

图 2-47　关键帧设置

改变光线流动效果（调整遮罩的形状）：用【选取工具】将遮罩下端锚点调到右上角，将左上角的锚点调到下端，用【转换“顶点”工具】调整路径为曲线，如图 2-48 所示。

用同样的方法制作第二组线条。打开【项目】面板，展开纯色文件夹，将纯色块“白色 纯色 1”拖到合成层中，用【钢笔工具】绘制一个遮罩，如图 2-49 所示。为图层添加 3D Stroke 效果，调整相应参数，如图 2-50 所示。其余参数同第一组线条，效果如图 2-51 所示。

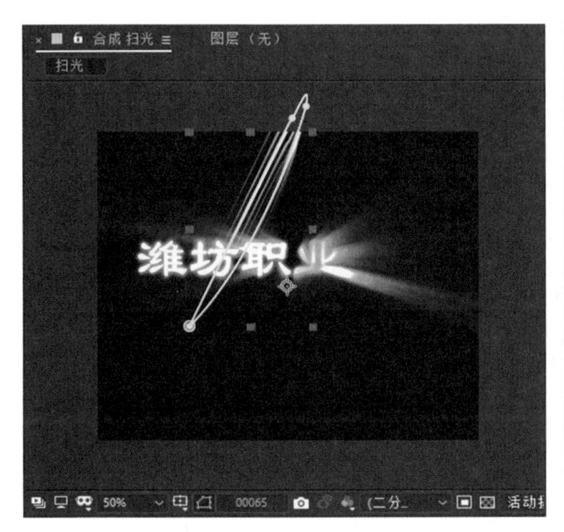

图 2-48　调整路径形状

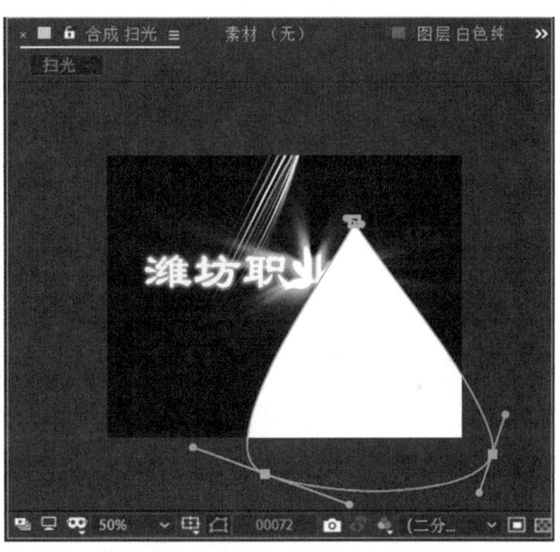

图 2-49　制作第二组遮罩

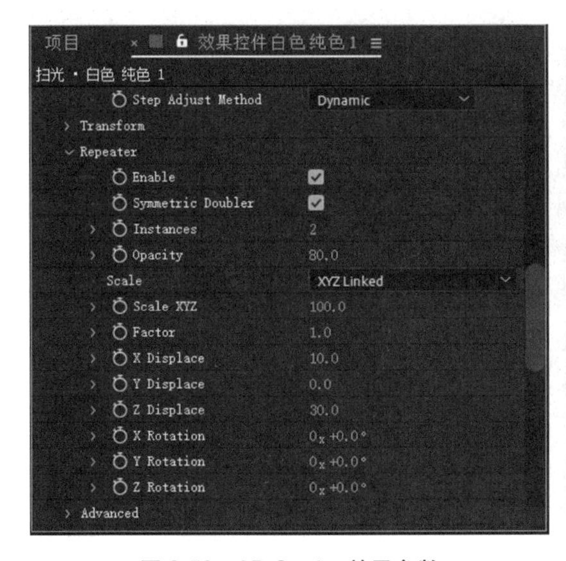

图 2-50　3D Stroke 效果参数

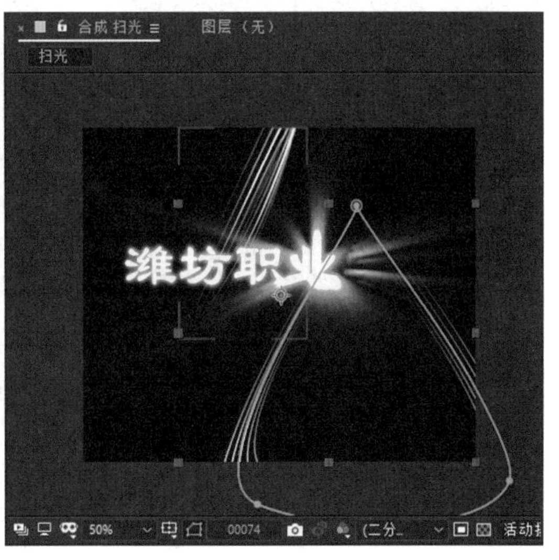

图 2-51　第二组线条效果

（5）给线条添加光效。呼应文字的扫光效果，为线条添加光效。此处需要用到 Starglow 插件。Starglow 是一个根据源图像的高光部分建立星光闪耀的特效。

找到素材中的文件 Starglow.aex 并复制。找到 AE CC 的安装路径，粘贴到 C:\Program Files\Adobe\Adobe After Effects CC 2019\Support Files\Plug-ins\Effects 文件夹中，如图 2-52 所示。

图 2-52 添加插件 Starglow（星光）

重启 AE CC 软件，在两个纯色层上分别右击，选择【效果】→ RG Trapcode → Starglow 命令，添加 Starglow（星光）。在【效果控件】面板，单击 Starglow 后面的 Licensing... 项，输入注册码 8834-8650-2567-6548-××××进行注册。

注册完成后，设置 Starglow 的参数如图 2-53 所示，调节 Preset（光线形式）和 Streak Length（光线长度），以及 Starglow Opacity（不透明度）。合成效果如图 2-54 所示。

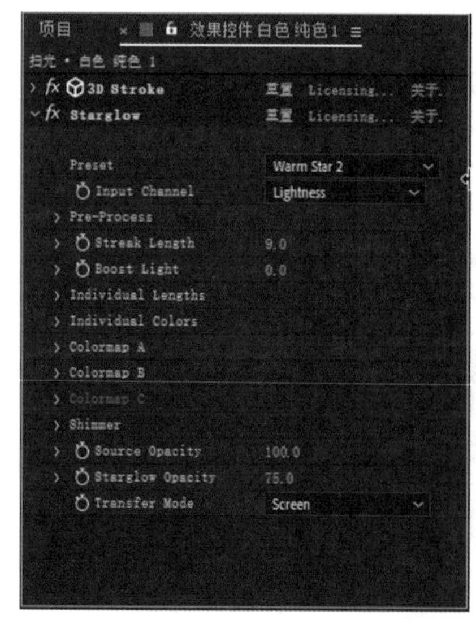

图 2-53 设置 Starglow 属性值

图 2-54 扫光文字效果

（6）保存文件并渲染输出。

【技术视角】

（1）用 Mask（遮罩）制作文字动画。

（2）利用 AE 插件 Shine（体积光），通过设定关键帧，在文字中产生扫光效果。

（3）利用 AE 插件 3D Stroke（三维描边）制作动态背景，增添画面动态元素。

（4）给动态线条添加 Starglow（星光），丰富画面效果。

任务四　制作太阳光效果

【任务描述】

本部分主要使用 Light Factory（光工厂）插件为镜头添加模拟太阳光效果。

制作太阳光效果 .mp4

【任务实施】

案例：制作太阳光效果

本案例是一个镜头后期合成的案例。利用 Light Factory（光工厂）插件为镜头添加模拟太阳光效果，这样可以渲染画面气氛，凸显视觉中心，使画面更生动、写实。

（1）创建合成。按 Ctrl+N 组合键创建合成层，设置如图 2-55 所示。

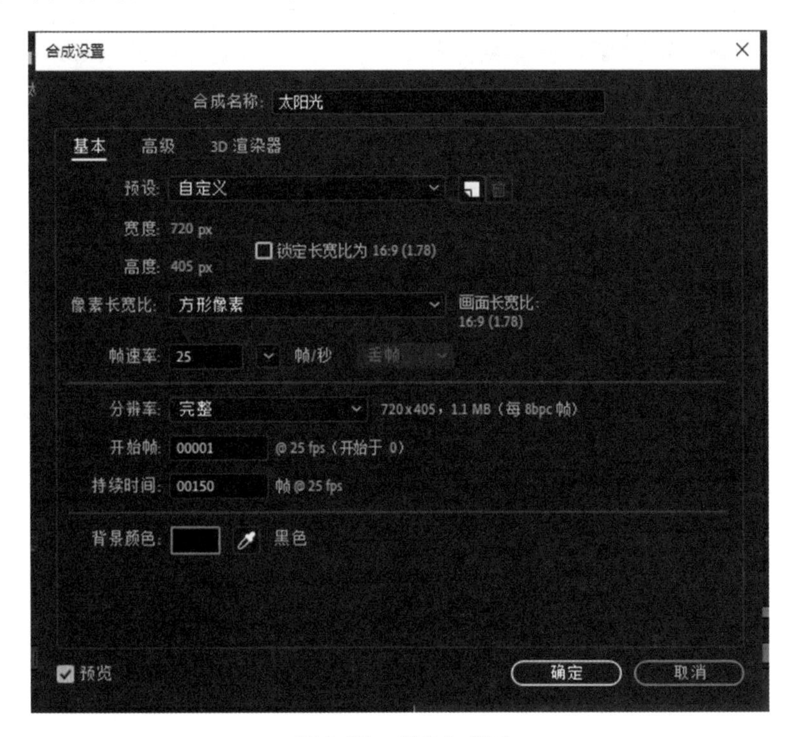

图 2-55　创建合成层

（2）创建镜头画面并调色。导入渲染好的序列图片后，对画面进行基本的调色。

找到素材中的文件夹 cantingwai，导入序列图片，如图 2-56 所示。

找到素材中的图片文件 sky.jpg 并导入，如图 2-57 所示。

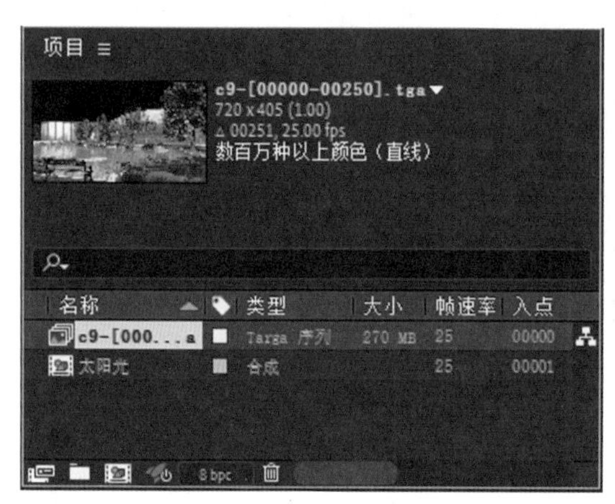

图 2-56　导入序列图片

图 2-57　导入天空图片

将序列图片拖到合成层中，将 sky.jpg 图片拖到序列图片下面。调整天空的大小，效果如图 2-58 所示。

图 2-58　合成窗口效果

在【时间轴】面板图层空白区域右击，选择【新建】→【调整图层】命令，创建“调整图层 1”。在该图层上右击，选择【效果】→【颜色校正】→【曲线】命令，添加 4 次，调节 4 条曲线，如图 2-59 ～图 2-62 所示。

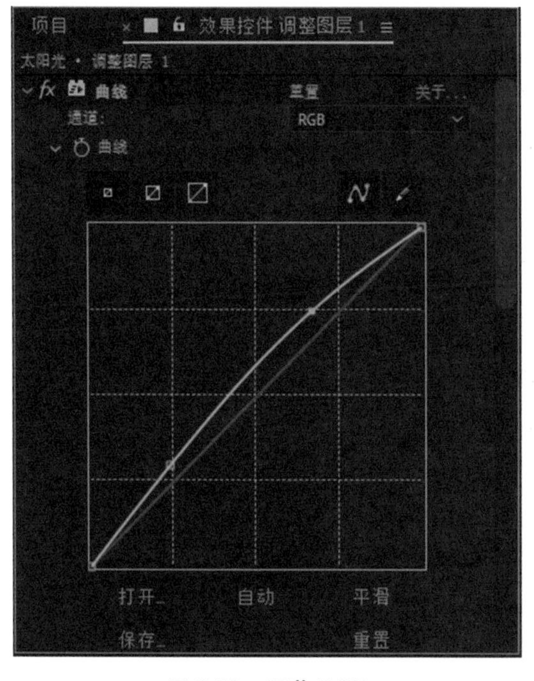

图 2-59　调节 RGB

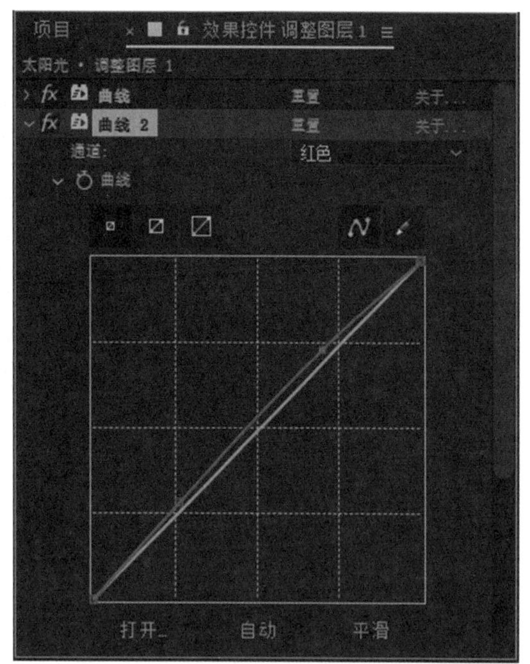

图 2-60　调节红色

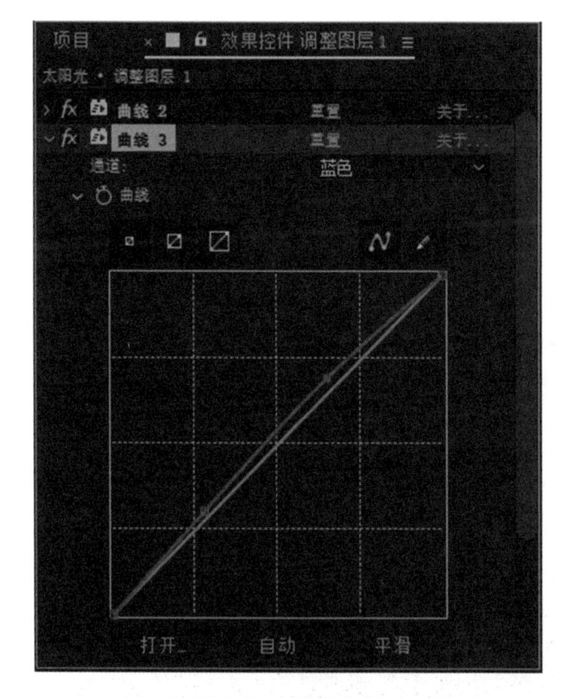

图 2-61　调节蓝色

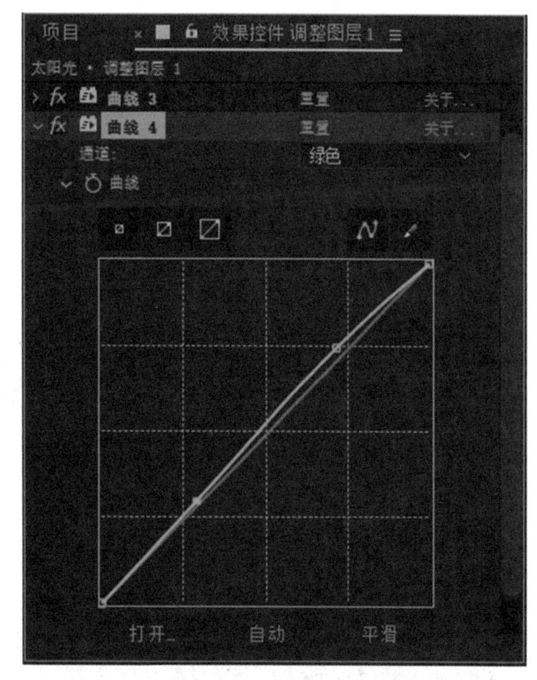

图 2-62　调节绿色

在【图层】面板空白区域右击，选择【新建】→【调整图层】命令，创建“调整图层 2”。选择工具栏中的【钢笔工具】，在该图层上创建 Mask（遮罩），如图 2-63 所示。

在“调整图层 2”图层上右击，选择【效果】→【颜色校正】→【亮度和对比度】命令，设置如图 2-64 所示。调整遮罩的羽化值，使过渡自然。

图 2-63　创建遮罩

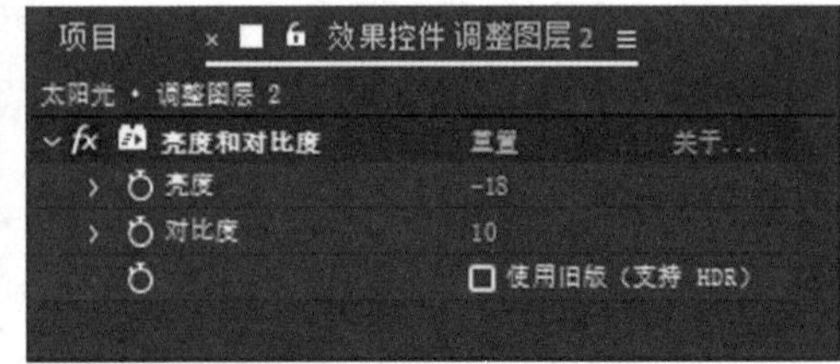

图 2-64　调节亮度和对比度

（3）创建 Light Factory（光工厂）。注意光的选择要与镜头表现时间相匹配。

保存当前的项目文件，退出 AE CC 软件，找到素材中的文件夹“AE 插件 \VFXSuite_Win_Full_1.0.1\CGown.com\VFXSuite_Win_Full_1.0.1”，双击其中的文件 VFX Suite 1.0.1 Installer.exe，选择安装 Knoll Light Factory（光工厂）。安装完 Knoll Light Factory（光工厂）插件后，输入注册码 KLPF398922268178××××进行注册，注册完成后单击 close 按钮。

重启 AE CC 软件，打开上述案例，在图层窗口空白区域右击，选择【新建】→【调整图层】命令，创建“调整图层 3”图层。在该图层上右击，选择【效果】→ RG VFX → Knoll Light Factory 命令，单击【效果控件】面板中的 Designer 并选择合适的光模板，设置相应参数如图 2-65 所示，设置完成单击 OK 按钮。

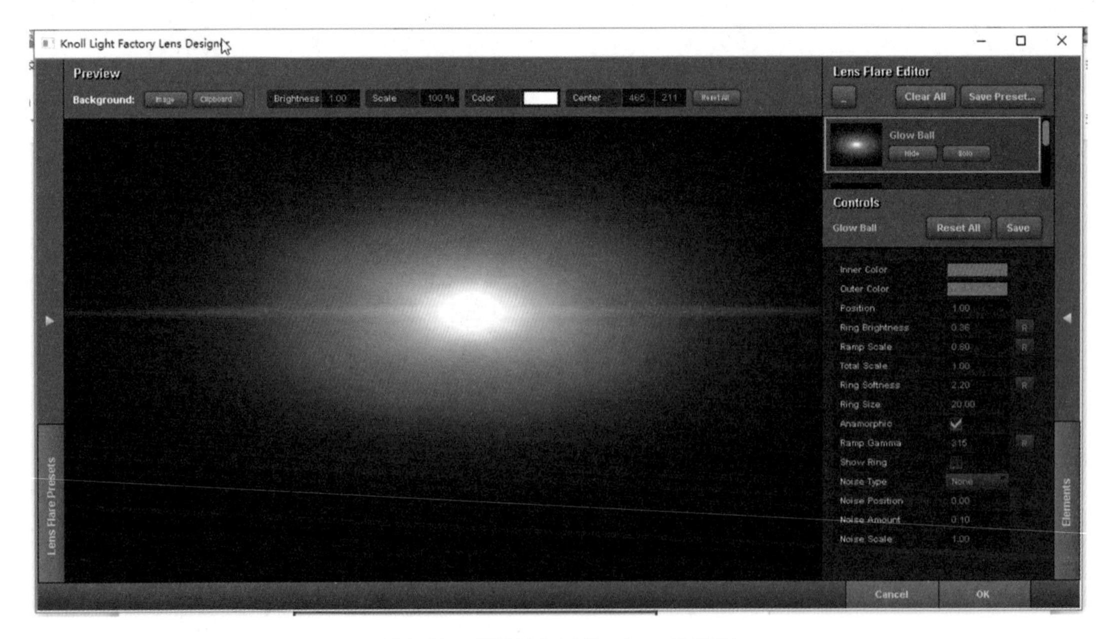

图 2-65　设置 Light Factory 光模板

展开“调整图层 3”图层→【效果】→ Knoll Light Factory → Location → Light Source Location 命令。将播放头放在第 1 帧处，单击 Light Source Location 前面的“小钟”图标，将太阳光放到合适的位置，如图 2-66 所示。将播放头拖到第 150 帧处，将光源往左边移动，使太阳光跟随镜头动。

图 2-66　设置太阳光在第 1 帧的位置

为使画面效果更真实，可制作空气效果，创建“调整图层 4”图层，在该图层上右击，选择【效果】→【模糊与锐化】→【快速方框模糊】命令，设置【模糊半径】和【迭代】参数，选中【重复边缘像素】选项。参数如图 2-67 所示，效果如图 2-68 所示。

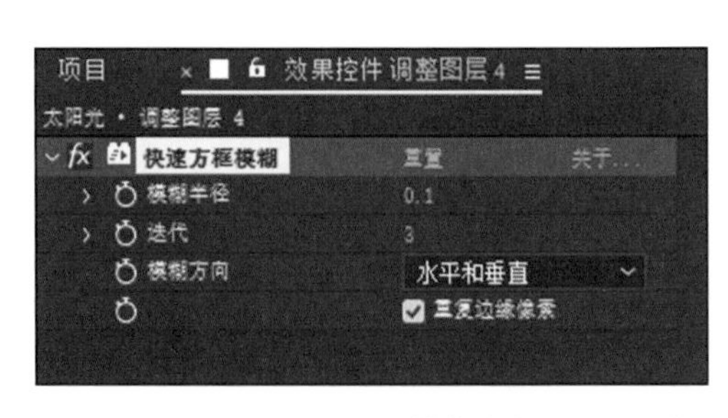

图 2-67　设置模糊参数

图 2-68　设置模糊效果

（4）保存文件并渲染输出。

【技术视角】

（1）为三维动画镜头添加太阳光效果。

（2）呼应太阳光，对画面进行局部明暗调整。

（3）在对 Light Factory（光工厂）中光的选择时，要注意跟镜头表现的时间一致，并注意调整画面的整体效果，与光呼应。

【项目总结】

本项目通过案例讲解了 AE 外挂插件 Light Factory（光工厂）、Shine（体积光）、3D Stroke（三维描边）和 Starglow（星光）的安装与基本用法，以及三维相机、灯光的使用。这些知识点的应用范围很广，要灵活运用这些插件制作光特效和后期镜头。

【项目拓展】

1. 问题答疑

（1）AE 中为何不能导入序列文件？

答：可能是中文目录，也可能是文件名不对。

（2）VCD 中的 DAT 文件无法导入 AE 怎么办？

答：把 *.DAT 改成 *.MPG 即可。

（3）AE 中如何输出单帧图片？

答：按 Ctrl+Alt+S 组合键。

（4）AE 中导入 PSD 文件实现 Shine 效果，却受到文件尺寸的限制，如何解决？

答：新建一个空对象，然后按 Ctrl+Shift+C 组合键，将其合并成一个合成，或者新建一个合成并把现在的这个合成放进去。

（5）AE 中一段素材如何切割到不同的层上？

答：按 Ctrl+Shift+D 组合键。

（6）AE 中如何给一个层加多个文字特效？

答：每加一个特效前先创建一个调整图层。

（7）在编辑状态下如何预览声音？

答：激活【时间轴】面板，按下“.”键，即可按照预先设定的声音预览方式进行预览。声音预览的默认长度为 10 秒。

2. 实践项目

利用本项目所学知识制作文字表面过光效果。

项目三　制作三维合成特效

【项目描述】

本项目部分案例来源于 Adobe 创意大学。

在 AE 软件中，除了音频层，任何图层都可转换为三维图层，使图层之间体现透视关系、相互投影、遮挡。AE 还可以架设自己的摄像机，使素材形成透视影像。并且可以为摄像机设置位置关键帧，从而产生各种推拉摇移的镜头效果。

本项目将通过案例讲解 AE 三维合成的方法、技巧和注意事项。部分案例截图如图 3-1 和图 3-2 所示。

图 3-1 “盒子打开动画”截图

图 3-2 “三维文字效果”截图

【项目目标】

技能目标：

（1）能合理设置灯光。

（2）能合理调整摄像机。

（3）能运用 AE 三维合成制作 3D 特效。

知识目标：

（1）掌握三维合成的创建方法。

（2）掌握灯光和摄像机的设置方法。

素质目标：

锻炼学生的协调能力。

任务一　制作盒子打开动画

【任务实施】

1. 创建合成层

(1) 新建AE文档，在【项目】面板空白处双击，导入素材“院标.jpg”。

(2) 单击【新建合成】按钮，新建合成层，设置如图3-3所示。

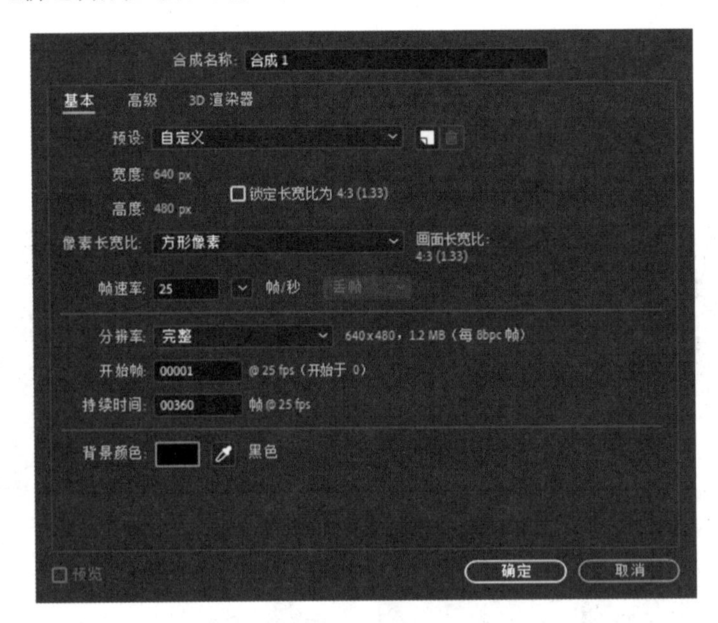

图3-3　新建合成层

制作盒子打开动画.mp4

2. 给图片描边并创建预合成

(1) 将素材“院标.jpg”拖入合成层中，在该图层上右击，从弹出的快捷菜单中选择【蒙版】→【新建蒙版】命令，自动沿着通道加蒙版。再在该图层上右击，从弹出的快捷菜单中选择【效果】→【生成】→【描边】命令，设置其【路径】属性值为“蒙版1”，【颜色】值为红色，给图片描边，方便后面的对齐，如图3-4所示。

(2) 在该图层上右击，从弹出的快捷菜单中选择【重命名】命令，将该图层重命名为“下”。按Ctrl+Shift+C组合键，选择第一项进行预合成。单击【时间线】面板中图层“下”后面的【3D图层】框，打开三维层，如图3-5所示。

3. 创建盒子

(1) 单击合成窗口下方的“视频布局选项”，选择【4个视图-顶部】项，如图3-6所示。

图 3-4　描边

图 3-5　打开三维层

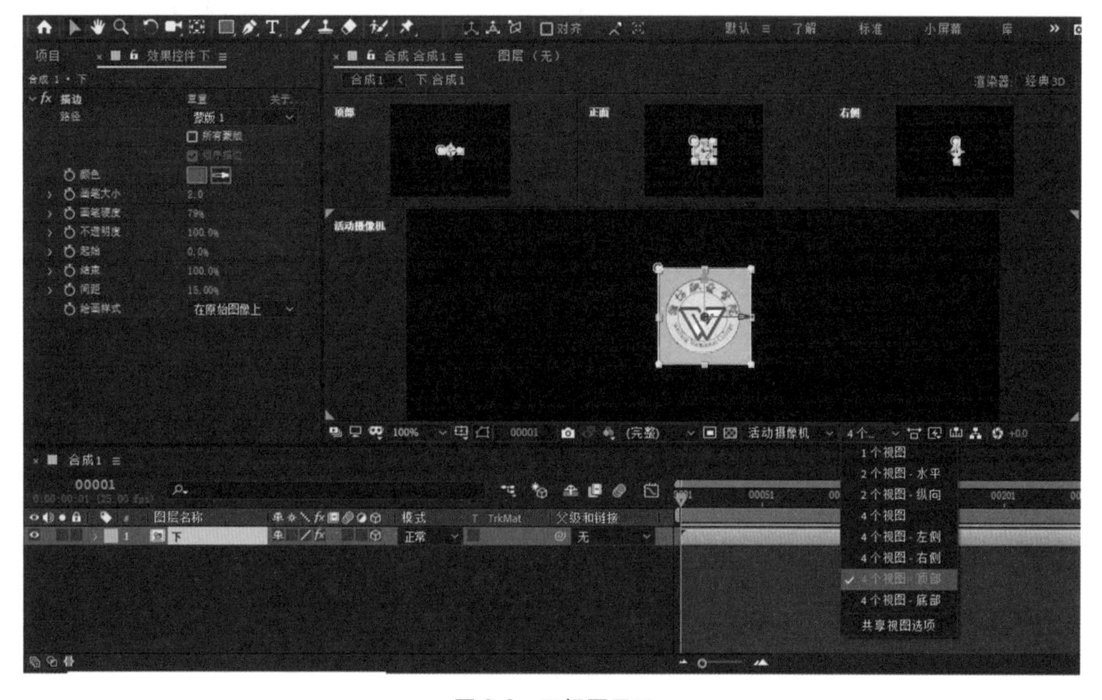

图 3-6　四视图显示

（2）单击图层“下”，选择工具栏中的【向后平移（锚点）工具】，选中后面的【对齐】选项，调整其中心点到下方中间位置，如图 3-7 所示。最好在视图 100% 显示时拖动，比较容易自动吸附。

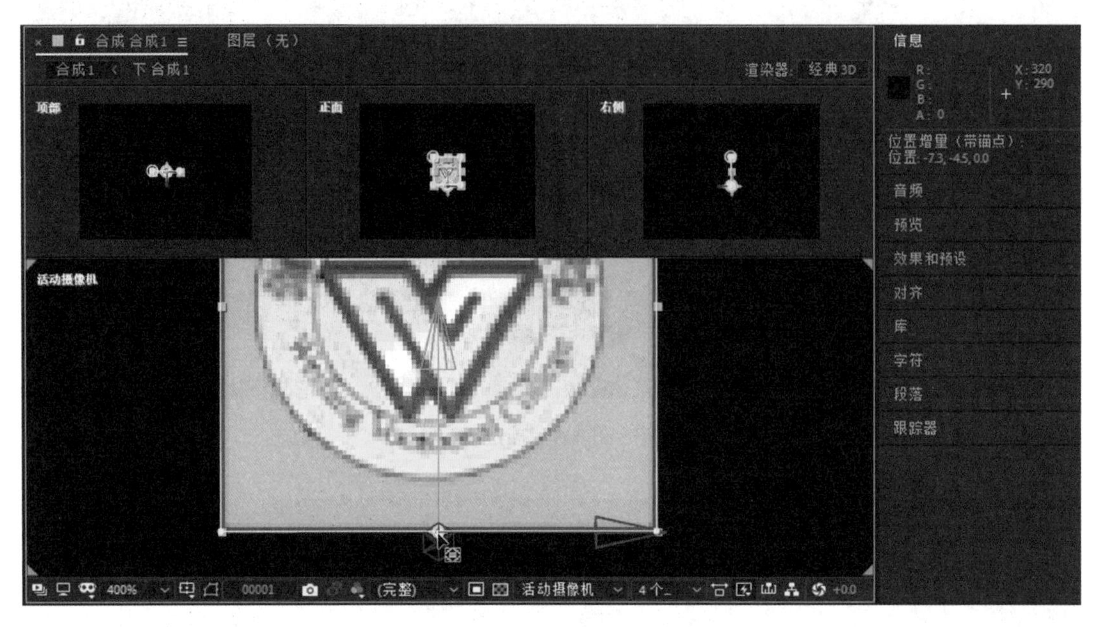

图 3-7　调中心点

（3）按 Ctrl+D 组合键，复制一个图层，重命名为“前”。选中图层“前”，按 R 键，设置【X 轴旋转】值为 0x+90.0°，如图 3-8 所示。

图 3-8　制作盒子“前”面

（4）选中图层“下”，调整其中心点到上方中间位置。按 Ctrl+D 组合键，复制出一个图层，重命名为“后”，按 R 键，设置【X 轴旋转】值为 0x－90.0°，如图 3-9 所示。

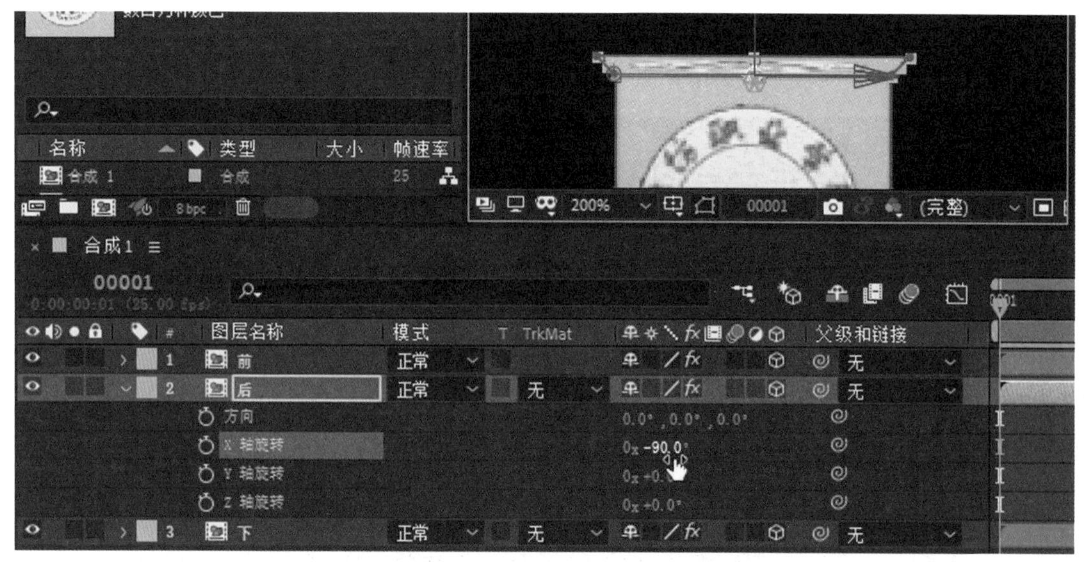

图 3-9　制作盒子“后”面

（5）选中图层“下”，调整其中心点到左方中间位置。按 Ctrl+D 组合键，复制出一个图层，重命名为“左”，按 R 键，设置【Y 轴旋转】值为 0x+90.0°，如图 3-10 所示（暂时只显示一个视图）。

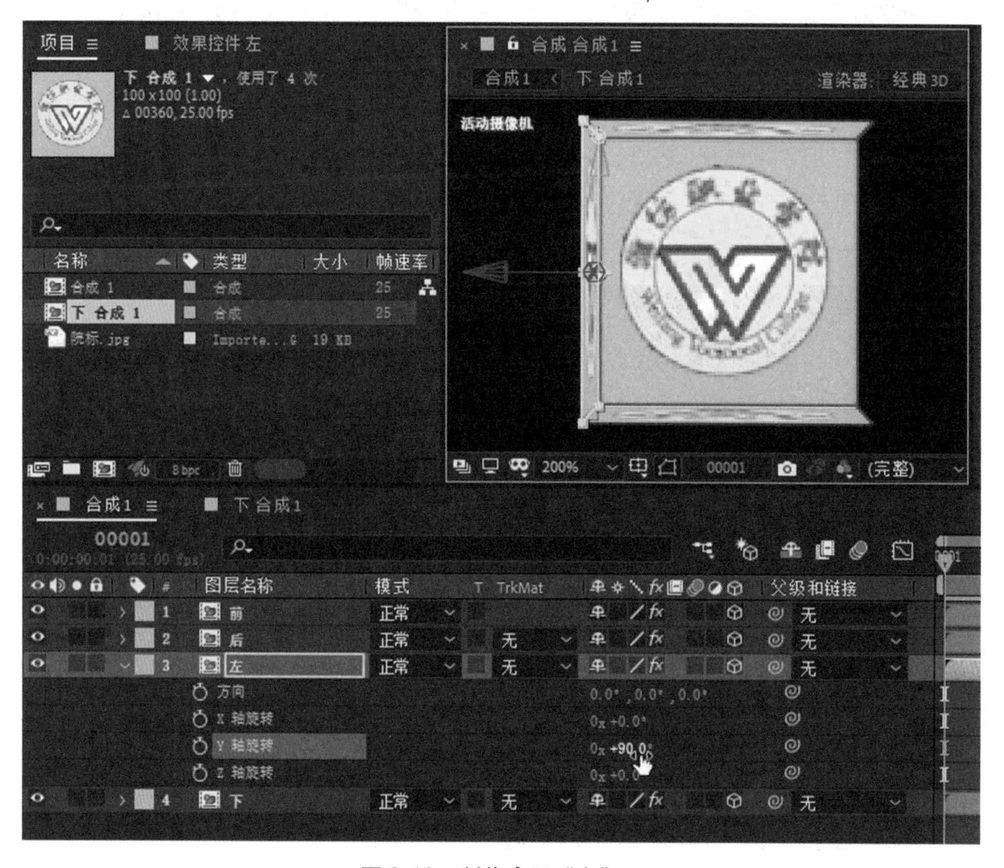

图 3-10　制作盒子“左”面

（6）选中图层“下”，调整其中心点到右方中间位置。按 Ctrl+D 组合键，复制出一个图层，重命名为“右”，按 R 键，设置【Y 轴旋转】值为 0x－90.0°，如图 3-11 所示。

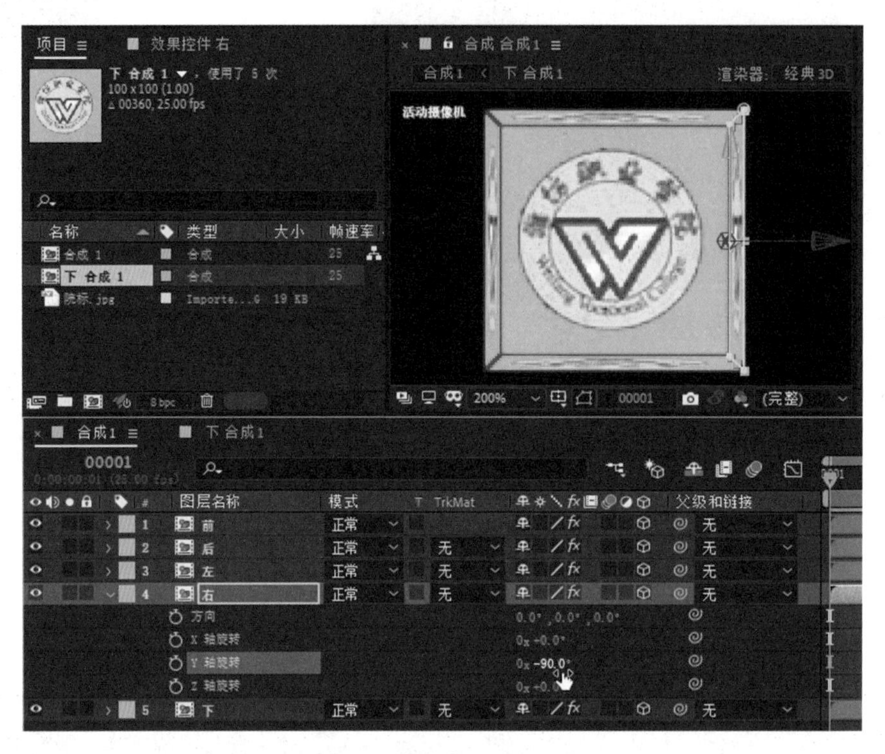

图 3-11　制作盒子“右”面

（7）取消各图层的选择，在【时间轴】图层空白处右击，从弹出的快捷菜单中选择【新建】→【摄像机】命令，设置【预设】为“50 毫米”，如图 3-12 所示。

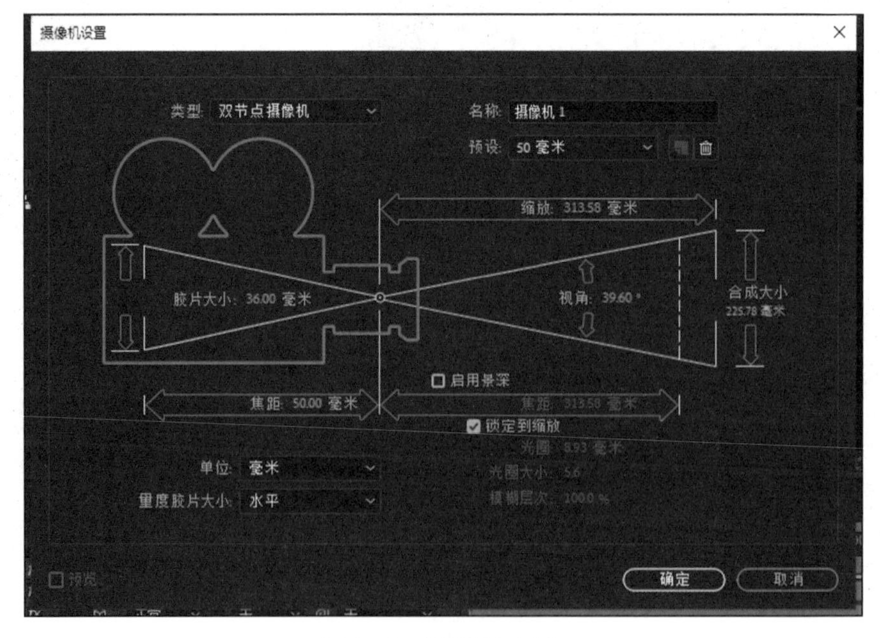

图 3-12　设置相机属性

(8) 选择工具栏中的【统一摄像机工具】，在场景中按住鼠标左键可以多方位查看盒子。如果发现盒子的边缘没有连接好，可以单击【选取工具】，选中后面的【对齐】选项，此时拖动某一个面的偏向角点部位可以自动吸附对齐另一个面的角点，如图 3-13 所示。

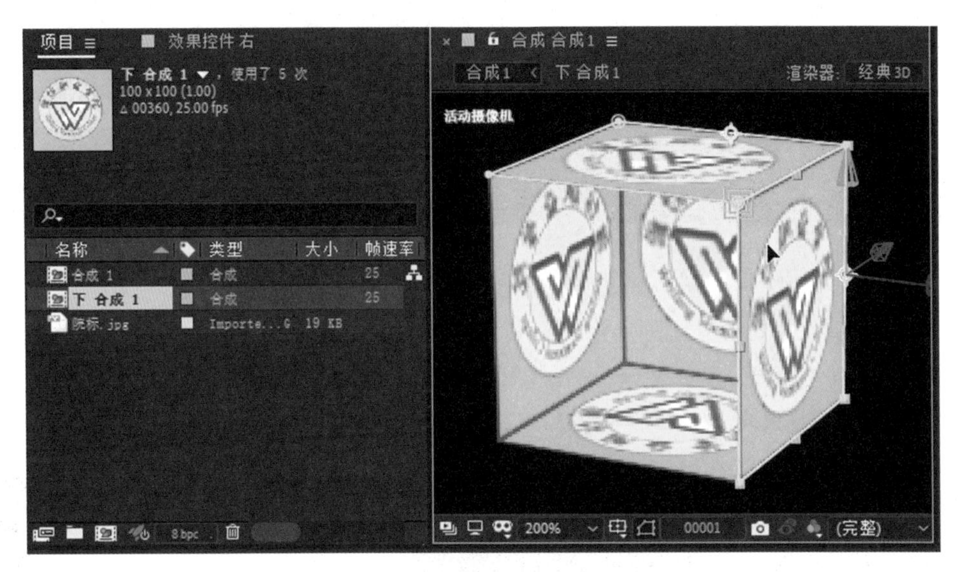

图 3-13　多方位查看盒子并对齐边缘

4. 创建盒子倒影

(1) 单击图层“左”，按 Ctrl+D 组合键，复制出一个图层来，重命名为“左 - 倒影”。按 R 键，设置其【Y 轴旋转】值为 0x+180.0°。按 T 键，设置【不透明度】值为 45%。按 S 键，调整大小，取消约束比例，设置 X 值为 50%。展开倒影图层，找到蒙版，设置蒙版羽化值为 21 像素，让倒影虚一些，如图 3-14 所示。

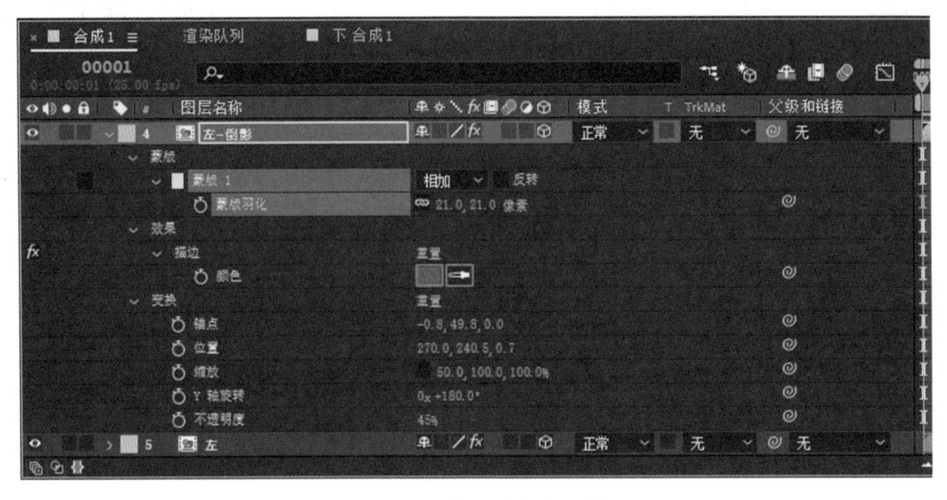

图 3-14　设置盒子“左”面的阴影

(2) 将图层“左 - 倒影”后面的父级关联器拖到图层“左”上，这样盒子动，影子就动，如图 3-15 所示。

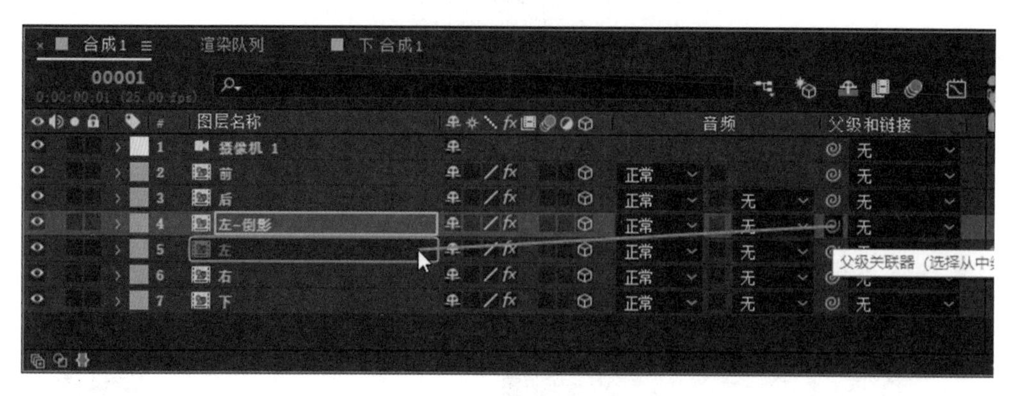

图 3-15　创建父子关系

注意：

如果“父级关联器”没有显示，则在【时间轴】面板标题栏上右击，选择【列数】→【父级和链接】命令，将出现“父级和链接”列，如图 3-16 所示。

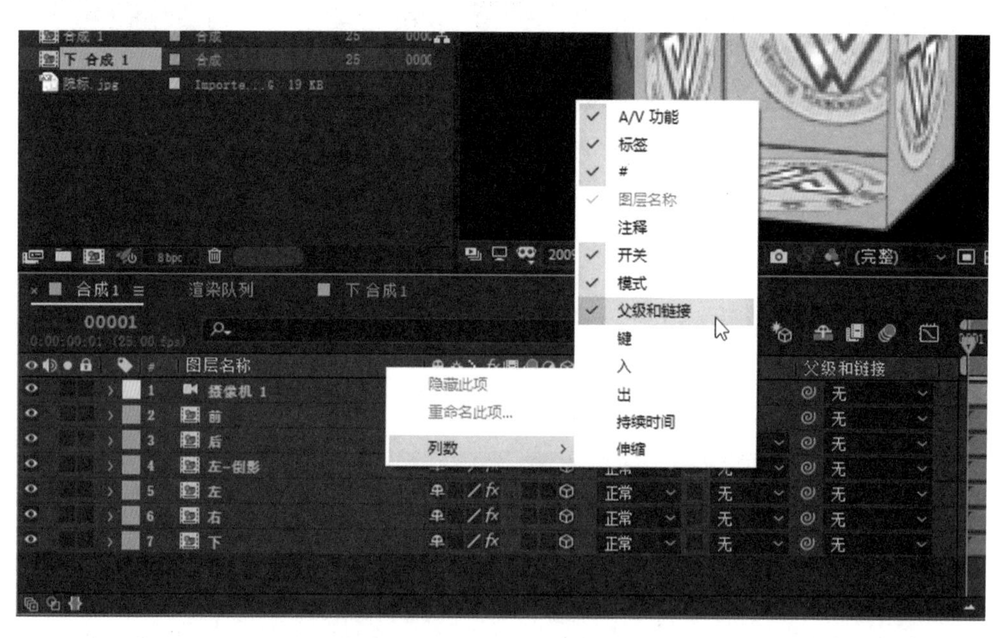

图 3-16　显示“父级和链接”列

（3）在图层“左 - 倒影”上右击，从弹出的快捷菜单中选择【效果】→【颜色校正】→【照片滤镜】命令，选择“橘红”滤镜，密度设为 91%。单击描边前面的 *fx*，取消描边效果显示。调整摄像头位置（如果要恢复摄像头到原来的位置，单击【摄像机 1】→【变换】后面的【重置】），效果如图 3-17 所示。

（4）单击图层“右”，按 Ctrl+D 组合键，复制出一个图层，重命名为“右 - 倒影”。按 R 键，设置其【Y 轴旋转】值为 0x－180.0°。按 T 键，设置【不透明度】值为 45%。按 S 键，调整大小，取消约束比例，设置 X 值为 50%。展开倒影图层，找到蒙版，设置羽化值为 21 像素，让倒影虚一些，如图 3-18 所示。

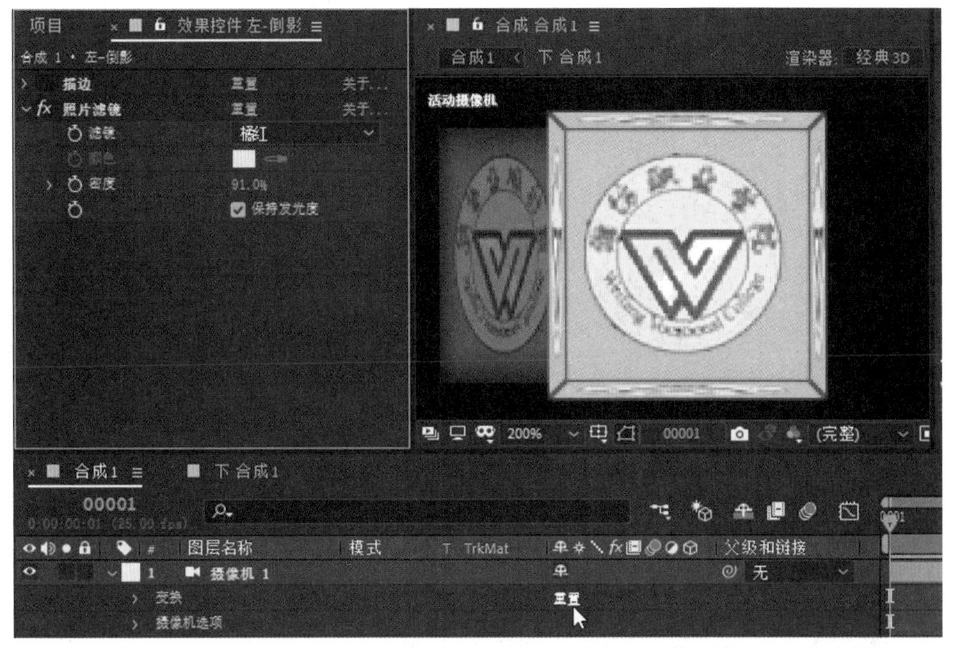

图 3-17　添加照片滤镜

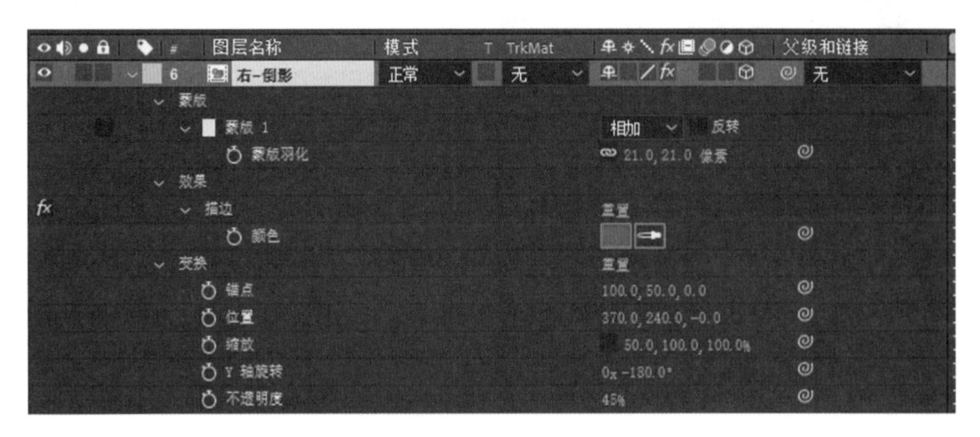

图 3-18　盒子“右”面倒影

（5）将图层“右 - 倒影”后面的父级关联器拖到图层“右”上。展开图层【左 - 倒影】→【效果】，选中【照片滤镜】，按 Ctrl+C 组合键复制滤镜效果。选择图层“右 - 倒影”，按 Ctrl+V 组合键将图层“左 - 倒影”的特效【照片滤镜】复制到图层“右 - 倒影”上。单击描边前面的 *fx*，取消描边效果显示，如图 3-19 所示。

（6）单击图层“前”，按 Ctrl+D 组合键，复制出一个图层来，重命名为“前 - 倒影”。按 R 键，设置其【X 轴旋转】值为 0x+180.0°。按 T 键，设置【不透明度】值为 45%。按 S 键，调整大小，取消约束比例，设置 Y 值为 50%。展开倒影图层，找到蒙版，设置羽化值为 21 像素，让倒影虚一些。将图层“前 - 倒影”后面的父级关联器拖到图层“前”上，将图层“左 - 倒影”的特效【照片滤镜】复制、粘贴到图层“前 - 倒影”上，取消描边效果显示，如图 3-20 所示。

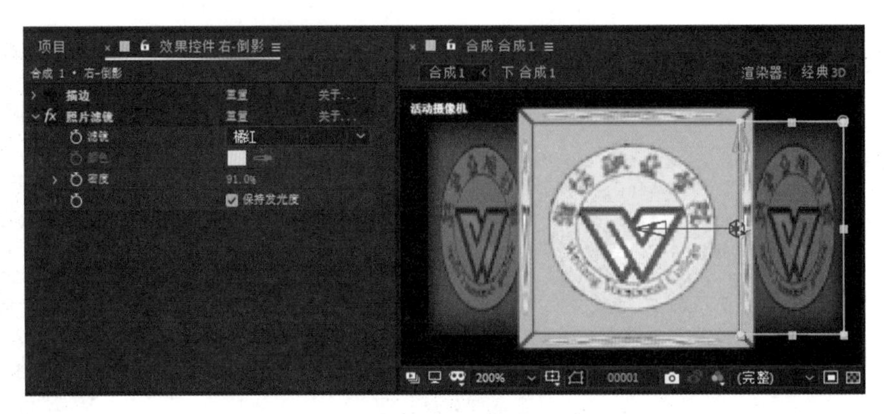

图 3-19　添加特效

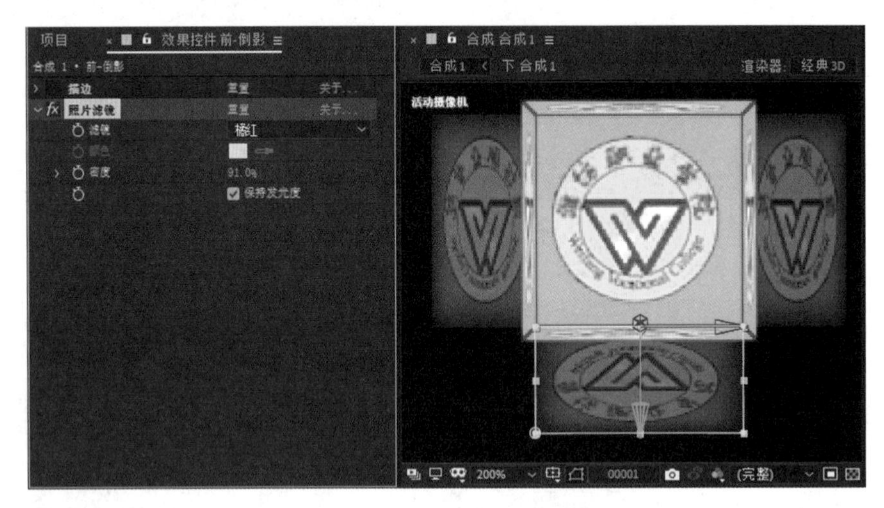

图 3-20　盒子“前”面倒影

（7）单击图层“后”，按 Ctrl+D 组合键，复制出一个图层来，重命名为“后 - 倒影”。按 R 键，设置其【X 轴旋转】值为 0x－180.0°。按 T 键，设置【不透明度】值为 45%。按 S 键，调整大小，取消约束比例，设置 Y 值为 50%。展开倒影图层，找到蒙版，设置羽化值为 21 像素，让倒影虚一些。将图层“后 - 倒影”后面的父级关联器拖到图层“后”上，将图层“左 - 倒影”的特效【照片滤镜】复制、粘贴到图层“后 - 倒影”上，取消描边效果显示，如图 3-21 所示。

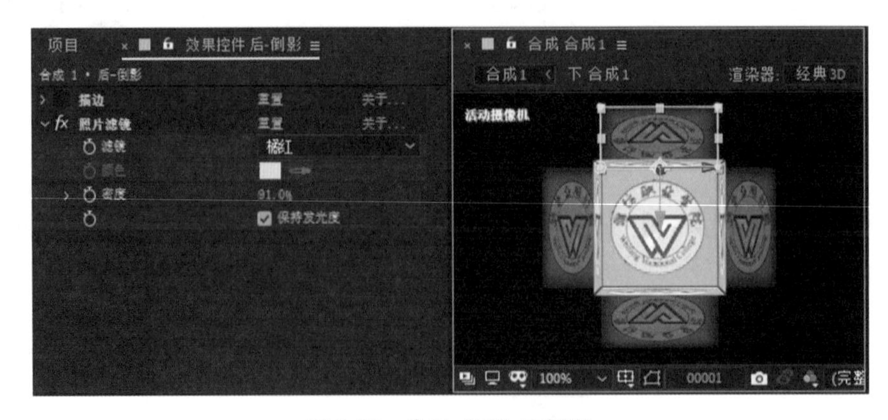

图 3-21　盒子“后”面倒影

5. 制作盒子打开的动画

(1) 选中图层“前”,按 R 键,将播放头放到第 1 帧处,单击【X 轴旋转】前面的“小钟”图标,将播放头放到第 100 帧处,将【X 轴旋转】值设为 0x+180.0°。选中图层“前 - 倒影”,按 S 键,将播放头放到第 1 帧处,单击【缩放】前面的“小钟”图标,将播放头放到第 100 帧处,将【缩放】值设为“100%,0,100%”。

(2) 选中图层“后”,按 R 键,将播放头放到第 1 帧处,单击【X 轴旋转】前面的“小钟”图标,将播放头放到第 100 帧处,将【X 轴旋转】值设为 0x−180.0°。选中图层“后 - 倒影”,按 S 键,将播放头放到第 1 帧处,单击【缩放】前面的“小钟”图标,将播放头放到第 100 帧处,将【缩放】值设为“100%,0,100%”。

(3) 选中图层“左”,按 R 键,将播放头放到第 1 帧处,单击【Y 轴旋转】前面的“小钟”图标。将播放头放到第 100 帧处,将【Y 轴旋转】值设为 0x+180.0°。选中图层“左 - 倒影”,按 S 键,将播放头放到第 1 帧处,单击【缩放】前面的“小钟”图标,将播放头放到第 100 帧处,将【缩放】值设为“0,100%, 100%”。

(4) 选中图层“右”,按 R 键,将播放头放到第 1 帧处,单击【Y 轴旋转】前面的“小钟”图标。将播放头放到第 100 帧处,将【Y 轴旋转】值设为 0x−180.0°。选中图层“右 - 倒影”,按 S 键,将播放头放到第 10 帧处,单击【缩放】前面的“小钟”图标,将播放头放到第 100 帧处,将【缩放】值设为“0,100%, 100%”。

(5) 此时,盒子打开动画制作完成。第 1 帧处效果如图 3-22 所示,第 50 帧处效果如图 3-23 所示,第 100 帧处效果如图 3-24 所示。

(6) 将播放头放置在 150 帧处,按 N 键,将 150 帧设置为工作区的结束点。

(7) 保存文件并渲染输出。

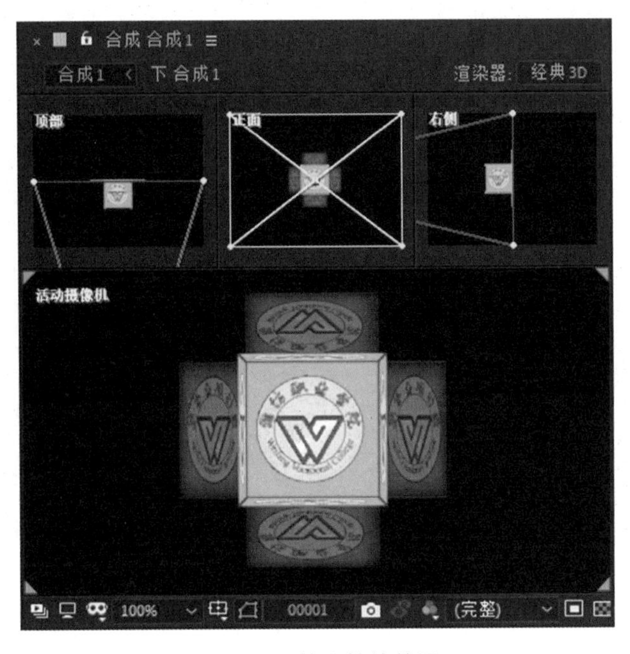

图 3-22　第 1 帧处效果

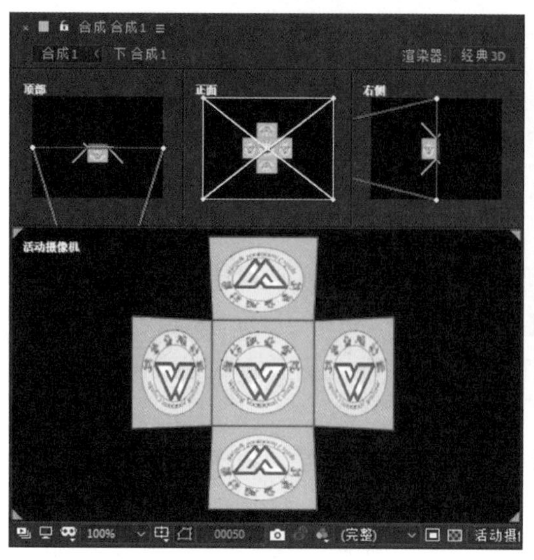

图 3-23　第 50 帧处效果

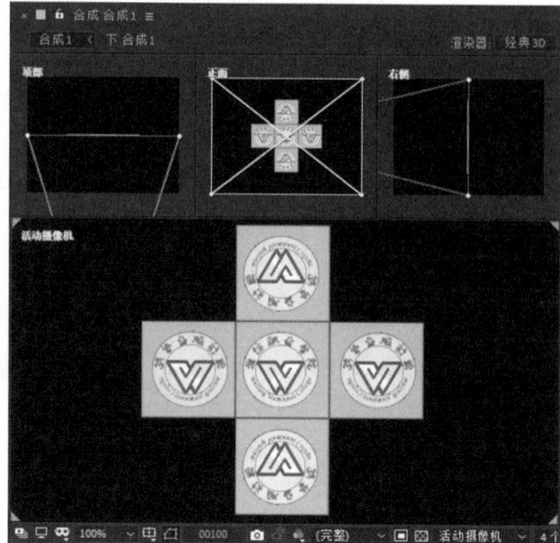

图 3-24　第 100 帧处效果

任务二　制作三维文字效果

【任务实施】

（1）新建 AE 文档，单击【新建合成】按钮，创建新合成，设置如图 3-25 所示。

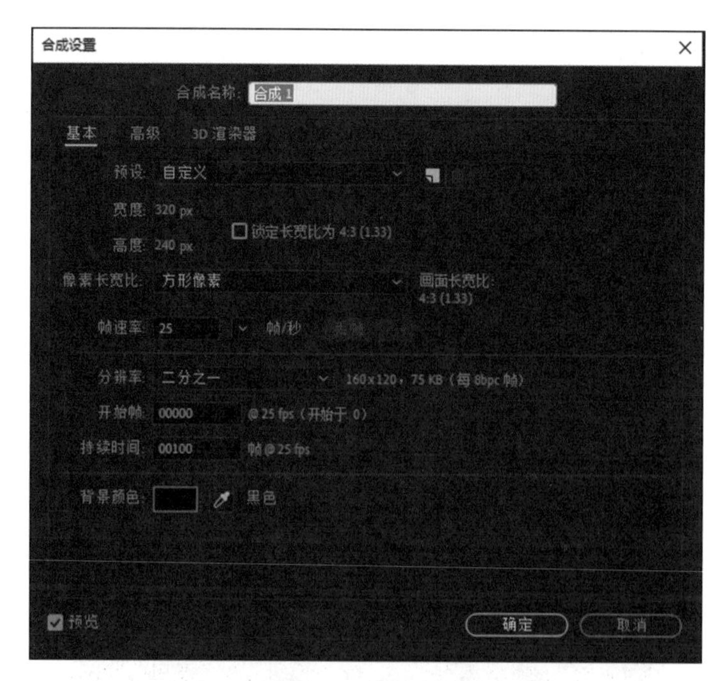

图 3-25　创建新合成

制作三维文字效果 .mp4

（2）制作背景。按 Ctrl+Y 组合键创建纯色层，颜色为黄色 RGB（255,120,0），设置如图 3-26 所示。

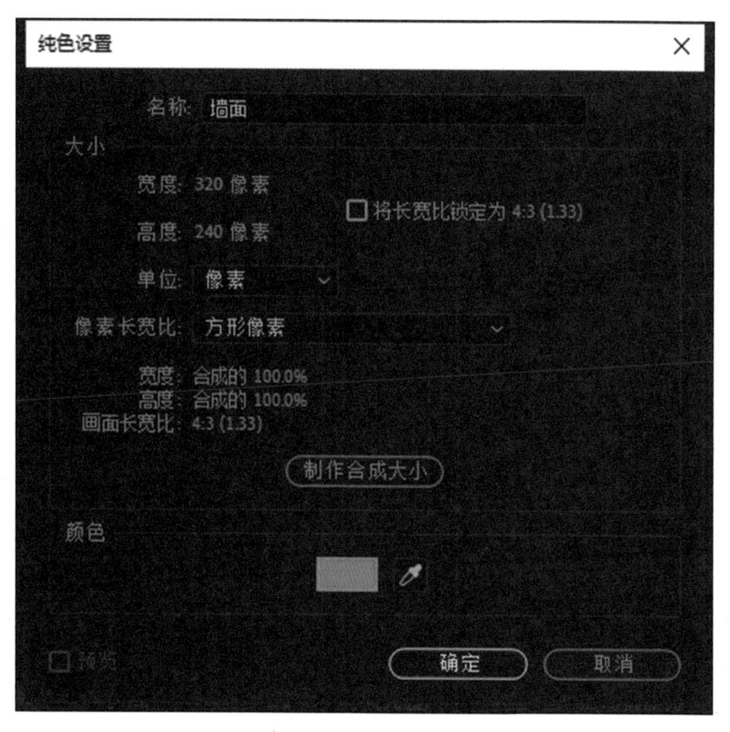

图 3-26　创建纯色层

注意：

若以后要修改纯色层设置，则选择【图层】→【纯色设置】命令，即可弹出【纯色设置】对话框；若要修改合成设置，则按 Ctrl+K 组合键，打开【合成设置】对话框。

（3）选中图层“墙面”，按 Ctrl+D 组合键，复制出一个图层来，重命名为“地面”（选中图层，按 Enter 键即可重命名）。在【时间轴】面板中打开两个图层右侧的 3D 开关。

注意：

红、绿、蓝三色坐标轴分别代表 *X*、*Y*、*Z* 轴。

（4）选中“地面”图层，单击工具栏中的【向后平移（锚点）工具】，选中后面的对齐选项，将中心点调到下方。按 R 键打开其旋转属性，设置【X 轴旋转】值为 0x+90°，使墙面和地面成 90°。

（5）在【时间轴】面板空白处右击，从弹出的快捷菜单中选择【新建】→【摄像机】命令，创建一个摄像机，如图 3-27 所示。

（6）使用工具栏中的【统一摄像机工具】调整镜头。拖动鼠标左键控制旋转，拖动鼠标右键控制远近，拖动鼠标中键控制位置，参数如图 3-28 所示。

（7）展开“地面”图层的“材质选项”，确保【接受灯光】的值是“开”。

（8）在【时间轴】面板空白处右击，从弹出的快捷菜单中选择【新建】→【灯光】命令，创建一个灯光，用来照明和投射阴影，颜色为黄色 RGB（247,134,14），设置如图 3-29 所示。

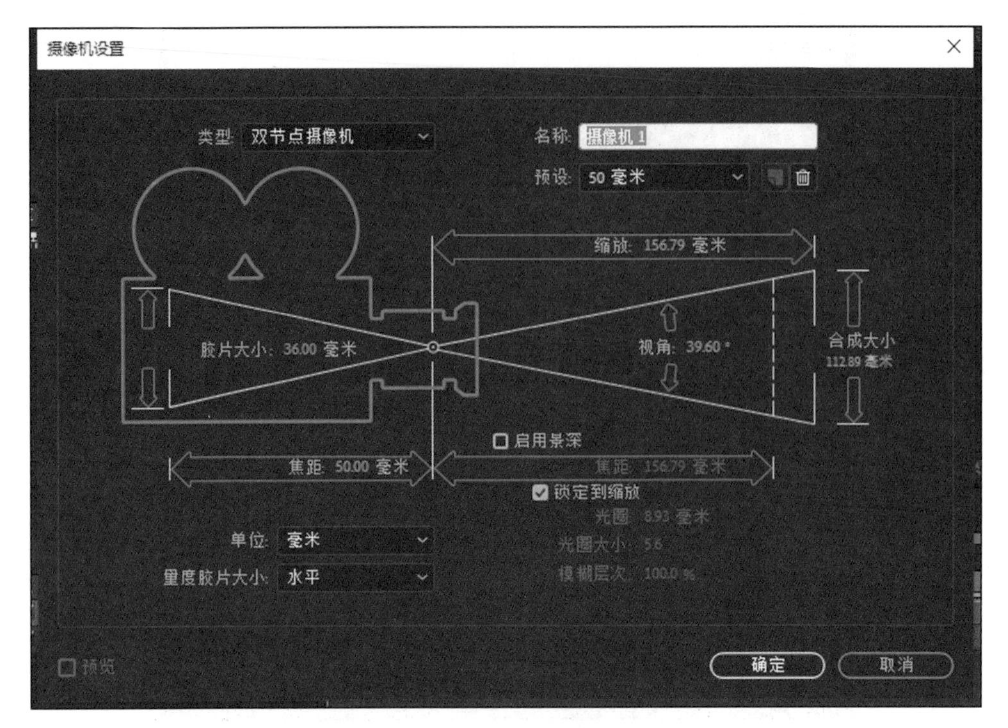

图 3-27　创建摄像机

图 3-28　调整相机

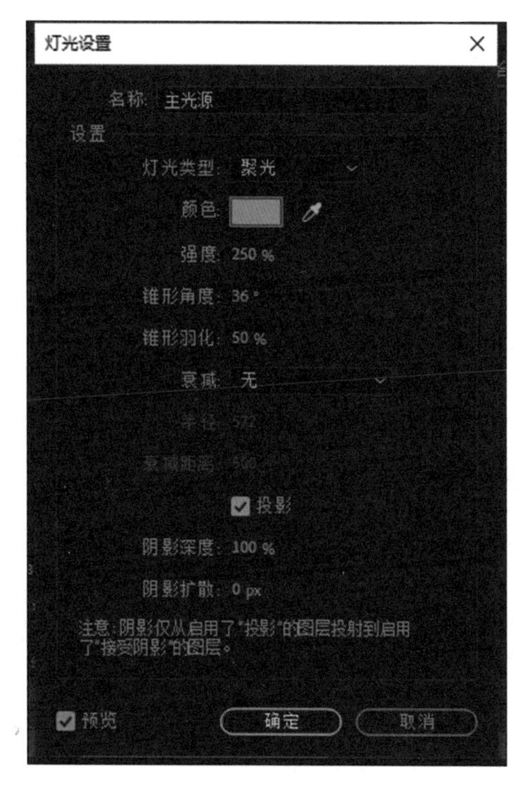

图 3-29　灯光设置

(9) 展开"主光源"图层，设置其属性值，直到合适为止，如图 3-30 所示。

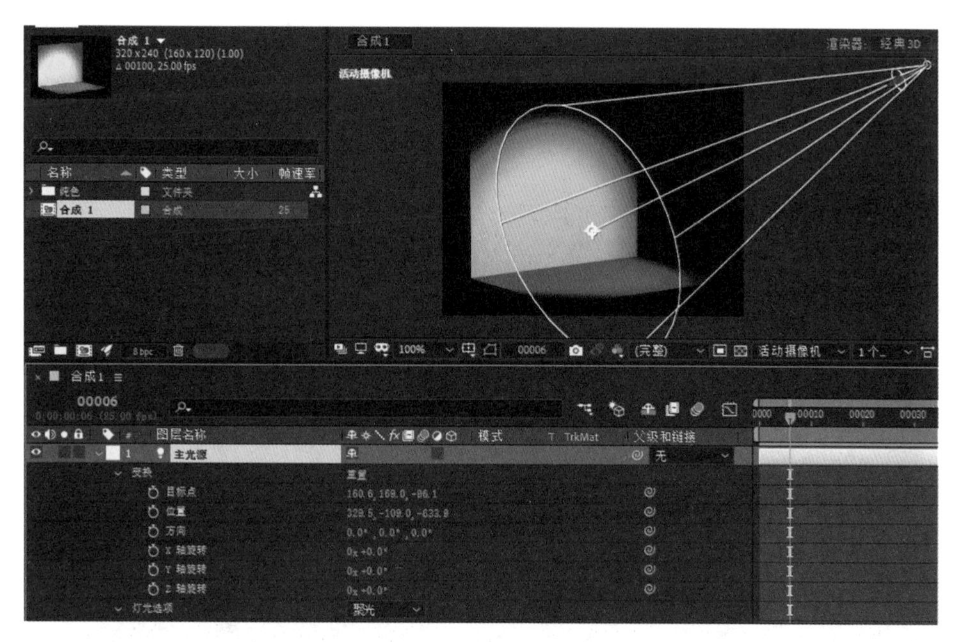

图 3-30　调整灯光属性值

(10) 选中图层"主光源"，按 Ctrl+D 组合键将其复制一个；选中复制的层，按 Enter 键，将其命名为"环境光"；展开该图层，在【灯光选项】后面的下拉菜单中选择"环境”，设置【强度】值为 40%，对环境进行补光，如图 3-31 所示。

图 3-31　补光

（11）使用工具栏中的【文本工具】输入文本 sdwfvc。将该文本图层放到“主光源”图层上方，打开图层的 3D 开关，展开该图层，设置【材质选项】→【投影】值为“开”。调整文本的字体类型、大小、字符间距、位置等属性，效果如图 3-32 所示。

图 3-32　最终效果

【技术视角】

1. 认识三维合成

AE 具有图层的 3D 合成功能，可以使两个图层之间具有 X、Y 位置上的差异，以及 Z 深度上的差异。三维合成的特征有以下几点：①有 *Z* 轴；②有灯光层；③有摄像机；④有材质。

2. 转换三维图层

除了声音以外，所有素材层都有可以实现三维层的功能。将一个普通的二维层转化为三维层也非常简单，只需要在层属性开关面板打开“3D 图层”按钮即可，展开层属性就会发现变换属性中无论是轴中心点属性、位移属性、缩放属性还是旋转属性，都出现了 *Z* 轴向参数信息。另外还添加了一个【材质选项】属性，可以通过此属性的各项设置，决定三维层如何响应灯光光照系统。【材质选项】包含以下属性。

（1）投影：定义灯光照射该对象时是否出现投影效果。

（2）透光率：定义对象透光的程度，体现半透明物体在灯光照射下的效果，主要的效果体现在相应的投影上。

（3）接受阴影：定义当前图层是否承接其他图层的阴影。

（4）接受灯光：定义当前图层是否接受灯光的照射效果。

（5）环境：设置当前图层受到环境灯光影响的程度。

（6）漫射：设置图层漫反射的程度。

（7）镜面强度：设置图层镜面反射高光的亮度。

（8）镜面反光度：设置当前层上高光的大小。数值越大发光越小，数值越小发光越大。

（9）金属质感：可以调节当前层上高光的颜色，当设置为 100% 时是图层的颜色，当调整至 0 时则是灯光的颜色。

3. 创建灯光

在 AE 软件中，如果没有创建任何一个灯光，所有的对象都默认为自发光，这样的效果不是很自然。如果要制作自然的三维环境，就要创建相应的灯光。

（1）选择【图层】→【新建】-【灯光】命令，或者在【时间轴】面板空白处右击，从弹出的快捷菜单中选择【新建】-【灯光】命令，或者使用 Ctrl+Shift+Alt+L 组合键。

（2）在弹出的【灯光设置】对话框中进行设置。下面以聚光为例进行阐述。

① 名称：设置灯光名称。

② 灯光类型：设置灯光类型。灯光包括以下几种。

- 平行：该光源可以理解为天光（太阳光），拥有无限的光照范围，可以照亮场景的任何一个地方，并且没有衰减（距离光源的远近不会影响光照的强度）。它还可以投射有方向性的阴影。
- 聚光：该光源可以理解为舞台灯光、手电筒等，从一个点向前以圆锥形发射光线，根据圆锥形的角度定义照射的范围。该灯光很容易就形成有光照区域和无光照区域，同样具有鲜明方向性的阴影。

- 点：该光源可以理解为白炽灯。该光源是从一个点向四周 360° 发射光线，随着对象与光源的距离不同，受到的照射角度和强度也会不同，此灯光也会产生阴影。
- 环境：环境光源没有发射点，也没有方向性，并且不能产生阴影，不过可以通过它调节整个场景的亮度。和三维图层材质属性中的环境配合，可以影响其环境色。这个灯光常常与其他灯光配合使用。

③ 颜色：定义灯光的颜色。

④ 强度：定义灯光的亮度。

⑤ 圆锥角度：通过此参数调节【聚光】锥形的角度，从而定义光照的范围。

⑥ 锥形羽化：通过此参数调节【聚光】光照范围边缘的羽化程度。

⑦ 投影：选中此选项，该灯光才能对图层对象产生投影效果，反之则没有投影效果。一般只对主光源打开投影，对辅助光源不打开此项，否则太多的投影会显得混乱。

⑧ 阴影深度：定义阴影的深度，用于设置投影的黑暗程度。

⑨ 阴影扩散：定义阴影的扩散，用于设置阴影边缘的羽化程度，数值越大边缘越自然。

注意：

如果只想要灯光围绕目标转动，而目标兴趣点不动，只需要在点击灯光控制时不要选中任何一个轴向移动灯光的位置就可以了。

4. 摄像机设置

在 AE 软件中可以通过建立一个或多个摄像机来观察合成空间。摄像机模拟了真实摄像机的各种光学特性，并可以不受真实摄像机的三脚架和重力等条件的制约，在空间中任意移动。

1）创建摄像机

(1) 选择【图层】→【新建】→【摄像机】命令，或者在【时间轴】面板空白处右击，从弹出的快捷菜单中选择【新建】→【摄像机】命令，或者使用 Ctrl+Shift+Alt+C 组合键。

(2) 在弹出的【摄像机设置】对话框中对相应的属性进行设置。

① 名称：设置名称。

② 预设：镜头选择。镜头包括以下几种。

- 广角镜头：一般低于 35mm 的镜头为广角镜头，低于 28mm 的为超广角镜头。广角镜头视角广，纵深感强，景物会有变形，比较适合拍摄较大场景的照片，如建筑、集会等。
- 中焦镜头：一般在 36 ～ 134mm 的镜头为中焦镜头。中焦镜头比较接近人正常的视角和透视感，景物变形小，适合拍摄人像、风景、旅游纪念照等。
- 长焦镜头：一般高于 135mm 以上的镜头为长焦镜头，也被称为远摄镜头。其中，大于 300mm 以上的为超长焦镜头。长焦镜头视角小，透视感弱，景物变形小，适合拍摄特写和无法接近的事物，如野生动物、舞台等。也可以利用长焦镜头虚化背景的作用来拍摄人像。

注意：

广角镜：镜头的一种，视角比一般镜头广而焦距短，常用于拍摄面积很大的物体。

长焦：镜头可以伸至比较远的距离，如10倍就是把35毫米的镜头伸至350毫米，便于捕捉远处的景物。

短焦：近焦或者微距，是离镜头很近的景物可以拍到，一般拍摄书中的文字时会用到。

调焦：即对焦，使景物在镜头或显示屏上变得清晰。

（3）启用景深。当镜头聚集于被摄影物的某一点时，这一点上的物体就能在视频画面上清晰地结像，在这一点前后一定范围内的景物也能记录得较为清晰，超过这个范围就不清晰了。这就是说，镜头拍摄景物的清晰范围是有一定限度的。镜头的这种记录得“较为清晰”的被摄景物纵深的范围便为景深。当镜头对准被摄景物时，被摄景物前面的清晰范围叫前景深，后面的清晰范围叫后景深。前景深和后景深加在一起，也就是整个电视画面从最近清晰点到最远清晰点的深度，叫全景深。有的画面上被摄体是前面清晰而后面模糊，有的画面上被摄体是后面清晰而前面模糊，还有的画面上是只有被摄体清晰而前后模糊，这些现象都是由镜头的景深特性造成的。可以说，景深原理在摄像上有着极其重要的作用。

2）控制摄像机镜头

（1）轨道摄像机工具：在工具栏中选中该按钮，可以在合成预览窗口中拖动，调整视图的角度。水平拖动鼠标可以在 Y 轴方向上旋转视图，垂直拖动鼠标可以在 X 轴方向上旋转视图。

（2）跟踪 XY 摄像机工具：在工具栏中选中该按钮，可以在合成预览窗口中调整视图的位置。

（3）跟踪 Z 摄像机工具：在工具栏中选中该按钮，可以在合成预览窗口中拖拽，对视图进行推拉调整。

（4）统一摄像机工具：在工具箱中选中该按钮，可以对视图进行3种不同的编辑，即按住鼠标左键实施【轨道摄像机工具】效果，按鼠标中键实施【跟踪 XY 摄像机工具】效果，按鼠标右键实施【跟踪 Z 摄像机工具】效果。

【项目总结】

在 AE 软件里面，所有的三维都是像纸一样薄的图层，我们只是让图层在空间中旋转而已，这就区别于其他建模三维软件。虽然 AE 软件不具备建模的功能，但是它可以读取由三维建模软件绘制的带有深度空间信息的图片（当然不是用 JPEG 格式输出），并且进行相应的操作。

【项目拓展】

自选素材，制作类似的三维效果。

项目四　后 期 调 色

【项目描述】

本项目来源于潍坊职业学院滨海校区三维动画项目。

本项目主要学习怎样对前期渲染的画面进行后期校色调整，修正一些前期素材的不足和错误，以达到最好的输出效果。后期调色是三维动画后期中比例非常大的一部分，动画后期的大部分工作就是校色及美化修整前期素材，所以学好后期调色是至关重要的。本项目通过具体案例分析后期调色的要点及常用手法，以及后期调色需要的知识。

本项目通过 4 个案例分别讲解早晨、中午、傍晚、晚上几个时间段常用的调色手法，如图 4-1 ～图 4-4 所示，通过这几个案例学会如何去分析画面。

图 4-1　早晨光

图 4-2　中午光

图 4-3　傍晚光

图 4-4　夜晚光

【项目目标】

技能目标：

（1）能美化修整前期素材。

（2）能分析素材。

（3）能进行后期校色调整。

知识目标：

（1）掌握后期调色需要的知识。

（2）掌握后期调色的要点及常用手法。

素质目标：

培养学生团结合作、信息检索和创新创意的能力。

任务一　早晨调色

【任务实施】

1. 分析画面

（1）在【项目】面板中双击，从素材中找到 zaochen 文件夹，将里面的序列帧图片导入。

（2）单击【新建合成】按钮，设置如图 4-5 所示。

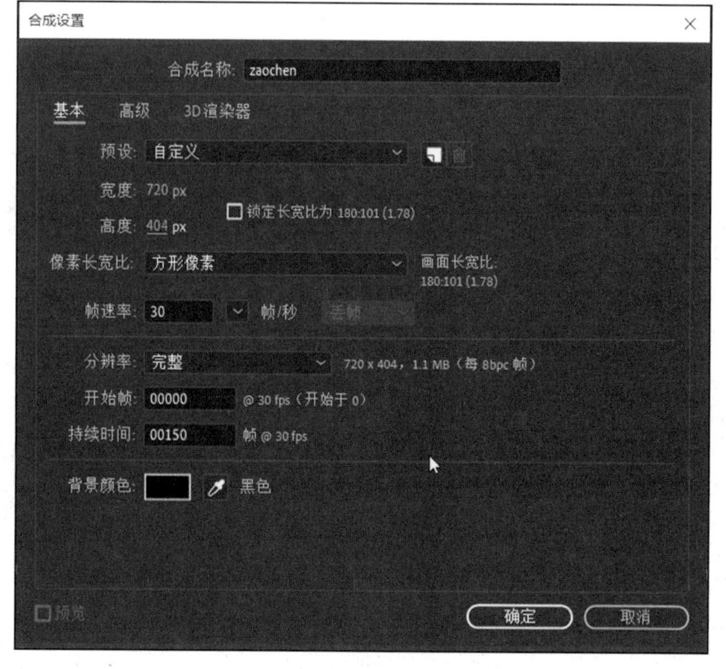

早晨调色 .mp4

图 4-5　创建合成层

（3）将导入的序列帧图片拖入合成层中。

(4) 分析画面。首先，从光的角度进行分析，该场景在渲染时设定太阳位置位于右侧。而且表现的是早晨，太阳高度较低，从光的角度来看右侧的建筑基本处于逆光状态，比较暗，左侧的建筑则受到阳光的照射应该比较亮。其次，从色调角度分析，场景中阳光的高度说明这个画面的时间大概是早上 7 点钟，所以场景受到光部应该偏暖色，而背光部分则轻微偏冷。最后，从画面的纵深角度来看，远处的画面还可以更亮些，这样远近纵深可以拉得更开。

原始素材如图 4-6 所示。

图 4-6　原始素材

2. 根据分析结果进行调整

(1) 选中素材，右击，从弹出的快捷菜单中选择【效果】→【颜色校正】→【曲线】命令，整体调整一次，把素材的颜色提亮，让高光部偏向暖色，暗部偏冷色，如图 4-7 所示。

图 4-7　校色

（2）在图层窗口空白区域处右击，从弹出的快捷菜单中选择【新建】→【调整图层】命令，添加调整图层。选择工具栏中的【钢笔工具】，在画面中将选取左侧亮部区域，如图 4-8 所示。

图 4-8　选取亮部区域

（3）展开调整图层 1/ 蒙版 / 蒙版 1/ 蒙版羽化，设置羽化值为 20。选中调整图层 1，右击，从弹出的快捷菜单中选择【效果】→【颜色校正】→【曲线】命令，提亮左侧建筑，如图 4-9 所示。

图 4-9　提亮左侧建筑

（4）再次选中并调整图层 1，右击，从弹出的快捷菜单中选择【效果】→【颜色校正】→【曲线】命令。在【效果控件】面板中设置【通道】值为“红色”，调整曲线，添加红色让建筑亮部更有早晨的阳光感，如图 4-10 所示。

图 4-10　添加红色

（5）在【图层】面板空白区域右击，从弹出的快捷菜单中选择【新建】→【纯色】命令，添加一个黑色纯色层，设置其叠加方式为【屏幕】，如图 4-11 所示。

图 4-11　添加纯色层

（6）在纯色层上右击，从弹出的快捷菜单中选择【效果】→ RG VFX → Knoll Light Factory 命令，添加 Knoll Light Factory 滤镜。单击 Designer，弹出 Knoll Light Factory Lens Designer 对话框。将光标移动到对话框左侧三角形处，选择光的类型 Sunset，单击对话框右下角的 OK 按钮。设置 Light Source Location 的参数为 753,35，如图 4-12 所示。

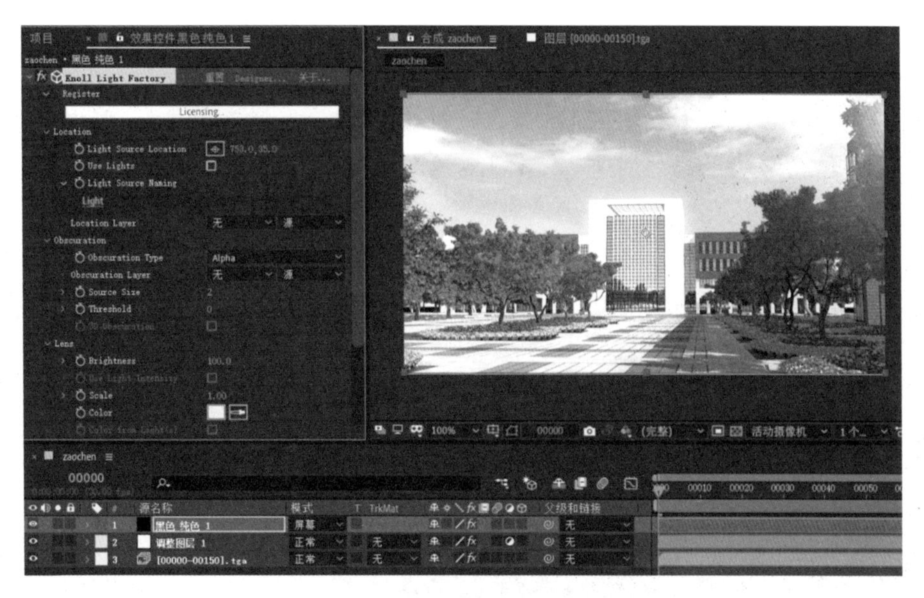

图 4-12　添加【光工厂】滤镜

（7）在【图层】面板空白区域处右击，从弹出的快捷菜单中选择【新建】→【调整图层】命令，添加调整图层。在上面右击，从弹出的快捷菜单中选择【效果】→【颜色较正】→【曲线】命令，做一次整体调整，然后添加一个调节层压暗周边，让画面远近纵深感更强，如图 4-13 所示。

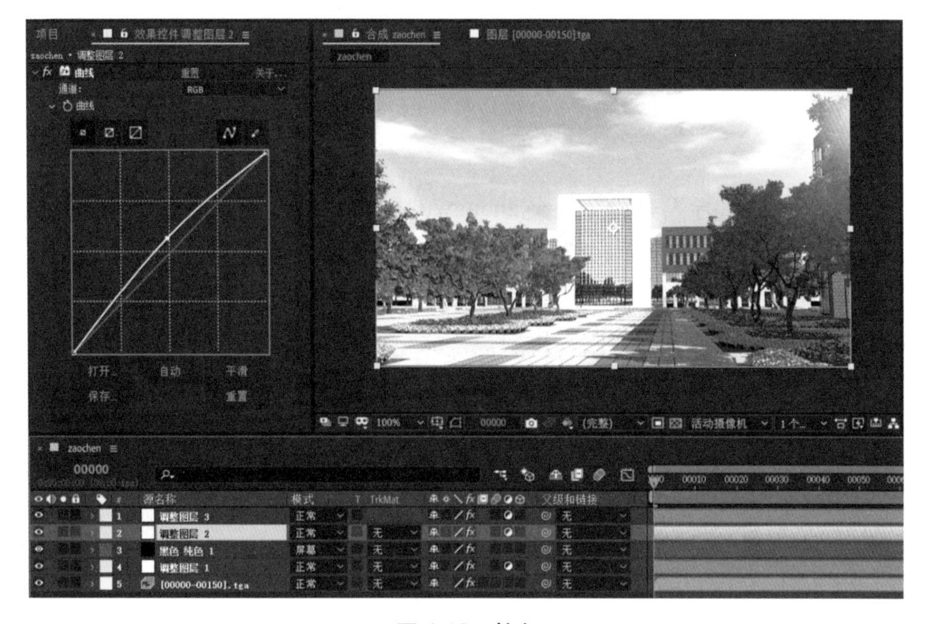

图 4-13　校色

（8）最后添加文字标题“潍坊职业学院滨海校区行政楼”。选择文字图层，打开三维层效果。展开文字图层，选择【动画】中的【启用逐字 3D 化】。再次选择【动画】，选择【旋转】在第 1 帧处，单击【Y 轴旋转】前面的“小钟”图标，将播放头移到第 75 帧处，调整【Y 轴旋转】值为 90°；将播放头移到第 150 帧处，调整【Y 轴旋转】值为 0°。得到最终效果如图 4-14 所示。

图 4-14　添加标题

（9）保存文件并渲染输出。

任务二　午 间 调 色

【任务实施】

1. 分析画面

（1）新建项目文件，导入素材文件夹 zhongwu 中的序列帧图片，将序列帧图片从【项目】面板中拖到【新建合成】按钮上，生成新的合成。

（2）分析画面。首先，从光的角度进行分析，该场景在渲染时设定太阳位置位于左上方，表现的是白天的时间，所以太阳高度较高。太阳光源位于左侧，右侧的场景则受到阳光的照射应该比较亮。其实，从色调角度分析，场景中的时间应该是在中午，所以场景无须偏冷或偏暖，接近原始色彩即可。

原始素材如图 4-15 所示。

午间调色 .mp4

2. 根据分析结果进行调整

（1）选中素材，右击，从弹出的快捷菜单中选择【效果】→【颜色校正】→【曲线】命令，整体调整一次，把素材的颜色提亮，如图 4-16 所示。

图 4-15　原始素材

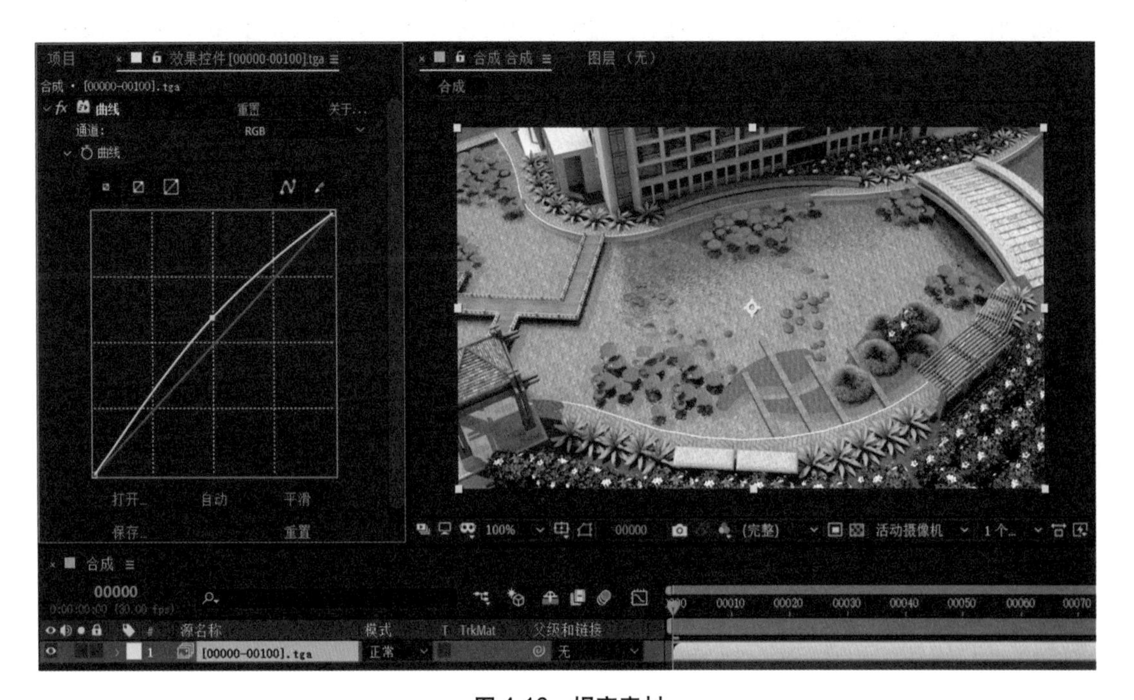

图 4-16　提亮素材

(2) 选中素材图层，按 Ctrl+C 组合键复制素材，按 Ctrl+V 组合键粘贴素材。选中复制出来的素材，使用工具栏中的【钢笔工具】，将前侧区域圈出，如图 4-17 所示。

(3) 展开第二个素材图层，设置遮罩的羽化值为 20 左右。在图层上右击，从弹出的快捷菜单中选择【效果】→【颜色校正】→【曲线】命令，将圈出的区域提亮，如图 4-18 所示。

图 4-17　做遮罩

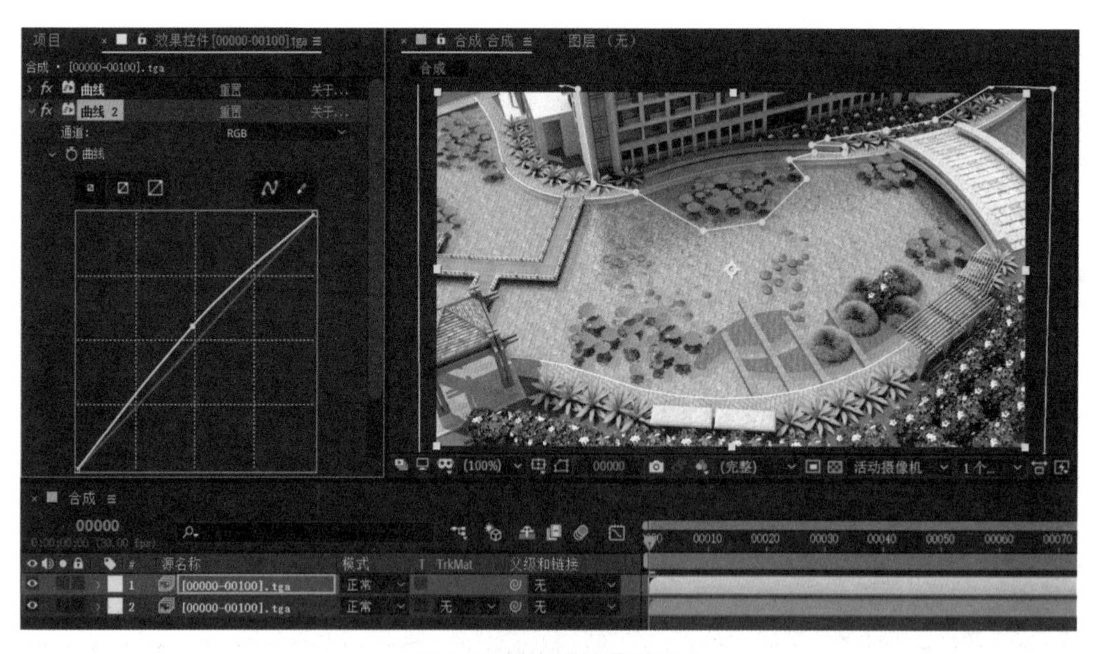

图 4-18　提亮圈出的区域

(4) 因为人眼对红色及绿色比较敏感，所说在第二个素材图层上右击，从弹出的快捷菜单中选择【效果】→【颜色校正】→【色相 / 饱和度】命令，调整【色相】值为 8，【饱和度】值为 16，提高红色区域和绿色区域的饱和度，使画面看起来更加清晰，如图 4-19 所示。

(5) 在【图层】面板空白区域处右击，从弹出的快捷菜单中选择【新建】→【调整图层】命令，添加调整图层。选择工具栏中的【钢笔工具】，在画面中选取左侧亮部区域，设置遮罩的羽化值后添加曲线滤镜，提亮近景，如图 4-20 所示。

图 4-19　调整色相 / 饱和度

图 4-20　提亮远景

(6) 再次在图层窗口空白区域处右击，从弹出的快捷菜单中选择【新建】→【调整图层】命令，添加调节层。选择工具栏中的【钢笔工具】，在画面中将选取右侧亮部区域，设置遮罩的羽化值后添加曲线滤镜，压暗远景，如图 4-21 所示。

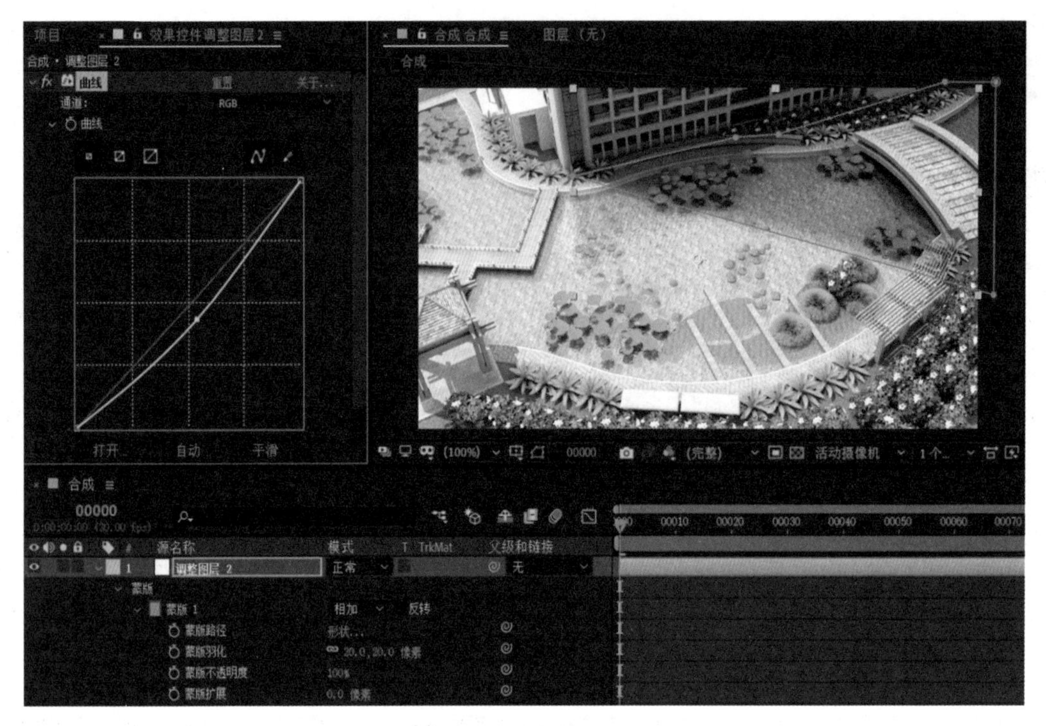

图 4-21　压暗近景

（7）保存文件并渲染输出。

任务三　傍 晚 调 色

【任务实施】

1. 分析画面

（1）导入素材文件夹 bangwan 中的序列帧图片，将序列帧图片从【项目】面板中拖入到【新建合成】按钮上，生成新的合成。

（2）分析画面。首先，从光的角度进行分析，这是一个黄昏场景，渲染时设定太阳位置位于右前方，表现的是傍晚的时间，所以太阳高度较低。太阳光源位于右侧，左侧的场景则受到阳光的照射应该比较亮。从色调角度分析，黄昏的场景色调比较暖，而且黄昏和早晨虽然太阳高度差不多，但是黄昏要比早晨更加偏暖色调，所以场景要加强暖色。然后，添加一个合适的天空。

原始素材如图 4-22 所示。

2. 根据分析结果进行调整

（1）选中素材，右击，从弹出的快捷菜单中选择【新建】→【颜色校正】→【曲线】命令，整体调整一次，把素材的颜色提亮，如图 4-23 所示。

（2）导入素材 bangwan.jpg 作为天空，拖到序列帧素材的下方，如图 4-24 所示。

图 4-22　原始素材

傍晚调色 .mp4

图 4-23　提亮素材

图 4-24　添加天空

（3）选中天空图层，右击，从弹出的快捷菜单中选择【效果】→【颜色校正】→【曲线】命令，将天空调亮，如图 4-25 所示。

图 4-25　调整天空色调

（4）将序列帧图片复制一份，用遮罩圈选左侧亮部区域，羽化后将曲线滤镜提亮，在效果控件中选择曲线特效，按 Ctrl+D 组合键复制一份。单击曲线 2 后方的【重置】按钮，调整红色通道，增加暖色调，如图 4-26 所示。展开本图层，在第 1 帧处单击蒙版路径前面的小钟图标，添加关键帧。单击最后一帧，调整遮罩的路径形状，如图 4-27 所示。

图 4-26　调亮亮部并增加暖色

图 4-27　改变遮罩形状

（5）在【图层】面板空白区域处右击，从弹出的快捷菜单中选择【新建】→【调整图层】命令，添加调整图层。选择工具栏中的【钢笔工具】，在画面中选取暗部区域，设置遮罩的羽化值后添加曲线滤镜，压暗暗部，如图 4-28 所示。

图 4-28　压暗暗部

（6）在【图层】面板空白区域右击，从弹出的快捷菜单中选择【新建】→【纯色】命令，添加一个黑色纯色层，设置其图层混合模式为【屏幕】。在纯色层上右击，从弹出的快捷菜单中选择【效果】→ RG VFX → Knoll Light Factory 命令，添加 Knoll Light Factory 滤镜，单击【Designer...】，弹出 Knoll Light Factory Lens Designer 对话框。将光标移动到对话框左侧三角形处，选择光的类型为 Sunset，单击对话框右下角的 OK 按钮。设置 Light Source Location 的参数为“765,－41”，如图 4-29 所示。

图 4-29　添加【光工厂】模拟太阳光

（7）添加文字“潍坊职业学院体育场”，字体系列为隶书，颜色为黑色，字体大小为 30 像素，如图 4-30 所示。

图 4-30　添加文本

（8）保存文件并渲染输出。

任务四　夜 晚 调 色

【任务实施】

1. 分析画面

（1）导入素材文件夹 yewan 中的序列帧图片，将序列帧图片从【项目】面板中拖到【新建合成】按钮上，生成新的合成。

（2）分析画面。画面表现的是黑夜的时间。如果没有月光，可以忽略主光，只需注意人工灯光即可；如果有月光，则可把月光当成主光，只不过相对白天的太阳要弱很多。月光的颜色偏冷，可以用青蓝色，尽量不要发紫，否则画面会有一种烧焦的感觉。月光一般比较高，在月光的照耀下屋顶和水面等地方会呈现淡淡的青蓝色，而人工光源比较偏暖色，添加辉光效果会更生动。

原始素材如图 4-31 所示。

夜晚调色 .mp4

图 4-31　原始素材

2. 根据分析结果进行调整

（1）选中素材，右击，从弹出的快捷菜单中选择【效果】→【颜色校正】→【曲线】命令，将素材调亮，如图 4-32 所示。

（2）选中素材，右击，从弹出的快捷菜单中选择【效果】→【颜色校正】→【曲线】命令，设置【通道】值为“蓝色”，压暗蓝色部分，如图 4-33 所示。

（3）添加智能辉光特效。夜景添加辉光会让灯光效果非常生动。AE 有两个辉光效果：一个是 AE 本身的辉光，另一个是插件的辉光。前者的辉光效果由图片本身的颜色控制，什么颜色发什么辉光；后者的辉光则可以自定义颜色。这里用的是自定义颜色的智能辉光。

图 4-32　将素材调亮

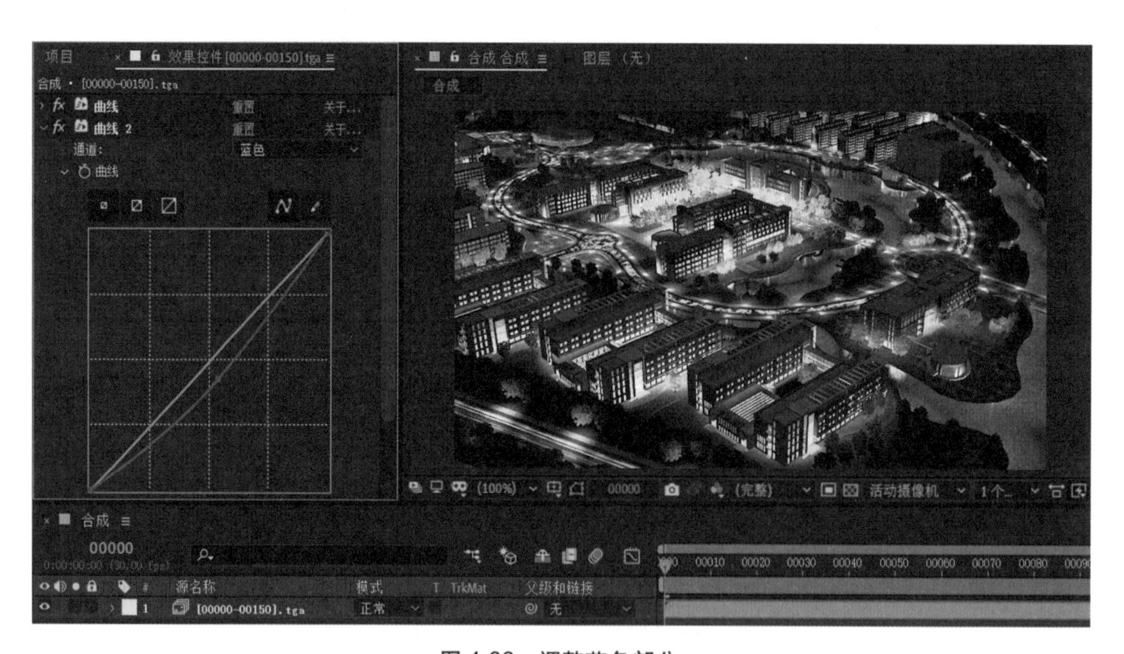

图 4-33　调整蓝色部分

保存当前的项目文件，退出 AE CC 软件，找到项目二素材中的文件夹“AE 插件\VFXSuite_Win_Full_1.0.1\CGown.com\VFXSuite_Win_Full_1.0.1”，双击其中的文件“VFX Suite 1.0.1 Installer.exe”，选择安装 Optical Glow（智能辉光）。安装完该插件后，输入注册码 VOGF159583039652××××进行注册，注册完成后单击 Close 按钮。

重启 AE CC 软件，打开上述案例，在素材图层上右击，选择【效果】→ RG VFX → Optical Glow 命令，辉光颜色定义为淡橘黄色 RGB（239,165,31），Size 设置为 0.30，效果如图 4-34 所示。

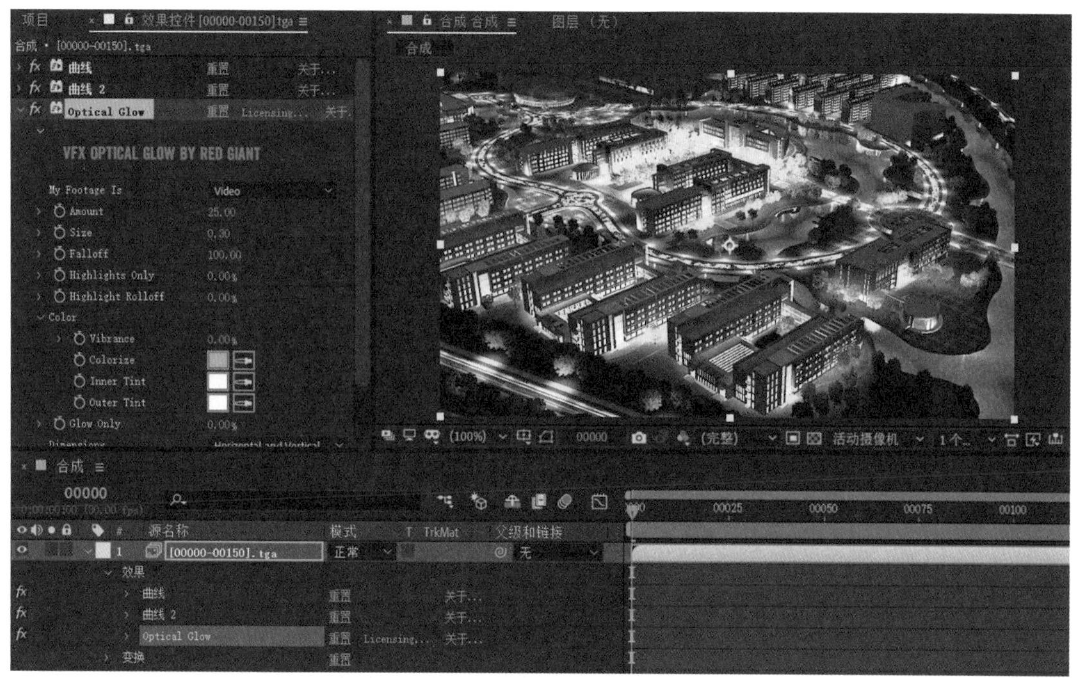

图 4-34　添加辉光

(4) 再次选中素材,右击,从弹出的快捷菜单中选择【效果】→【颜色校正】→【曲线】命令,将背景调亮,使其与前景光色匹配,如图 4-35 所示。

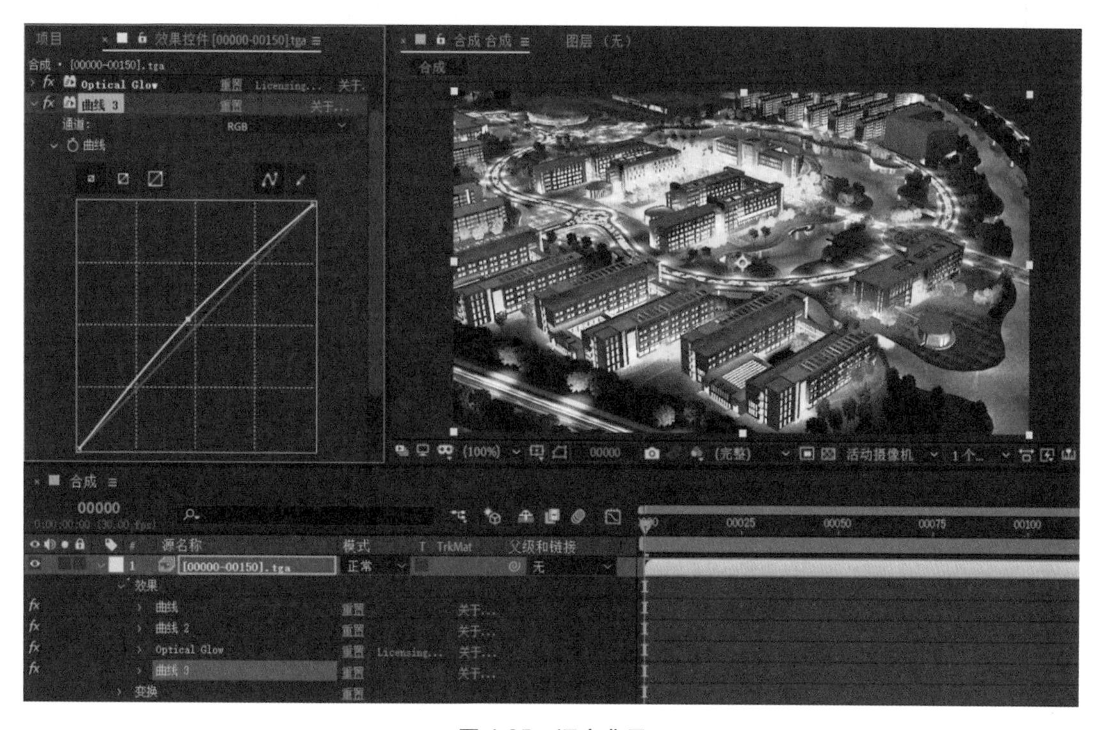

图 4-35　调亮背景

(5) 保存文件并渲染输出。

【技术视角】

Optical Glow 常用滤镜参数说明如下。

（1）My Footage Is：根据视频选择对应的色彩空间。

（2）Amount：设置数值。控制发光的亮度。

（3）Size：设置大小。控制辉光大小。值越大，效果越明显。

（4）Falloff：设置辉光衰减。可用自行大小进行衰减。

（5）Highlights Only：设置仅高光。如果字是较深的颜色，而只想外缘会发光，可以添加仅高光。这个数值一定要均衡，过大就不会产生发光。类似于一个阈值，低于这个阈值就不会发光。

（6）Highlights Ralloff：设置高光衰减。恰到好处的值可以得到更加真实的发光效果。辐射是可以做放射状光线，比如模拟汽车灯光；辐射中心是调整方向。

（7）Color：对发光颜色进行控制。可以调整发光的饱和度、内部的色调、外部的色调、质量里面时渲染的等级，等级越高，相应渲染也就越慢。添加这个效果后，和其他发光插件一样。即使是带透明通道的，添加后变成不是带透明通道。有个黑色的背景，在 Alpha 通道选择扩展去黑，删除这个黑色的背景。Alpha 通道中还有一个生成去黑，会把本身物体的黑色都会去掉。

【项目总结】

本项目通过分析画面以及最后影片的要求，确定了调整方向。在调色中，调整好光感是第一步，在自然环境中有了光才有了缤纷的色彩，光是刻画画面最根本的元素。在调整好光感之后才考虑到色彩、明暗等其他问题。所以，调色考验的是个人的感觉及经验。

【项目拓展】

将素材中文件夹 zhongwu 中的序列帧图片导入 AE 中，添加太阳光，调成早晨的光效。

项目五　制作跟踪效果

【项目描述】

本项目中的案例来自青岛水晶石教育学院。

本项目主要学习三维动画后期特效中的运动跟踪。跟踪是在三维动画中经常使用的效果，比如三维动画中的动态灯光是很难在 3ds Max 中处理的，需要在 AE 中添加。

通过本项目的学习，能分析跟踪点及解算跟踪过程；能根据实际的视频画面来定义跟踪范围，找出理想的跟踪区域。本项目将制作旋转跟踪效果、透视跟踪效果和镜头跟踪效果，如图 5-1 ～图 5-3 所示。

图 5-1　旋转跟踪

图 5-2　透视跟踪

图 5-3　镜头跟踪

【项目目标】

技能目标：

（1）能制作旋转跟踪效果。

（2）能制作透视跟踪效果。

（3）能制作镜头跟踪效果。

知识目标：

（1）掌握跟踪的设置方法。

（2）掌握跟踪点的调整方法。

（3）掌握素材之间关联的设置方法。

素质目标：

（1）培养学生主动思考及积极探索的精神；

（2）培养学生合作学习及互助学习的团队精神。

任务一　旋 转 跟 踪

【任务实施】

（1）从素材文件夹中找到视频文件“大力士 .mp4”，导入到 AE 中，拖到【图层】面板中生成合成层。按 Ctrl+K 组合键，设置合成层属性，如图 5-4 所示。

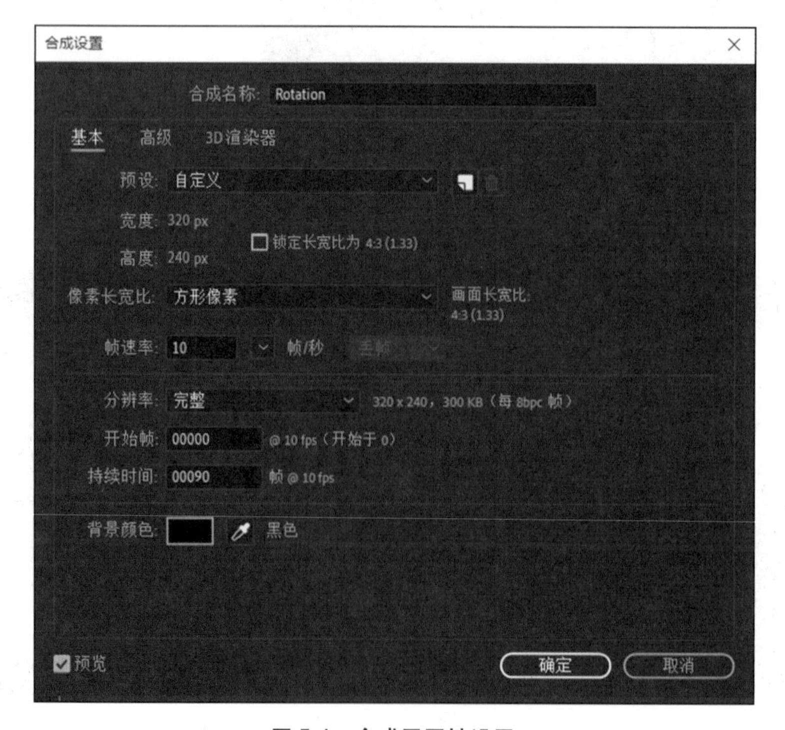

图 5-4　合成层属性设置

旋转跟踪教程 .mp4

（2）导入汽车素材 Car.tga，弹出【解释素材：Car.tga】对话框，设置如图 5-5 所示。

（3）选择【窗口】→【工作区】→【运动跟踪】命令，打开【跟踪器】面板。选中大力士图层，单击【跟踪器】面板上的【跟踪运动】按钮，自动进入跟踪层窗口，出现跟踪点，中间的是特征点位置，外圈是特征点的搜索范围，如图 5-6 所示。

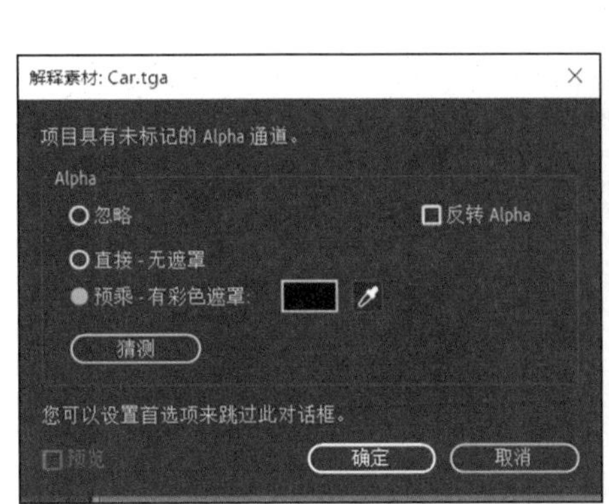

图 5-5　【解释素材：Car.tga】对话框

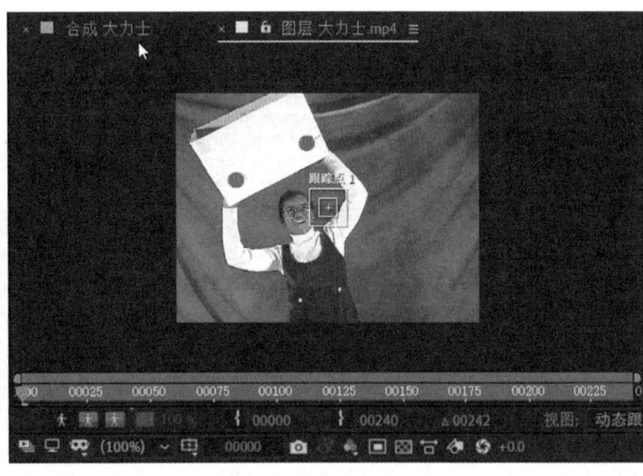

图 5-6　创建跟踪点

（4）选择【跟踪器】面板上的【位置】和【旋转】复选框，在视频中出现两个跟踪点，将播放指针放在第一帧上，分别框选这两个跟踪点，将其放到两个红色点上，如图 5-7 所示。

图 5-7　添加跟踪点

（5）单击【跟踪器】面板上的【向前分析】按钮▶，如图 5-8 所示。

注意：

（1）如果跟踪失败，可以按 Ctrl+Z 组合键，重新设置更新区域；或者直接框选跟踪点并按 Delete 键将其删除，重新设置跟踪。

（2）如果对跟踪结果不满意，可以尝试使用如下办法增强跟踪能力和精确度。

① 重新找更合适的特征点和特征区域。

② 一定程度地扩大搜索范围。

③ 在【选项】中进行更为细致的设置，提高精确度和分析能力。

④ 个别时候采用逐帧分析或者手动调整纠正自动分析不准确的问题。

⑤ 注意使用优化功能进行优化。

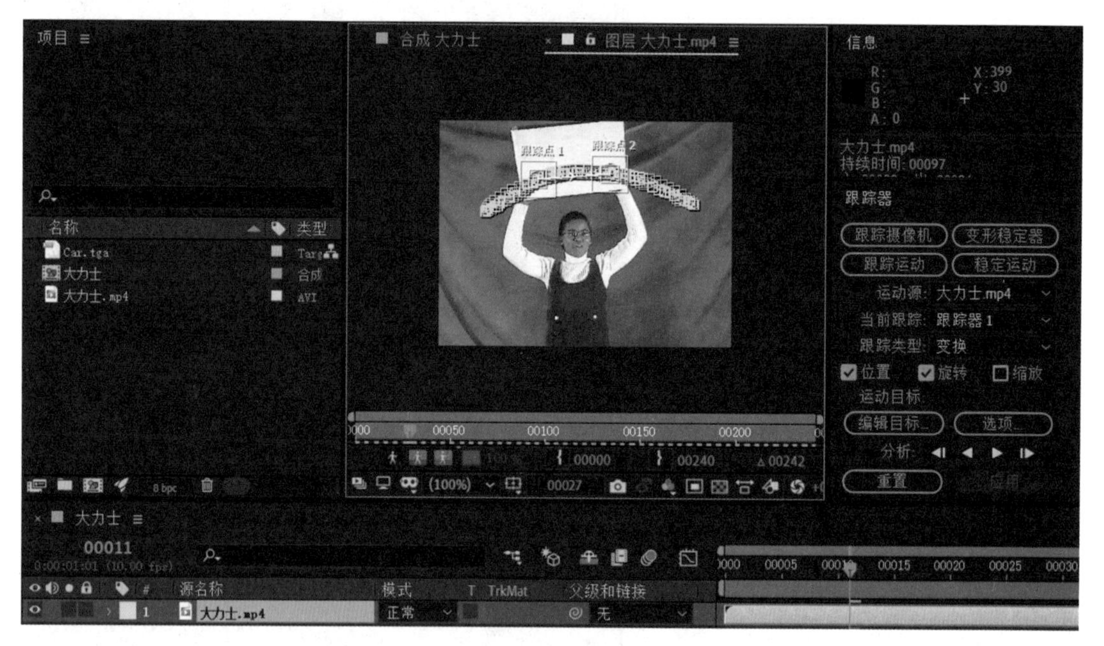

图 5-8 解算

（6）在图层窗口的空白区域右击，从弹出的快捷菜单中选择【新建】→【空对象】命令，创建“空 1”图层。单击【跟踪器】面板中的【编辑目标】按钮，在弹出的【运动目标】对话框中选择“空 1”，单击【确定】按钮，如图 5-9 所示。

（7）单击【跟踪器】面板中的【应用】按钮，在弹出的对话框中的【应用维度】选择“X 和 Y”，如图 5-10 所示。

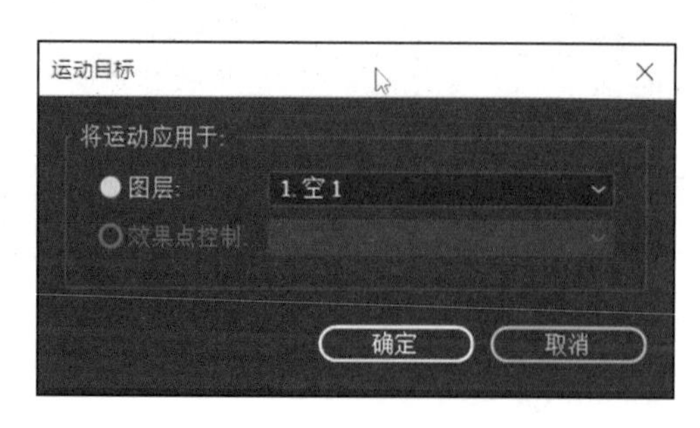

图 5-9 设置关联

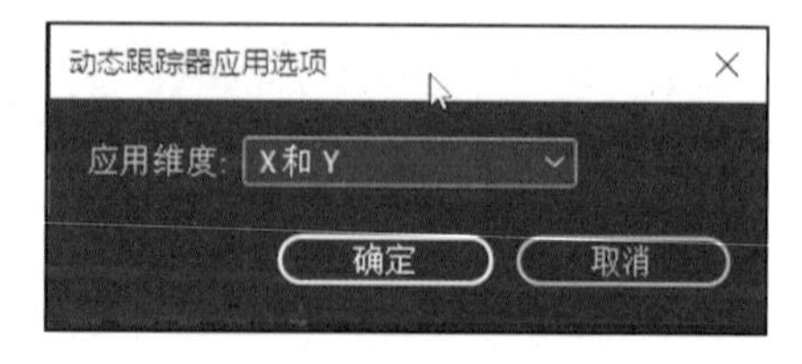

图 5-10 应用维度

（8）将汽车素材 Car.tga 拖到图层窗口最上方，将图层 Car.tga 后的父级关联器拖到“空 1”图层上，如图 5-11 所示。

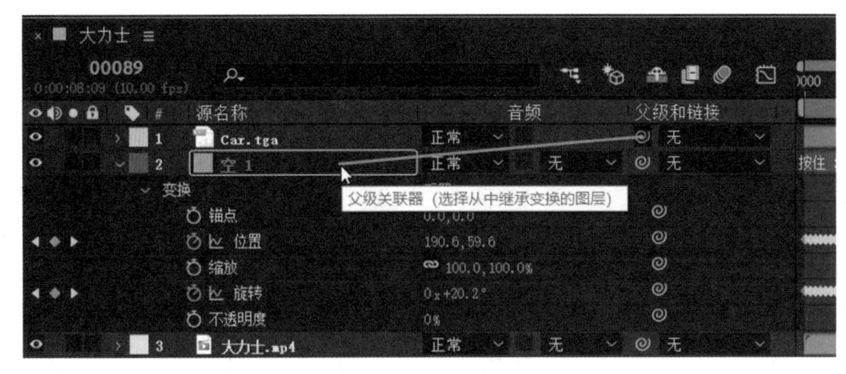

图 5-11　设置关联

(9) 调整汽车素材的位置、大小、角度和色彩，如图 5-12 所示。

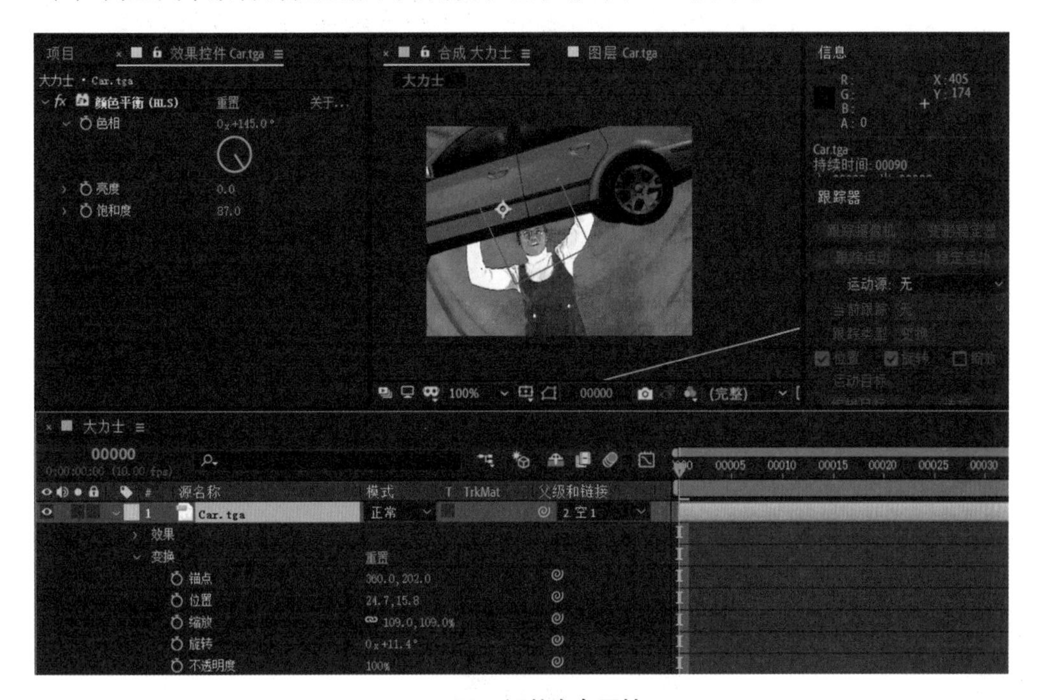

图 5-12　调整汽车属性

(10) 保存文件并渲染输出。

任务二　透 视 跟 踪

【任务实施】

(1) 新建项目，导入素材中的视频文件 Four Point.mov，拖入【图层】面板中。单击【跟踪器】面板中的【跟踪运动】，设置【跟踪类型】为“透视边角定位”。单击【选项】按钮，选择“自适应特性”，如图 5-13 所示。

(2) 将四个跟踪点分别放到显示器内屏幕的四个角上，如图 5-14 所示。

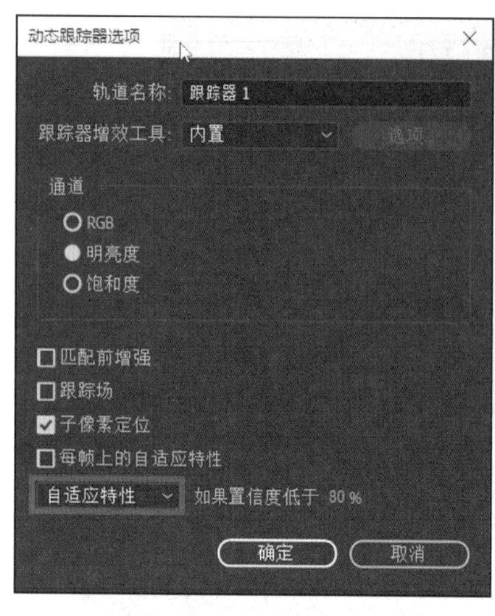

图 5-13　设置 Options 值

图 5-14　调整四个跟踪点的位置

（3）单击【跟踪器】面板上的【向前分析】按钮▶，使跟踪点跟踪视频，如图 5-15 所示。

注意：

四个跟踪点应该始终在显示器内屏幕的四个角上。如果跟踪点的位置发生了变化，那么将播放头放到发生问题的帧上，调整其位置，重新解算后面的动画。

（4）导入视频素材“大力士 .mp4”，将其拖到图层窗口中图层 Four Point.mov 的上面。选择【跟踪器】面板的运动源为 Four Point.mov，单击【编辑目标】按钮，选择“大力士 .mp4”，如图 5-16 所示。

图 5-15　解算

透视跟踪教程 .mp4

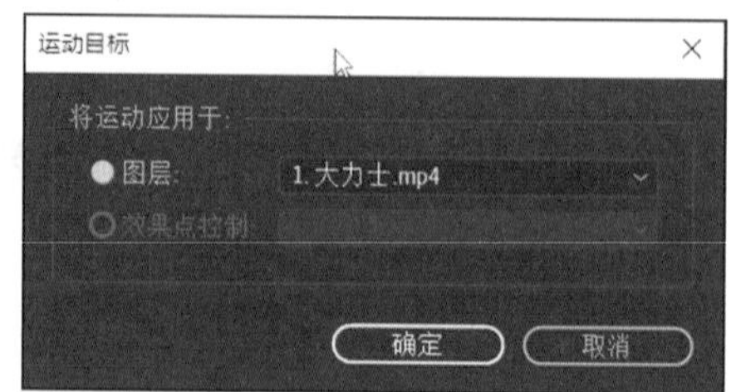

图 5-16　设置关联

（5）单击【跟踪器】面板的【应用】按钮，效果如图 5-17 所示。

（6）保存文件并渲染输出。

图 5-17　最终效果

任务三　镜 头 跟 踪

【任务实施】

镜头跟踪教程.mp4

（1）新建项目，导入素材中的视频文件 Position Track.mov，将其拖到图层窗口中，生成合成层。

（2）单击图层 Position Track.mov，单击【跟踪器】面板中的【跟踪运动】按钮，出现第一个跟踪点。设置【跟踪类型】为“变换”，将第一个跟踪点放到汽车左灯上，调好位置和范围后，单击【向前分析】按钮▶，如图 5-18 所示。

（3）将播放指针放到第 1 帧上，不选中第一个跟踪点，单击【跟踪运动】按钮，出现第二个跟踪点。放到汽车右灯上，调好位置和范围后，单击【向前分析】按钮▶，如图 5-19 所示。

（4）切换到合成窗口【合成：Position Track】，在【图层】面板空白区域右击，从弹出的快捷菜单中选择【新建】→【纯色】命令。新建“黑色 纯色 1”层，设置其混合模式为“相加”。在该图层上右击，从弹出的快捷菜单中选择【效果】→ RG VFX → Knoll Light Factory 命令，单击 Designer...。将光标移动到左侧三角处，选择光的类型为 Basic Spotlight，单击右下角的 OK 按钮，效果如图 5-20 所示。

图 5-18　添加第一个跟踪点

图 5-19　添加第二个跟踪点

图 5-20　添加左灯光

(5) 展开【黑色 纯色 1】→【效果】→ Knoll Light Factory → Location，再展开 Position Track.mov →【动态跟踪器】→【跟踪器 1】→【跟踪点 1】，按住 Alt 键，单击 Light Source Location 前面的“小钟”图标。将光标放到后面的第三个按钮上，按住鼠标左键，拖到 Position Track.mov 的【跟踪点 1】的“功能中心”上，如图 5-21 所示。

图 5-21　调整左灯光

（6）用同样的方法，创建右灯光并进行关联，如图 5-22 所示。

图 5-22 添加右灯光

（7）在图层“黑色 纯色 1”上右击，从弹出的快捷菜单中选择【效果】→【颜色校正】→【色阶】命令，在【图层】面板中展开该图层。将播放头放到第 1 帧上，单击【直方图】前的“小钟”图标，将输出白色值调整为 201；将播放头放到第 98 帧处，添加关键帧，将“输入白色值”调整为 255.0；将播放头放到第 50 帧处（转弯时），添加关键帧，将输出白色值调整为 143。通过“色阶”将灯光调暗，如图 5-23 所示。

图 5-23 调整左灯光的亮暗

(8) 在图层“黑色 纯色 1”上右击,从弹出的快捷菜单中选择【效果】→【模糊和锐化】→【快速方框模糊】命令,设置【模糊半径】值为 6。

(9) 用同样的方法,调整右灯光的亮暗变化和模糊程度。

(10) 选中所有图层,按 Ctrl+Shift+C 组合键将图层预合成。在上面右击,从弹出的快捷菜单中选择【效果】→【颜色校正】→【曲线】命令,分别在通道红色、绿色和蓝色中调曲线,最终效果如图 5-24 所示。

图 5-24　最终效果

(11) 保存文件并渲染输出。

【技术视角】

1. 运动跟踪的概念

运动跟踪是根据对指定区域进行运动的跟踪分析,并自动创建关键帧,将跟踪的结果应用到其他层或效果上,制作出动画效果。

2. 运动跟踪的应用

一是用来匹配其他素材与当前的目标像素一致运动；二是用来消除素材自身的晃动。

3. 运动跟踪的前提条件

对象为运动着的视频,并且在画面中有明显的运动物体显示,否则无法进行运动跟踪。

4. 运动跟踪的操作流程

(1) 选定并设置好源跟踪层,为源跟踪层添加【窗口】→【跟踪器】命令,在跟踪器控制面板单击【跟踪运动】按钮,创建跟踪点。按需要设置好参数,调节跟踪区域大小,说明如图 5-25 所示。

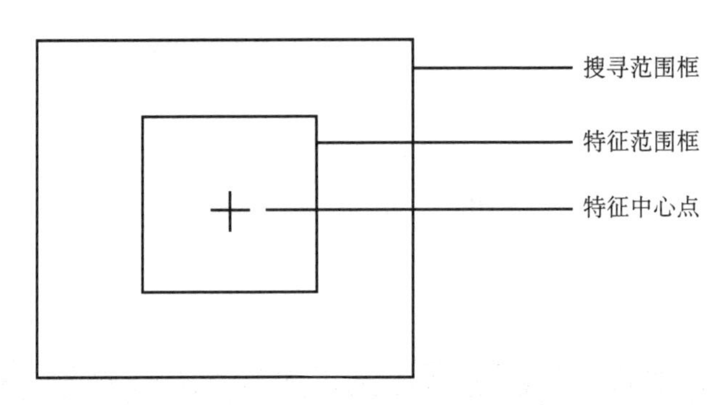

图 5-25　跟踪区域说明

跟踪范围由两个方框和一个十字线构成，外面的方框是搜索区域，里面的方框是特征区域，中间的十字线是跟踪点。整个跟踪过程中，起决定作用的是特征区和搜索区，跟踪点可以在特征区和搜索区的内外部，只是通过它可以反映出跟踪结果的数值。

设定跟踪区域的原则：特征区域要完全包括跟踪目标的像素范围，而且特征区域要尽量小，搜索区域定义下一帧的跟踪范围。它的位置和大小取决于所跟踪目标的运动方向、偏移的大小和快慢。跟踪目标的运动速度越快，搜索区域就应该越大。

（2）进行分析计算。

（3）应用跟踪数据。

【项目总结】

本项目学习了 AE 的运动跟踪，知道了 AE 的运动跟踪功能既可以在三维动画的后期追加遗漏元素，也可以伪造出现实中不能实现的场景，这帮助我们对三维动画后期特效的功能有了深层次的学习，也为以后学习更复杂的三维动画后期处理打下基础。

【项目拓展】

在素材的“翻书 .mp4”视频中添加一段跟踪动画。截图如图 5-26 所示。

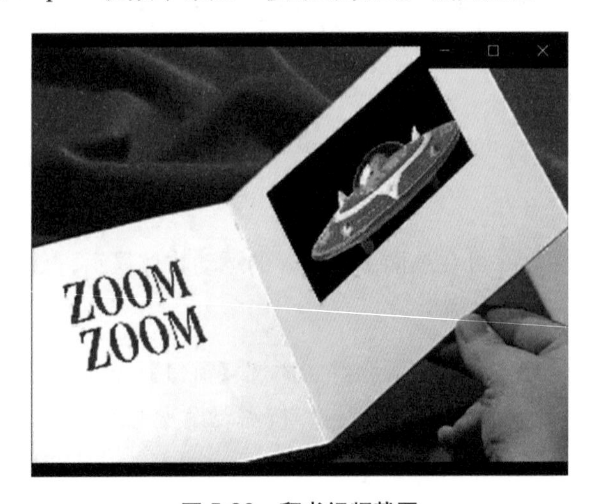

图 5-26　翻书视频截图

项目六　制作模拟仿真效果

【项目描述】

本项目部分案例来源于青岛水晶石教育学院。

本项目主要学习三维动画后期特效中的模拟仿真特效。通过本项目的学习，掌握各种模拟仿真效果的制作方法和技巧。部分案例截图如图 6-1 ～图 6-4 所示。

图 6-1　破碎效果

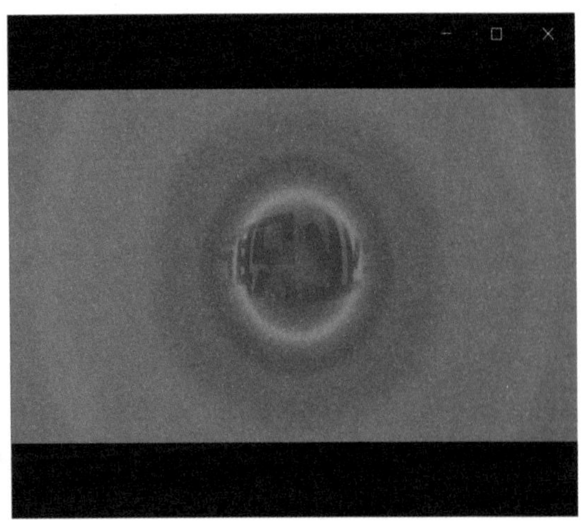

图 6-2　波浪文字

图 6-3　下雨效果

图 6-4　爆炸火焰

【项目目标】

技能目标：

（1）能制作下雨效果。

（2）能制作破碎效果。

（3）能制作波浪效果。

（4）能制作飞机爆炸效果。

知识目标：

（1）掌握 CC Drizzle 特效的参数设置。

（2）掌握 Shatter 特效的参数设置。

（3）掌握 Wave World 特效的参数设置。

（4）掌握 Noise 特效的参数设置。

（5）掌握 CC Particle World 特效的参数设置。

（6）掌握 Gaussian Blur 特效的参数设置。

素质目标：

培养学生团结合作、信息检索和创新创意的能力。

任务一　制作破碎效果

【任务实施】

（1）打开 AE 软件。导入素材中的图片文件 Logo.jpg，利用 Logo.jpg 图片创建合成，设置合成帧速率为 25 帧 / 秒，时长为 150 帧，如图 6-5 所示。

图 6-5　创建 Logo 合成

（2）按 Ctrl+N 组合键，创建合成，设置如图 6-6 所示。

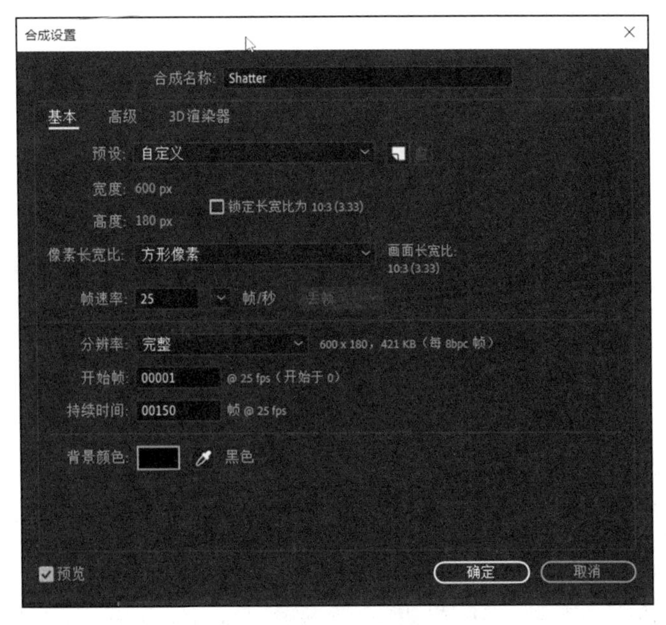

图 6-6　创建合成

(3) 将合成 Logo 拖到 Shatter 中，在图层上右击，选择【效果】→【模拟】→【碎片】命令，设置如下。

制作破碎效果 .mp4

- 视图：已渲染。
- 形状：图案值为砖块，重复值为 20。
- 作用力 1：深度值为 0.15，半径值为 0.52，强度值为 5。
- 物理：重力方向值为 90°，旋转速度值为 0.5，随机性值为 0.35，大规模方差值为 30%。

(4) 按 Ctrl+N 组合键创建合成，设置如图 6-7 所示。

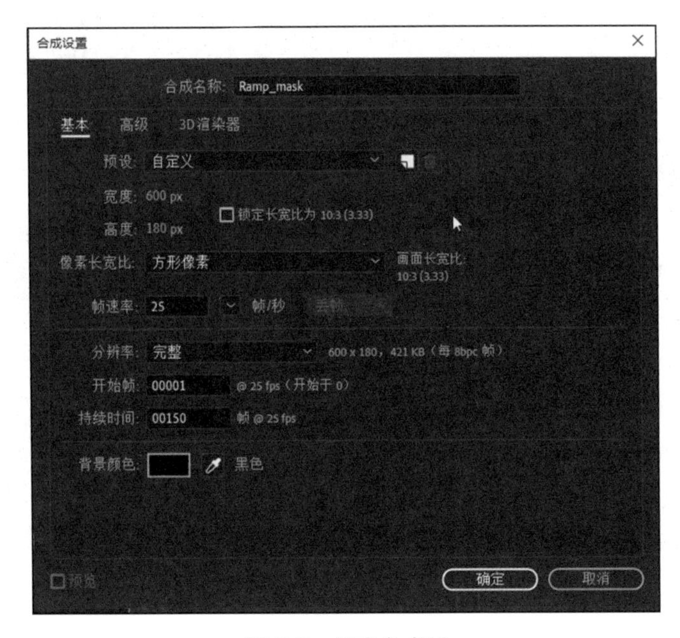

图 6-7　创建合成层

（5）在【图层】面板的空白区域右击，从弹出的快捷菜单中选择【新建】→【纯色】命令，选择黑色。在该纯色层上右击，从弹出的快捷菜单中选择【效果】→【生成】→【梯度渐变】命令，在【效果控件】面板中设置【渐变起点】为“0,90.0”（将中心放到左侧中间），【渐变终点】为“600,90.0”（将中心放到右侧中间），【起始颜色】为蓝色 RGB（35,56,209），如图 6-8 所示。

图 6-8　创建渐变

（6）将蒙版 Ramp_Mask 拖入 Shatter 合成中，放在图层 Logo 的下面。展开图层 Logo →【效果】→【碎片】→【渐变】→【碎片阈值】，将播放头放到第 11 帧处，单击【碎片阈值】前面的“小钟”图标，设置其值为 20%；将播放头放到第 101 帧处，设置【碎片阈值】值为 100%。设置【渐变图层】为 2.Ramp_Mask，设置【反转渐变】值为“开”，设置【纹理】→【摄像机系统】值为“摄像机位置”，如图 6-9 所示。

图 6-9　添加关键帧

（7）保存文件并渲染输出。

【技术视角】

用【模拟】→【碎片】滤镜可以制作爆炸、破碎、裂痕等,其功能强大。主要参数介绍如下。

(1) 视图:视图控制。参数中常用的有三项,其中,“线框 + 作用力”包含了摄像机的控制;“已渲染”设置可渲染模式;还有线框正视图。

(2) 形状:包括以下几项。

- 图案:指定预制的图案用于爆炸的碎片。用户可以自己制作图案用于爆炸的形状。
- 白色拼贴已修复:用来使自己制作的图案中的白色部分在爆炸的时候不被分开,这个选项应该是很有用的。
- 重复:指定碎片的数量和大小,只能用于预制图案,对于用户的自定义无效。值设大则增加碎片的数量,减小碎片的尺寸,反之亦然。
- 方向:碎片出现时的方向。
- 源点:中心点或原点。
- 凸出深度:挤压深度(破碎的厚度)。

(3) 作用力:作用力 1 和作用力 2 设置是一样的。碎片把作用力作为一个球,所以它的中心有三维坐标。位置代表球心的 X、Y 坐标,而深度就是它的 Z 坐标,三个坐标共同决定作用力这个“球”的位置。“球”和层的相交的部分就是真正的碎片“作用区域”,这时爆炸的碎片总是飞离球心。球的半径决定球的大小。如果要使作用力起作用,必须使深度的绝对值小于半径,这样才能保证和源层有相交的区域。

作用力的强度,决定碎片的飞行速度,正值使碎片飞离球心,负值则相反。当然碎片的飞离方向与作用力的 Z 值和强度有关。当碎片炸开后,就不会再受到作用力的作用了。而强度如果设置得足够小,就可以只产生裂纹而不会使碎片分离。当半径、强度设为 0 时,或者 Z(深度)的绝对值大于半径时,作用力 1 没有作用。

(4) 渐变:使用一个渐变图层依据图像“明度”来控制“作用区域”内的碎片爆炸顺序。白色部分最先爆炸,黑色最后爆炸。渐变阈值指定“作用区域”内的哪些部分会受到影响,100%表示作用区域全部爆炸。

(5) 物理学:模拟真实物理现象,包括以下参数。

- 倾覆轴:指定碎片旋转围绕的轴向。
- 旋转速度:指定碎片的旋转速度,应根据不同的材质指定较为真实的旋转速度。如果只有一个作用力作用于层,那么碎片围绕 Z 轴旋转的设定是没有作用的。
- 随机性:用于使碎片在初始的速度和旋转上有一定的随机性,避免变化的呆板和失真。
- 黏度:这是一个很重要的参数,它很像摩擦力,实际上它的作用就是如此。如果它的值设为 0,就像是在真空,连空气的阻力都没有了。如果设为较大值,它的飞行速度受到很大影响,就像在水中或泥中运动一样。如果更大,那么它使碎片仅仅炸开就停下来了。这个参数可以模拟很多环境中物体的运动。
- 大规模方差:指定碎片运动和其质量的关系,其实基本上就是碎片大小造成其运动的差别。默认是 30%,和我们现实生活中差不多,重的东西会先落地。设为 0 则忽视质量带来的速度差别，而 100% 则扩大了这个差别，这个值的设定应该依环境的不同而有所变化。

- 重力：作用于作用力区域的另一个力。如果作用力的强度设为 0，而这个值不为 0，那么它同样会令物体碎开，当然它的作用区域是由作用力的“作用区域”决定的，它的大小同样和强度一样，影响碎片的运动速度。它和作用力一样，是由三维方向来决定的。重力方向是 XY 平面的，重力倾向是指定 Z 轴的，如果它设定为 90 或者 −90，那么方向设定无效。

（6）纹理：如果在前面的凸出深度里设置一定的值，那么碎片运动时是有厚度的，对于这样的碎片有三个方面的纹理设置，即正面模式、侧面模式、背面模式。对于每个面，可以用指定的层作为贴图。还可以指定碎片的颜色和不透明度。但这三种指定能否起作用，决定于正面模式、侧面模式、背面模式的设定，可以根据模式的设定而指定相关的纹理设置来达到要求。需要提醒的是：如果使用一个应用了效果的层做面的贴图，而且想在纹理中体现，那么先对它预合成。

（7）摄像机系统：在下拉列表中可以选择需要的摄像系统。合成摄像机是在合成中建立的摄像机。选择摄像机位置有以下的参数控制。

- X、Y、Z 轴旋转：用来在指定的轴旋转摄像机。
- X、Y 位置：控制摄像机在 XY 平面上的位置。
- Z 位置：指定摄像机在 Z 轴上的位置，其绝对值越小，就越靠近层。
- 焦距：控制碎片的焦距。
- 变换顺序：指定摄像机在位置移动和旋转的先后顺序。
- 边角定位：通过调整四个角点来达到视觉效果的。
- 灯光：灯光类型指定光的类型。后面几个参数很直观。灯光深度是指定灯光在 Z 轴上的位置。环境光指定环境光的强度，它给场景中所有的物体同样的明度，太强会消除阴影效果。

任务二　制作波浪文字

【任务实施】

制作波浪文字 .mp4

（1）新建项目，单击【新建合成】按钮，创建合成，名称为 Text，大小为 720×404 像素，持续时间为 150 帧。输入文本“潍坊职业学院”，如图 6-10 所示。

（2）选中文本图层，选择工具栏中的【椭圆工具】，绘制遮罩，跟文字一样大，如图 6-11 所示。

（3）展开图层【潍坊职业学院】中的【蒙版】→【蒙版 1】→【蒙版路径】。在第 1 帧处，单击【蒙版路径】前面的“小钟”图标；在第 100 帧处添加关键帧，将第 1 帧处的遮罩范围调小（双击椭圆形遮罩，按住 Ctrl 键可缩小遮罩范围）。设置【蒙版羽化】值为 50 像素，如图 6-12 所示。

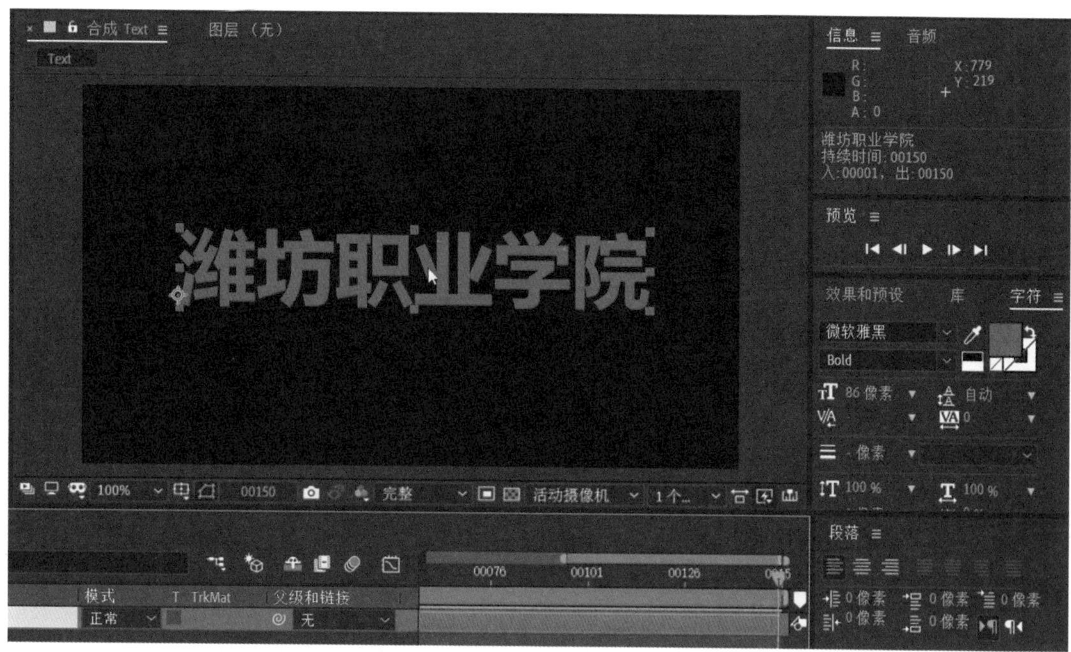

图 6-10 创建文本

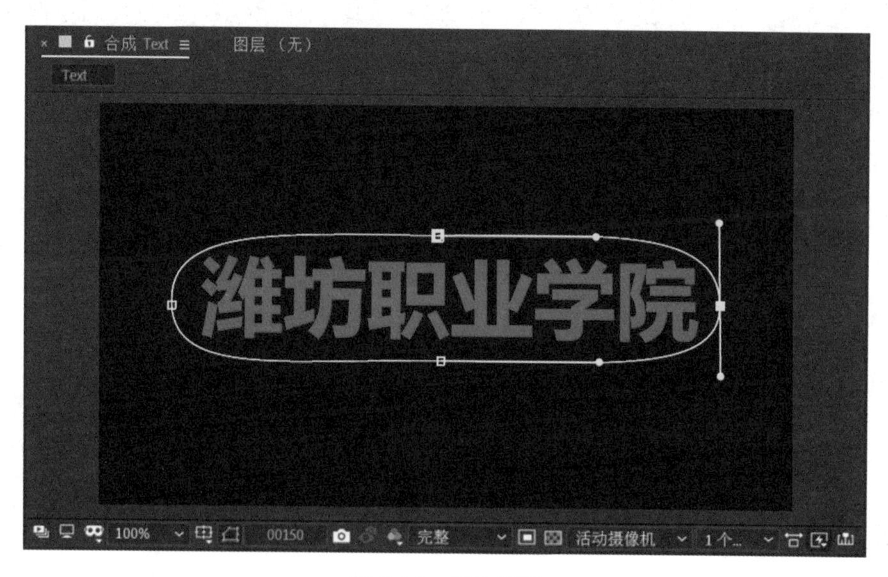

图 6-11 创建遮罩

（4）按 Ctrl+N 组合键，创建合成，名称为 wave_mask。在【图层】面板空白区域右击，从弹出的快捷菜单中选择【新建】→【纯色】命令，创建黑色纯色层。在纯色层上右击，从弹出的快捷菜单中选择【效果】→【模拟】→【波形环境】命令，如图 6-13 所示。

- 视图：高度地图。
- 高度映射控制：亮度值为 0.5，对比值为 0.25，灰度系数调整值为 1，透明度值为 0。
- 模拟：网格分辨率值为 40，波形速度值为 1。
- 创建程序 1：类型值为“环形”。

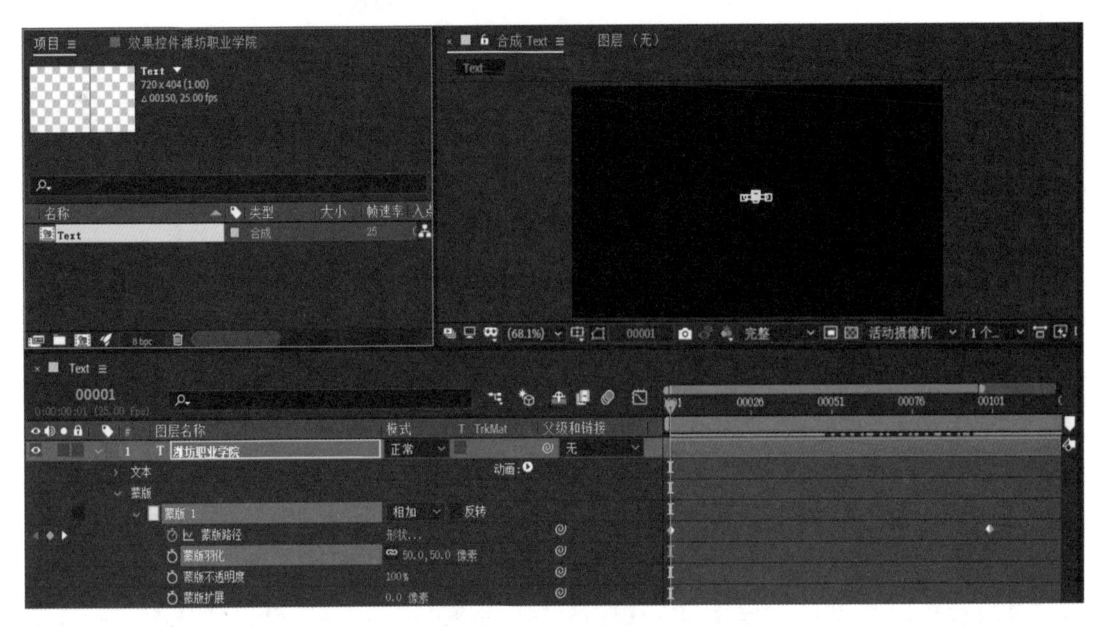

图 6-12　创建遮罩动画

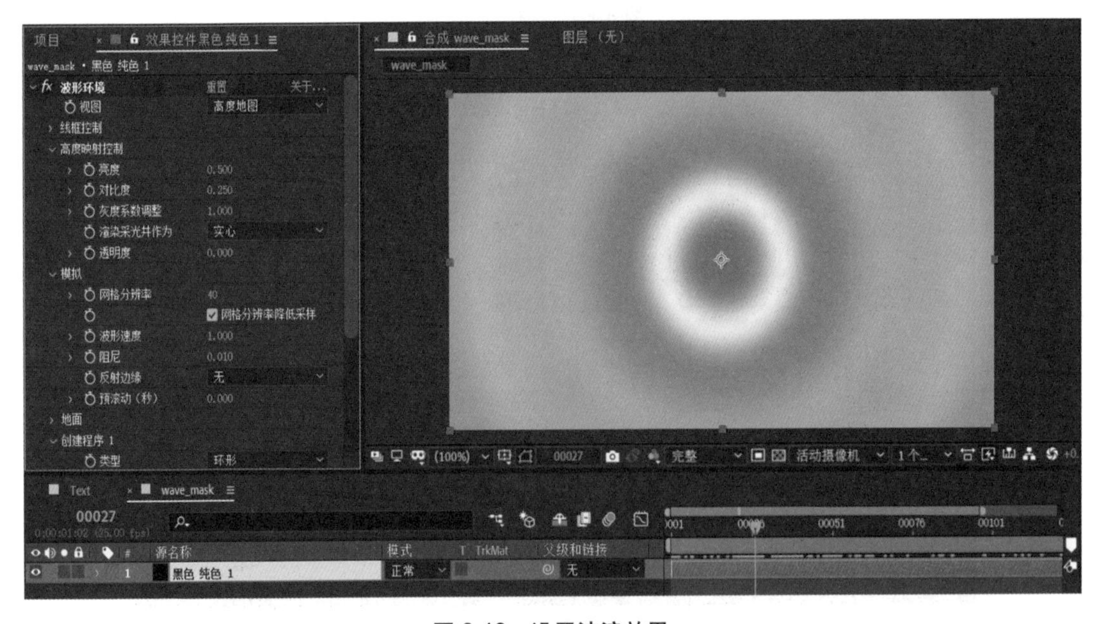

图 6-13　设置波浪效果

（5）按 Ctrl+N 组合键，创建合成，名称为 wave_ani。将 wave_mask 和 Text 拖入，在图层 Text 上右击，从弹出的快捷菜单中选择【效果】→【模拟】→【焦散】命令，设置如图 6-14 所示。

- 灯光：灯光类型值为“远光源”。
- 水：水面值为 2.wave_mask，平滑值为 10，水深度值为 0.25。

（6）双击图层 Wave_mask，按 T 键，将光标放到第 1 帧处。单击不透明度前面的“小钟”图标，设置其值为 100%；将光标放到第 150 帧处，设置其值为 0，如图 6-15 所示。

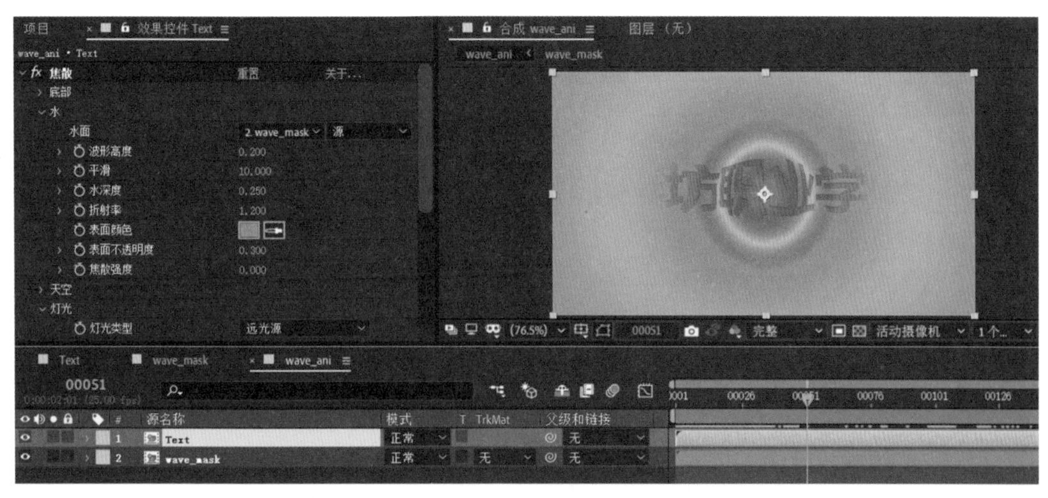

图 6-14　设置焦散效果

图 6-15　设置不透明度

(7) 切换到合成层 Text 中,在文本层上右击,从弹出的快捷菜单中选择【效果】→【风格化】→【发光】命令,设置【发光颜色】值为“A 和 B 颜色”。自定义颜色 A 和颜色 B 的值,如图 6-16 所示。

(8) 切换到合成层 Wave_ani 中,按 Ctrl+M 组合键渲染输出。

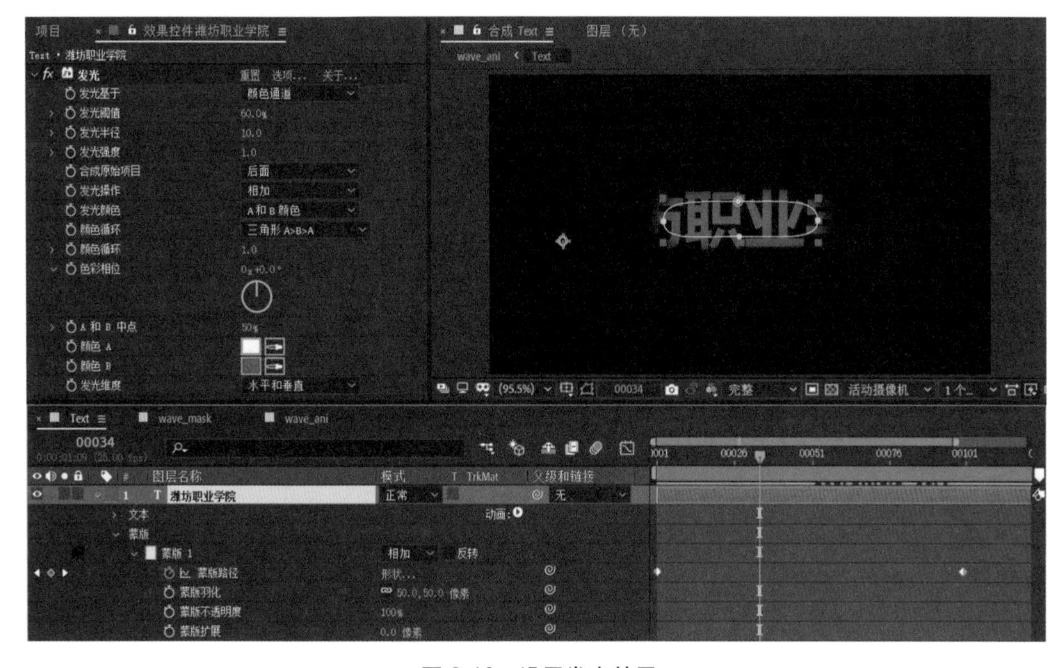

图 6-16　设置发光效果

【技术视角】

用【模拟】→【波形环境】特效可以逼真地模拟出水纹的效果，下面具体分析波形环境特效的参数设置。

（1）视图：这个下拉列表用来控制预览的显示方式，高度地图显示的是灰度图，线框预览显示的是线框的方式。

（2）线框控制：这个参数用来控制线框视图。其中，“水平旋转”选项可水平旋转线框视图；“垂直旋转”选项可垂直旋转线框视图；“垂直缩放”选项可垂直缩放线框距离。

（3）高度映射控制：这个参数用来控制灰度图。其中，“亮度”选项控制灰度图的亮度；“对比度”选项控制对比度；“灰度系数调整”选项控制灰度图的灰度值；“渲染采光并作为”选项设置灰度图的采光区域；“透明度”选项使系统以透明方式渲染视图。

（4）模拟：这个参数控制特效的模拟性质。其中，“网格分辨率”选项控制灰度图的网格分辨率，分辨率高会使灰度图更平滑但相应地耗时也多。“波形速度”选项用来控制波纹扩散的速度。“阻尼”选项控制波纹遇到的阻尼。“反射边缘”选项控制波纹反射边缘。“预滚动（秒）”选项控制波纹已经传播的时间。

（5）地面：这个参数控制波纹的地形，在地面的下拉列表中可以选择指定的层作为地形层。其中，“陡度”选项控制地形高低对比度。“高度”选项控制水面与地形的距离。“波形强度”选项控制波纹强度。

（6）创建程序：这是波纹的发生器，从类型的下拉列表里可以选择发生器的类型、环形和线条。其中，“位置”选项控制发生器的位置，“高度 / 长度”选项控制波纹的长度与高度，“振幅”选项控制波纹振幅，“频率”选项控制波纹频率，“相位”选项控制波纹相位。

任务三　制作下雨效果

【任务实施】

本案例将利用 AE 自身的特效，制作从上往下看的下雨及下雨时的水面涟漪效果。通过本案例的学习，掌握 Noise（杂色）、CC Dizzle（CC 细雨滴）、CC Particle World（CC 粒子仿真世界）、Gaussian Blur（高斯模糊）特效和遮罩的综合应用。

1. 制作涟漪的水面效果

（1）新建项目，单击【新建合成】按钮，创建合成，如图 6-17 所示。

（2）在合成层“下雨效果”的空白区域右击，从弹出的快捷菜单中选择【新建】→【纯色】命令，【名称】为 water，【颜色】为“暗蓝色”（R 为 75，G 为 95，B 为 115）。

（3）为了使背景更加真实，下面对 water 图层进行噪波处理。方法是在 water 图层上右击，从弹出的快捷菜单中选择【效果】→【杂色和颗粒】→【杂色】命令，设置如图 6-18 所示。

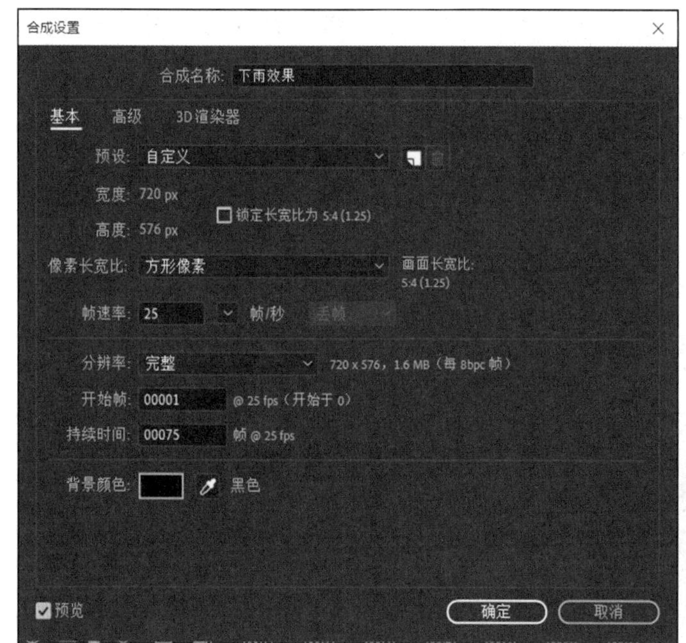

图 6-17　创建合成层

制作下雨效果 .mp4

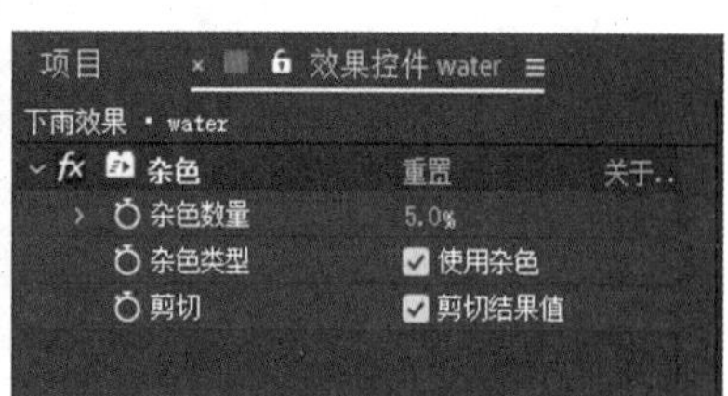

图 6-18　设置杂色

（4）在 water 图层上右击，从弹出的快捷菜单中选择【效果】→【模拟】→ CC Drizzle（CC 细雨滴）命令，设置如图 6-19 所示。此时播放动画，即可看到动态的水波涟漪效果。

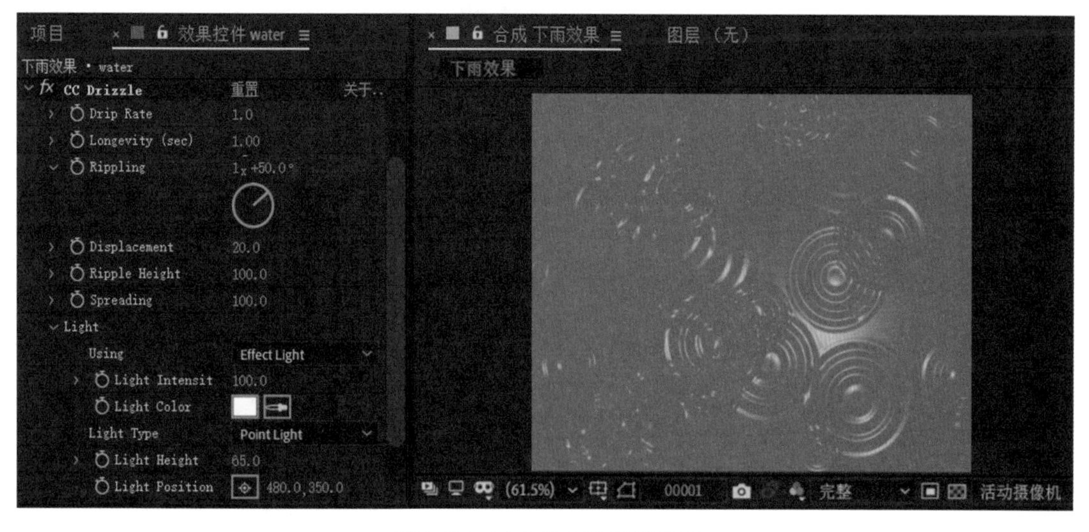

图 6-19　动态的水波涟漪效果

（5）为了增强背景的层次感，聚集视觉效果，下面为 Water 添加一个蒙版。方法是在图层窗口的空白区域右击，从弹出的快捷菜单中选择【新建】→【纯色】命令，创建一个名称为 mask 的黑色纯色层。选择【图层】→【蒙版】→【新建蒙版】命令，展开 mask 图层，设置如图 6-20 所示。设置图层混合模式为柔光。

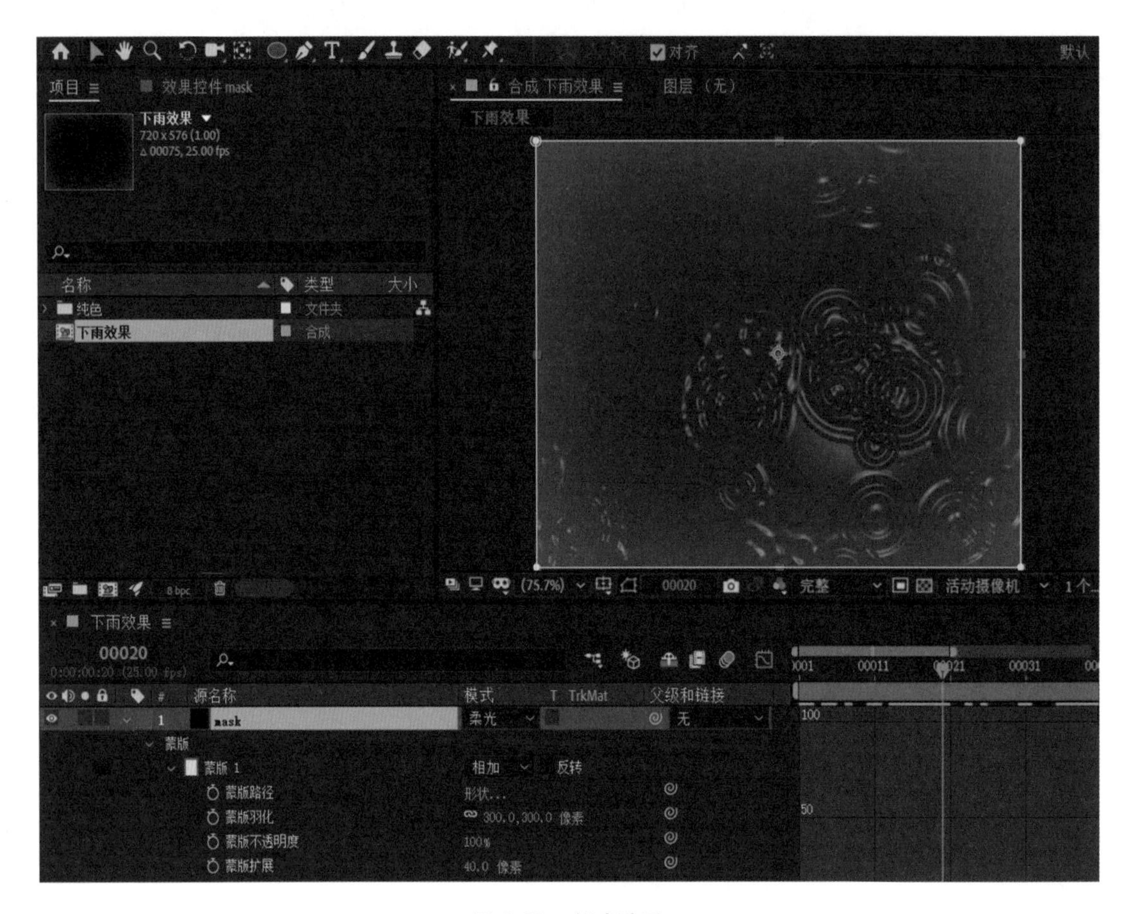

图 6-20　创建遮罩

2. 制作下雨效果

（1）在图层窗口的空白区域右击，从弹出的快捷菜单中选择【新建】→【纯色】命令，创建一个名称为 rain 的白色纯色层。在该图层上右击，从弹出的快捷菜单中选择【效果】→【模拟】→ CC Particle World 命令，设置如图 6-21 所示。

（2）此时下雨效果过于清晰，下面对其进行模糊处理。方法是在 rain 图层上右击，从弹出的快捷菜单中选择【效果】→【模糊和锐化】→【高斯模糊】命令，设置模糊度值为 3.0。

3. 添加摄像机

（1）在图层窗口空白区域右击，从弹出的快捷菜单中选择【新建】→【摄像机】命令，使用工具栏中的【轨道摄像机工具】适当调整角度，效果如图 6-22 所示。

（2）保存文件并渲染输出。

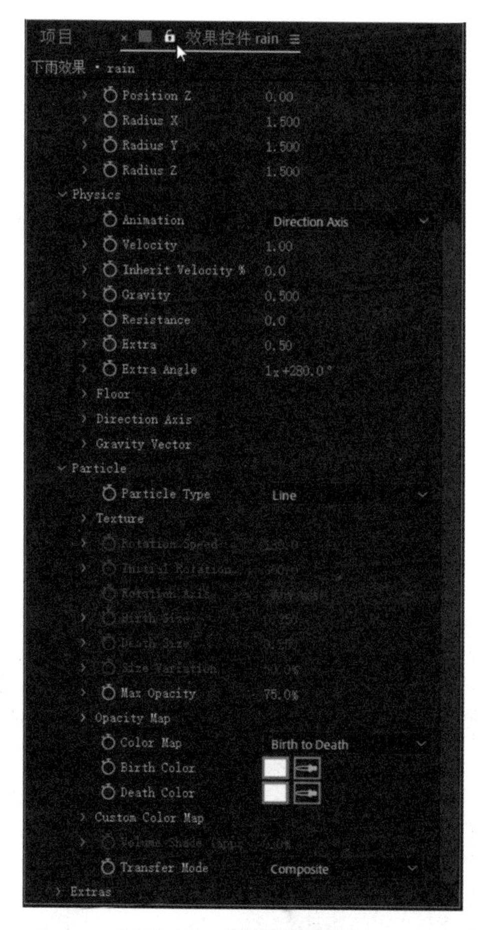

图 6-21　设置粒子属性

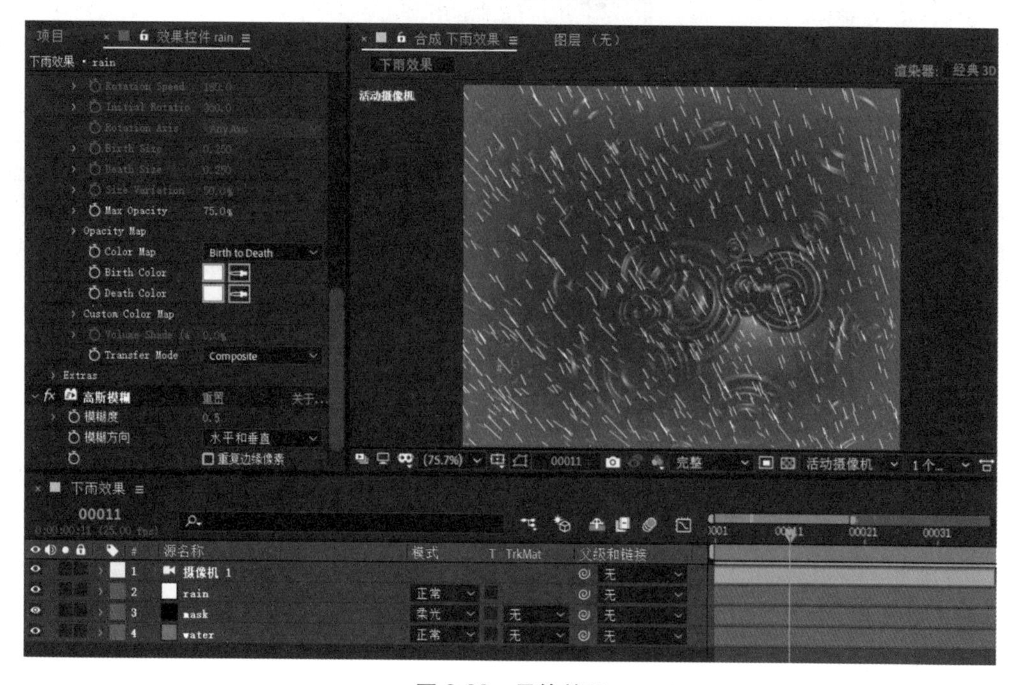

图 6-22　最终效果

任务四　制作飞机爆炸效果

【任务实施】

本案例中动画过程为：飞机由静止开始爆炸，然后在爆炸过程中停止一段时间，接着旋转，最后碎片下落。本案例中将练习“碎片特效”、Shine（光芒）外挂特效的应用。

1. 导入“飞机”素材

导入素材中的图片“飞机 .jpg”，将图片拖到【项目】面板下方的【新建合成】按钮上，创建一个和图片一样大小的合成层。按 Ctrl+K 组合键设置合成持续时间为 270 帧。

2. 制作飞机爆炸效果

(1) 在【项目】面板中，将合成层“飞机”拖到【新建合成】按钮上，创建一个合成层，重命名为“飞机爆炸”，如图 6-23 所示。

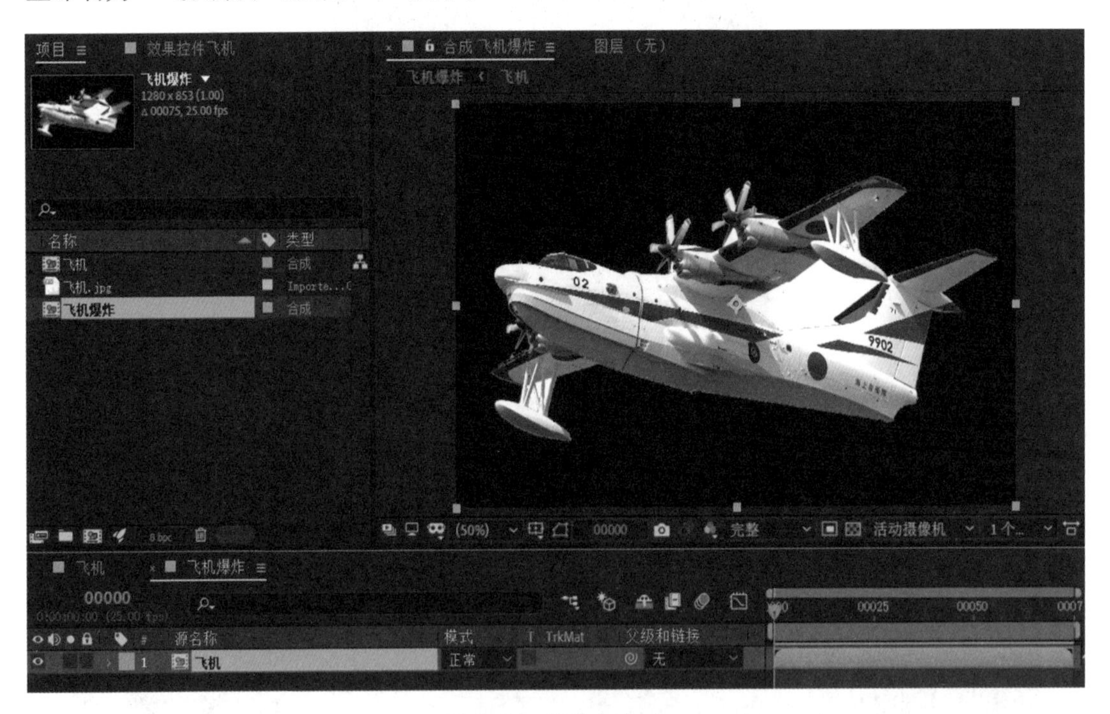

图 6-23　创建合成层

(2) 在合成层“飞机爆炸”中的图层“飞机”上右击，从弹出的快捷菜单中选择【效果】→【模拟】→【碎片】命令，设置参数如图 6-24 所示。

注意：

【作用力 1】和【作用力 2】的位置不同。【作用力 1】(焦点) 为正值，表示它是主爆炸点，爆炸是从内往外炸开；【作用力 2】为负值，表示它是受【作用力 1】影响挤压后炸开，爆炸是从外往里炸开。

（3）制作飞机开始静止然后爆炸的效果。展开【飞机】→【效果】→【碎片】→【作用力 1】→【深度】,将播放头放到第 20 帧处,单击【深度】前面的“小钟”图标,设置其值为 10；将播放头放到第 25 帧处,设置其值为 0.1。用同样的方法,设置【作用力 2】的【深度】动画,如图 6-25 所示。

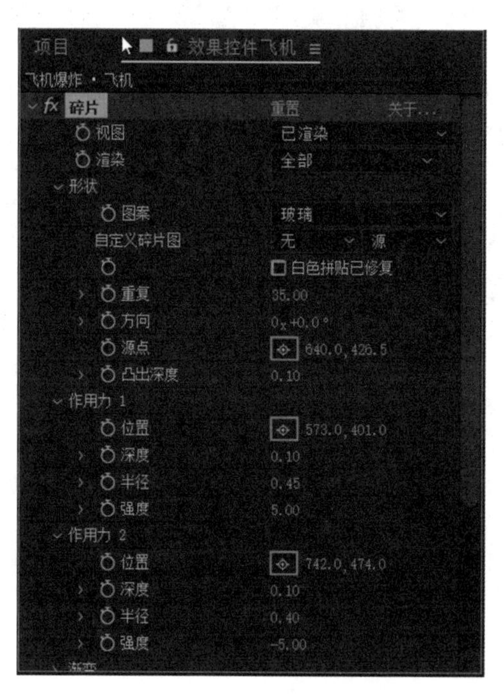

图 6-24　添加 Shatter 特效

制作飞机爆炸效果 .mp4

图 6-25　制作动画

（4）制作飞机爆炸中“时间凝固”的效果。将播放头放到第 50 帧处,单击【飞机】→【效果】→【碎片】→【物理学】→【黏度】前面的“小钟”图标,将播放头放到第 51 帧处,设置【粘度】值为 1,【重力】设为 0,如图 6-26 所示。

注意：

【粘度】选项控制碎片的黏度,取值范围为 0 ~ 1,较高的值可使碎片聚集在一起。为了便于观看,此时将【重力】设为 0。

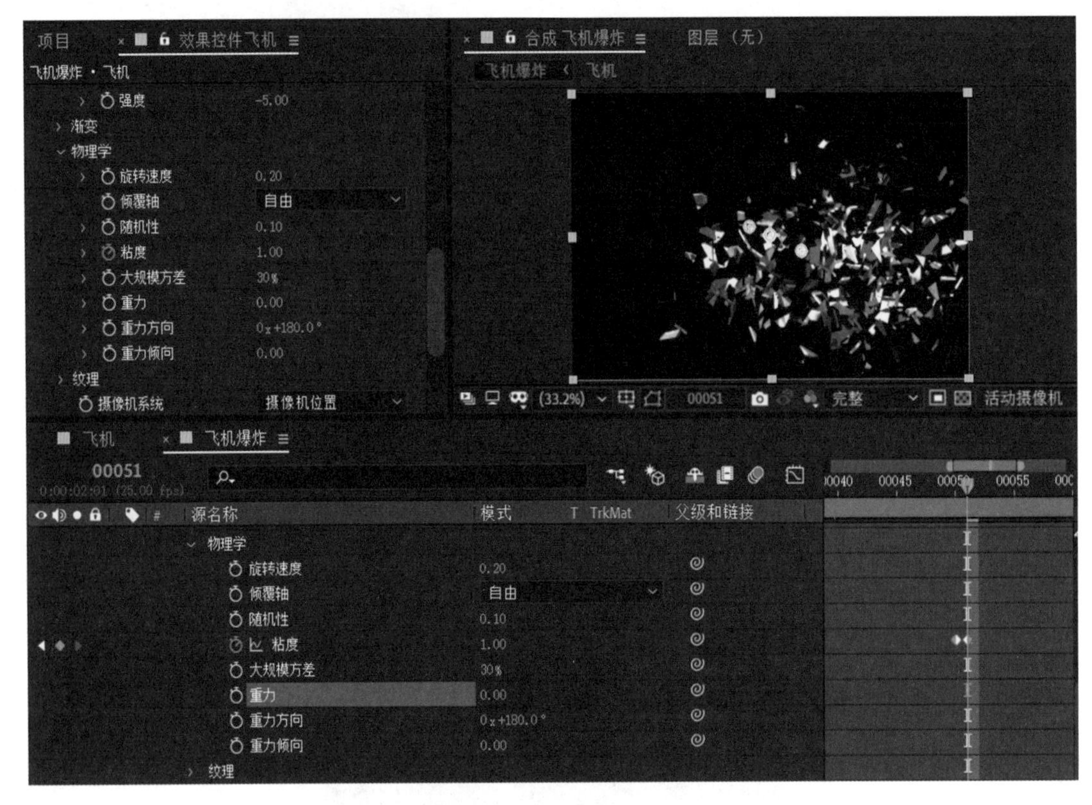

图 6-26 “时间凝固”效果

（5）制作飞机爆炸过程中静止后旋转一周的效果。展开【飞机】→【效果】→【碎片】→【摄像机位置】→【Y 轴旋转】，将播放头放到第 60 帧处，单击【Y 轴旋转】前面的“小钟”图标；将播放头放到第 110 帧处，设置【Y 轴旋转】值为 1X+0.0，如图 6-27 所示。

图 6-27 制作旋转动画

（6）添加灯光。在图层窗口的空白区域右击，从弹出的快捷菜单中选择【新建】→【灯光】命令，设置如图 6-28 所示。

（7）在【效果控件：飞机】面板中展开【灯光】→【灯光类型】，设置其值为“首选合成灯光”，如图 6-29 所示。

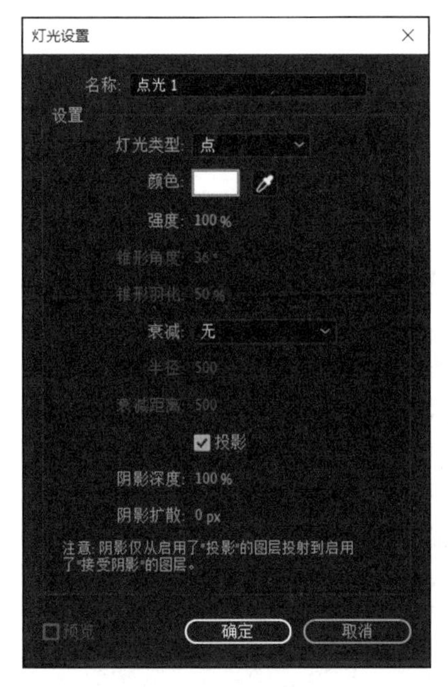

图 6-28　创建灯光

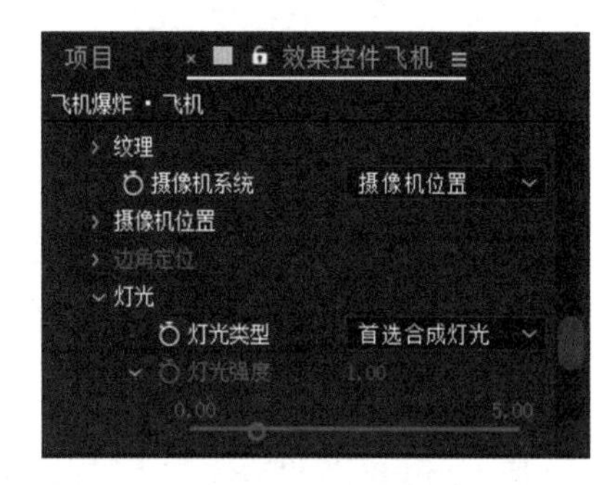

图 6-29　设置照明类型

（8）制作爆炸碎片旋转后下落效果。展开【飞机】→【效果】→【碎片】→【物理学】→【重力】，将播放头放到第 115 帧处，单击【重力】前面的“小钟”图标；将播放头放到第 116 帧处，设置【重力】值为 20，如图 6-30 所示。

图 6-30　创建重力动画

3. 制作“爆炸火焰”效果

（1）在【项目】面板中，将合成层“飞机爆炸”拖到【新建合成】按钮上，创建一个合成层，重命名为“爆炸火焰”。选择“飞机爆炸”图层，在第 20 帧处，按 Shift+Ctrl+D 组合键，将其分割成两层。将分割出来的图层重命名为“火焰”，如图 6-31 所示。

图 6-31　分割图层

注意：

因为第 20 帧以前飞机没有爆炸，也不存在爆炸火焰，因此要将它分割成两部分。

（2）制作碎片爆炸时的发光效果。在“火焰”图层上右击，从弹出的快捷菜单中选择【效果】→ RG Trapcode → Shine 命令，设置如图 6-32 所示。

图 6-32　添加 Shine 特效

（3）制作爆炸火焰由小变大的效果。按 Ctrl+D 组合键，复制“火焰”图层，选择“火焰 2”图层，展开【火焰 2】→【效果】→ Shine → Ray Length，将播放头放在第 20 帧处，单击 Ray Length 前面的“小钟”图标，设置其值为 0；将播放头放到第 21 帧处，设置其值为 1.0，将播放头放到第 26 帧处，设置其值为 5.0，如图 6-33 所示。

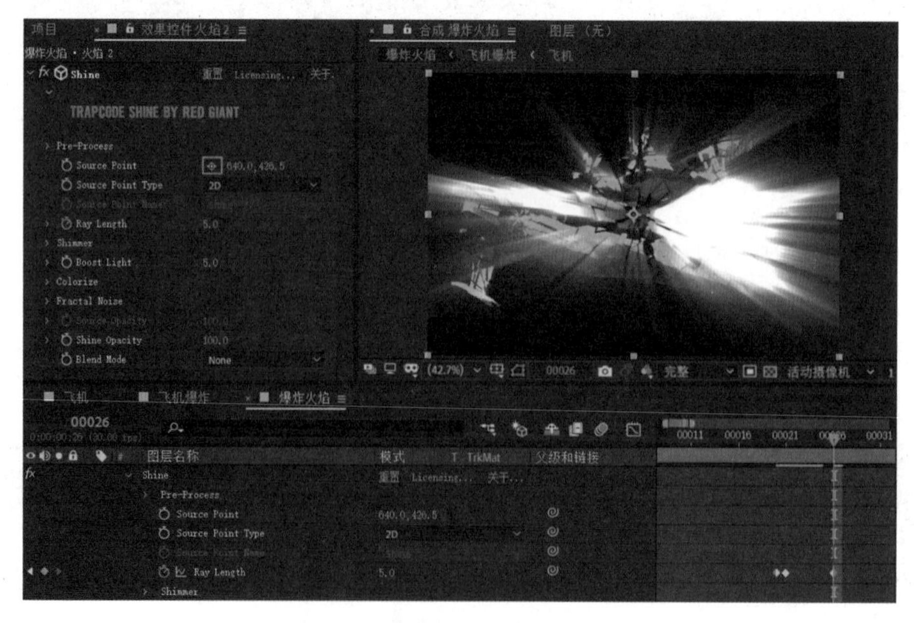

图 6-33　设置火焰由小变大的效果

(4) 为了突出爆炸火焰效果,选中图层“火焰 2”,按 Ctrl+D 组合键,复制出“火焰 3”图层。调整图层顺序,使爆炸碎片突出显示,如图 6-34 所示。

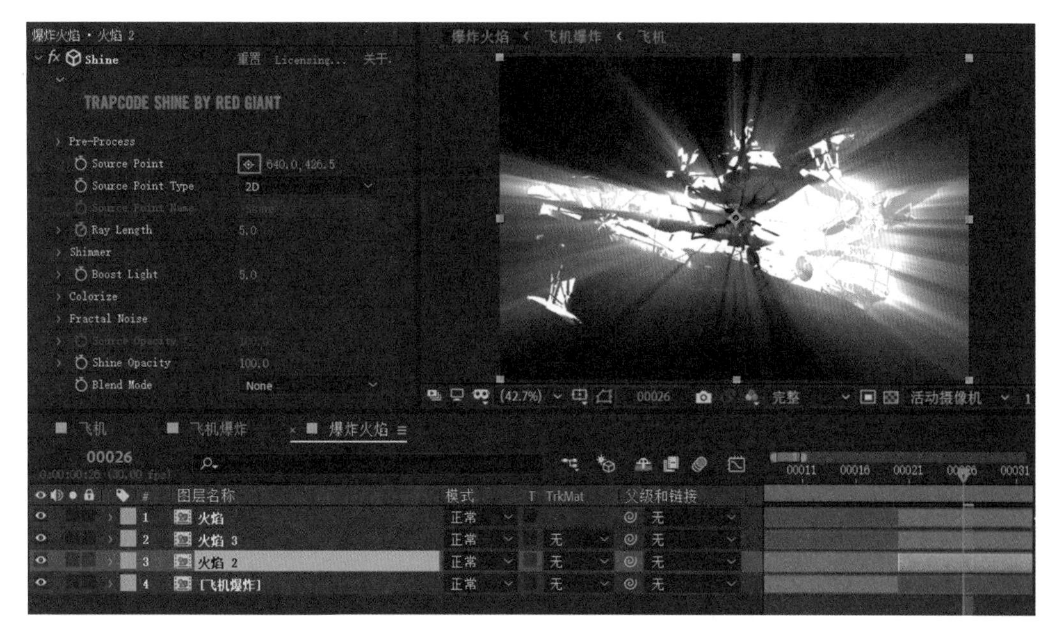

图 6-34　调整图层顺序

(5) 为了突出碎片的金属感,选择最上面的“火焰”图层并在上面右击,从弹出的快捷菜单中选择【效果】→【颜色校正】→【曲线】命令,参数设置如图 6-35 所示。

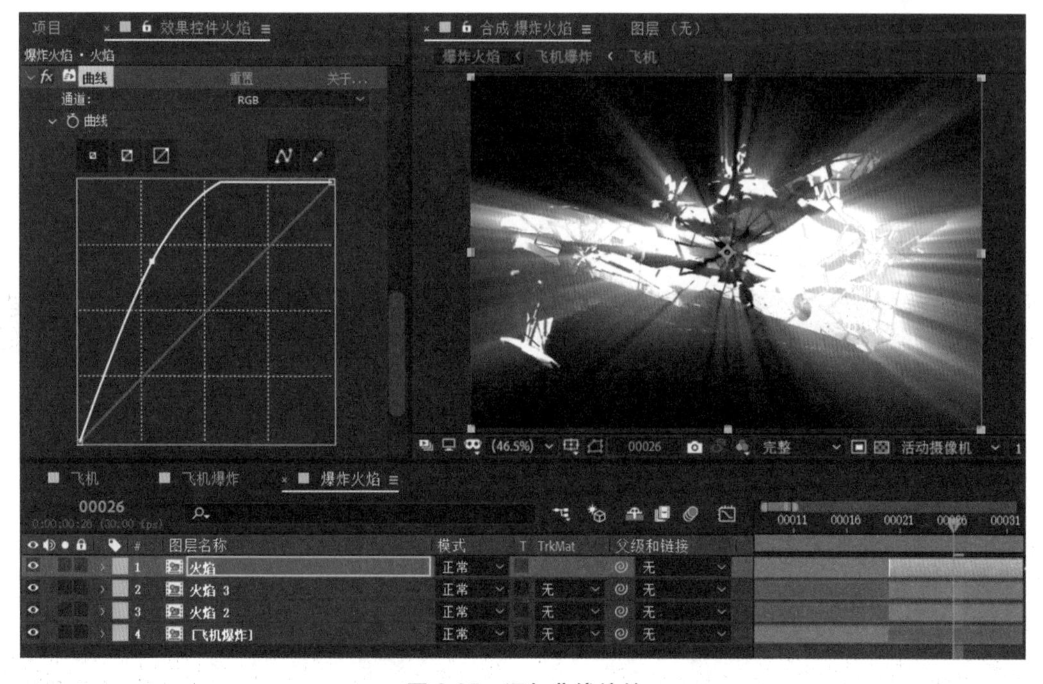

图 6-35　添加曲线特效

(6) 保存文件并渲染输出。

【技术视角】

（1）AE 的合成：合成指将多种素材混合成单一复合画面。

（2）AE 的图层：类似于 Photoshop，AE 是利用图层合成最终视频的。

（3）图层混合模式：类似于 Photoshop，上层与下层混合叠加。可变亮混合，也可变暗混合。

（4）AE 的轨道蒙版：涉及图层为两层，不与其他图层相关。上层为蒙版信息，控制下层显示。

（5）分层渲染：合成素材在前期渲染时，为了后期调节的方便，分别渲染输出，如背景单渲、喷泉层单渲等。

【项目总结】

本项目学习的是特效节点，主要是仿真爆炸效果与制作气功波特效的技法。

（1）模拟滤镜 ：这是 AE 中专做模拟仿真效果的特效组，可以模仿水波、爆炸效果以及下雨下雪的天气效果，甚至还可以做毛发效果；

（2）波形环境：水波纹效果；

（3）焦散效果：焦散参数的设置；

（4）碎片特效的使用方法与参数的设置技巧。

【项目拓展】

1. 制作小片段

一个物体先被打个小洞，碎片四溅，然后整个物体碎成多块在重力的作用下缓缓下落。

2. 制作气功波效果

参照素材中的“气功波 .mp4”，利用素材中的“后期拍摄 _ 仿真特效用 .mp4”，制作气功波效果，如图 6-36 和图 6-37 所示。

图 6-36　拍摄素材

图 6-37　气功波效果

项目七　制作粒子特效

【项目描述】

粒子特效是为模拟现实中的水、火、雾、气等效果由各种三维软件开发的制作模块，原理是将无数的单个粒子组合，使其呈现出固定形态，借由控制器、脚本来控制其整体或单个的运动，模拟出现真实的效果。它的应用非常广泛，本项目将利用 AE CC 外挂插件 Trapcode Particular（特殊粒子）制作文字光带效果，如图 7-1 所示；使用 AE CC 插件 CC Particle World、CC Vector Blur 等制作绽放的花朵，如图 7-2 所示。

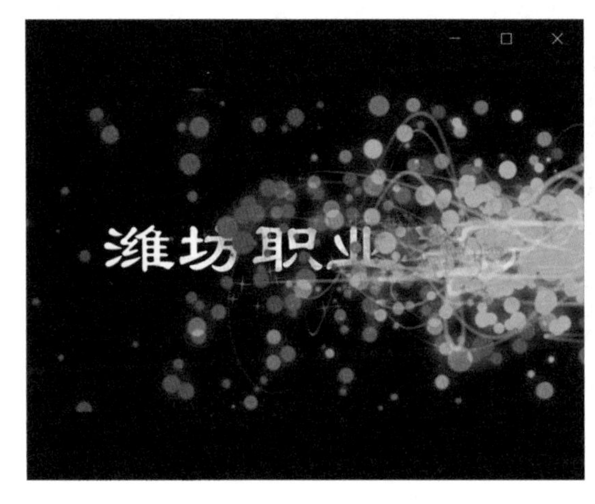

图 7-1　文字光带效果

图 7-2　绽放的花朵效果

【项目目标】

技能目标：

（1）能正确安装并注册 Trapcode Particular 插件。

（2）能合理设置 Particular 特效的属性值。

（3）能利用 Particular 制作各种各样的特效。

知识目标：

正确理解 Particular 特效常用属性（如 Emitter 组、Particle 组、Physics 组、Aux System 组、Visibility 组）的含义。

素质目标：

培养学生耐心学习、细心认真的学习态度。

任务一　制作文字光带效果

【任务实施】

在素材中找到 AE 外挂插件 Trapcode Particular 并安装，注册码为 9260-8846-3456-4404-××××。本案例将利用 Particular（特殊）粒子插件来制作文字光带效果。

1. 创建合成层

新建项目，按【新建合成】按钮创建合成，设置如图 7-3 所示。

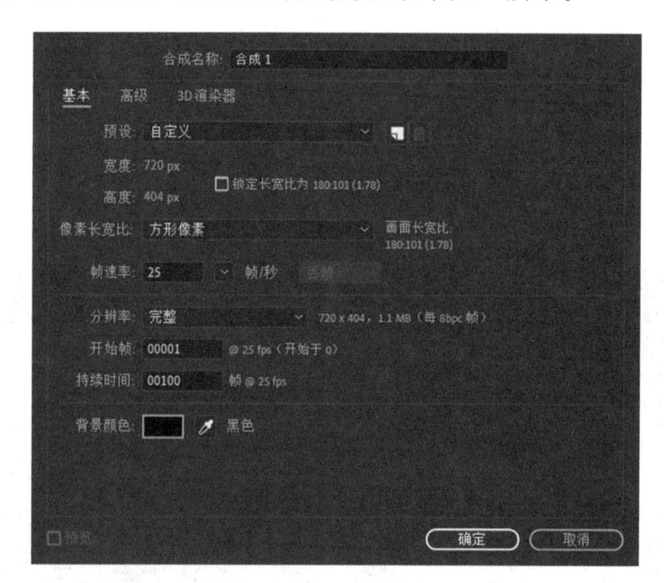

图 7-3　创建合成层

制作文字光带效果 .mp4

2. 创建文字层

(1) 修改工作区。在 AE 窗口工具栏右侧单击»按钮，选择文本，如图 7-4 所示。

图 7-4　修改工作区

（2）输入文本。选择工具箱中的【文本工具】，在场景中输入文本“潍坊职业学院”，设置其样式、大小和颜色，如图 7-5 所示。

图 7-5　输入文本

3. 添加文字动画特效

（1）选中文字图层，在上面右击，从弹出的快捷菜单中选择【效果】→【过渡】→【线性擦除】（在层指定方向上显示擦拭效果，显示底层画面）命令。

（2）调整参数添加关键帧。在【图层】面板中展开文本图层【潍坊职业学院】→【效果】→【线性擦除】→【过渡完成】，将播放头放到第 1 帧处，单击【过渡完成】前面的“小钟”图标，将其值设置为 100%；将播放到放到第 50 帧处，设置其值为 0。设置“擦除角度”为 - 133.0°，“羽化”为“22.0 像素”，如图 7-6 所示。

图 7-6　创建擦拭效果

4. 创建 Wipe 层动画

（1）创建纯色层并添加特效。在图层窗口的空白区域右击，从弹出的快捷菜单中选择【新建】→【纯色】命令，设置如图 7-7 所示。

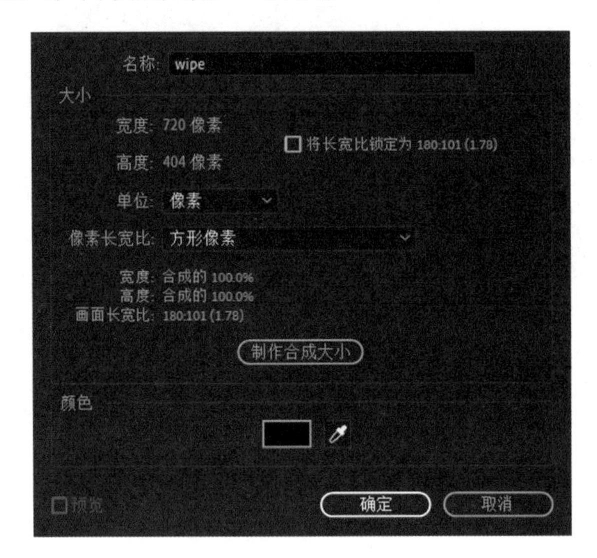

图 7-7　纯色设置

在图层 wipe 上右击，从弹出的快捷菜单中选择【效果】→ RG Trapcode → Particular 命令。

（2）调整特效。

调整 Emitter 选项。Emitter 选项下设置如下。

- Particles/sec（每秒粒子数量）为 500。
- Emitter Type（发射器类型）为 Sphere（球形）。
- Velocity（运动速率）为 230.0。
- Velocity Random（运动速率随机）为 95.0。
- Velocity Distribution（运动速率分布）为 1.0。
- Velocity from motion（运动模糊）为 15.0。
- Emitter Size（发射器尺寸）类型为 XYZ individual，*X*、*Y*、*Z* 分别为 50、98、50。
- Random Seed（随机值）归零，如图 7-8 所示。

在【图层】面板中展开 wipe →【效果】→ Particular → Emitter（master）→ Position（位置）并做关键帧动画（第 1 帧处粒子在文字左侧，第 50 帧处粒子在文字右侧），随着文字层的文字从左到右做位移动画，如图 7-9 所示。

调整 Particle 选项。Particle 选项下设置如下。

- Life（生命）为 1 秒。
- Life Random（生命随机值）为 50。
- Particle Type（粒子类型）为 Glow Sphere（No DOF）（球形光晕）。
- Sphere Feather（球形羽化）为 0。

图 7-8　调整 Emitter 选项

图 7-9　创建关键帧动画

- Size（粒子尺寸）大小为 8。
- Size Random（粒子尺寸大小随机值）为 79.0。
- Set Color（颜色设置）为 Over Life（结束生命）。

- Color Over Life（粒子生命周期各种颜色）选择颜色模式并修改颜色，深蓝色 RGB 为“0,2,253”，浅蓝色 RGB 为“0,250,253”。

Blend Mode（图层混合模式）为 Add 方式，如图 7-10 所示。

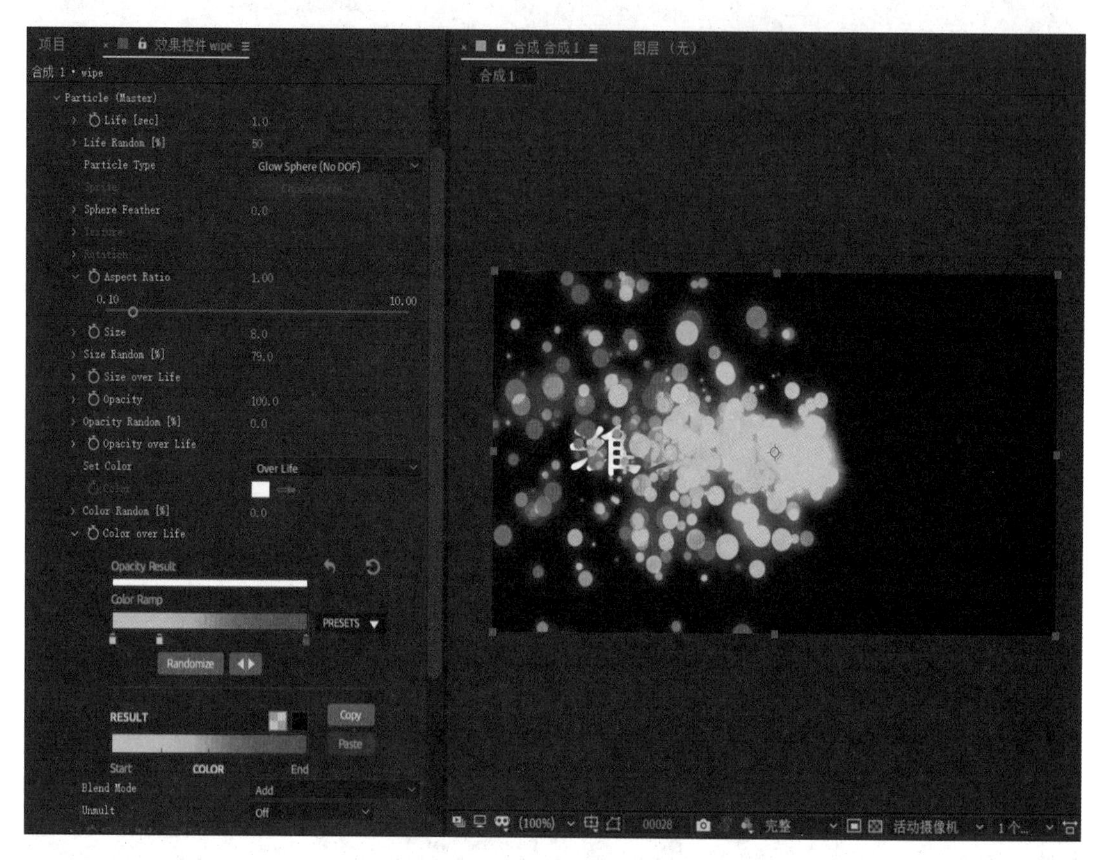

图 7-10　调整 Particle 选项

5. 创建 Organic Lines Motion 层动画

（1）创建纯色层。在【图层】面板的空白区域右击，从弹出的快捷菜单中选择【新建】→【纯色】命令，名称为 Organic Lines Motion，颜色为黑色。

（2）添加特效。在图层 Organic Lines Motion 上右击，从弹出的快捷菜单中选择【效果】→ RG Trapcode → Particular 命令。在【效果控件】面板中单击 Designer 按钮，在弹出的 Trapcode Particular Designer 对话框中，将光标移动到左上角的▶按钮上，展开 Light & Magic，找到 Organic Lines 并单击选中，单击对话框右下角的 Apply 按钮，如图 7-11 所示。

（3）接下来调整参数。先在 Emitter（发射器）选项中设置 Random Seed（随机值）为 1。再在 Particle（粒子）中设置 Life 为 2.3 秒；Set Color（颜色设置）为 Over Life（结束生命）；Color Over Life（粒子生命周期各种颜色）应选择颜色模式并修改颜色，让粒子出生时为白色（RGB：255,255,255），中期为青色（RGB：5,249,245），消亡时为橘黄色（RGB：240,140,4），如图 7-12 所示。

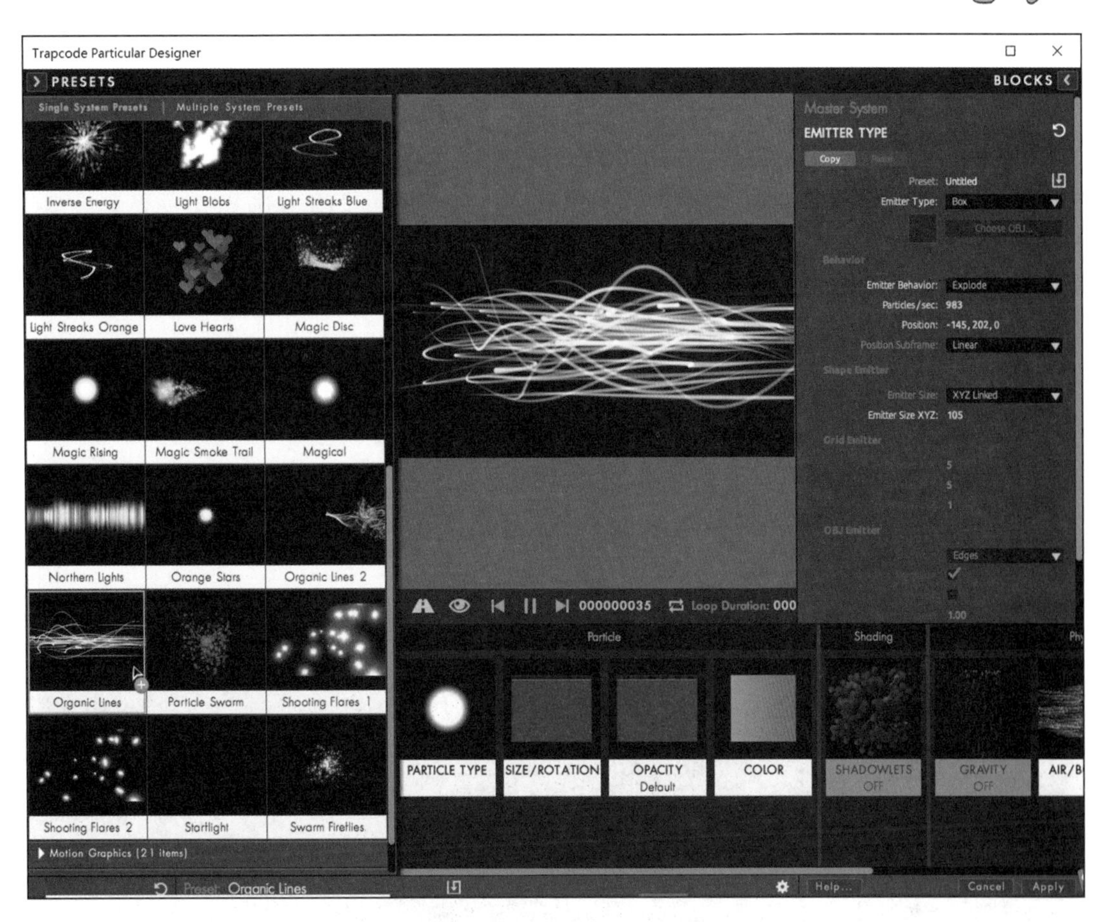

图 7-11　设置 Animation Presets

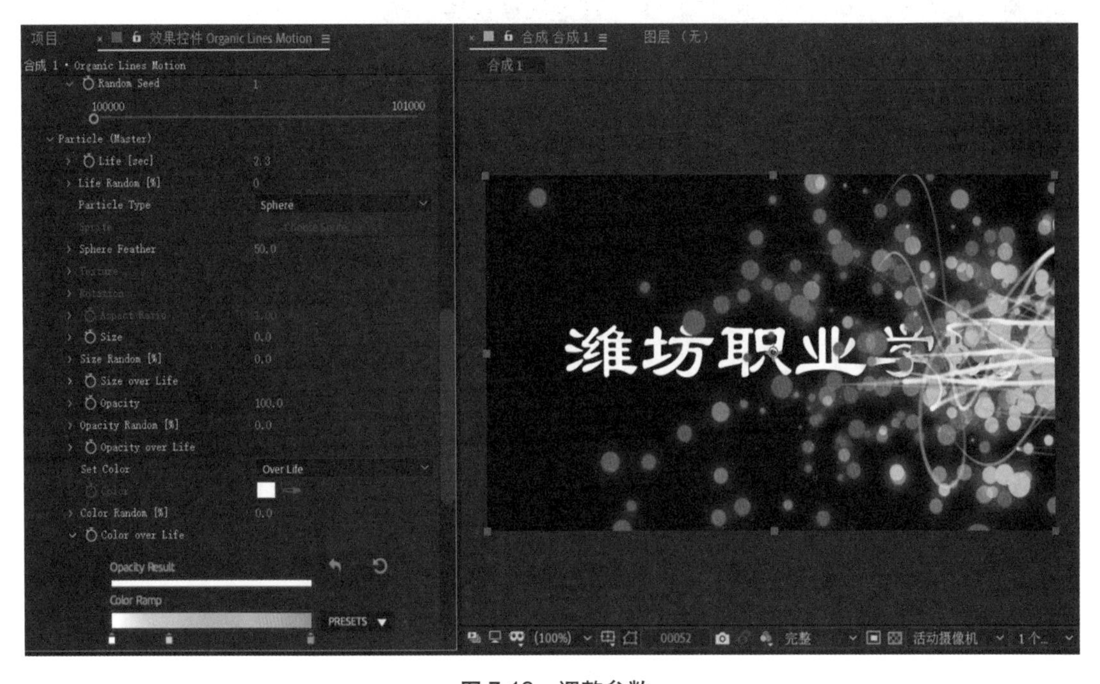

图 7-12　调整参数

6. 创建 Starts（开始）动画

（1）创建纯色层。在图层窗口的空白区域右击，从弹出的快捷菜单中选择【新建】→【纯色】命令，名称为 Starts，颜色为黑色。

（2）调整特效。在图层 Starts 上右击，从弹出的快捷菜单中选择【效果】→ RG Trapcode → Particular 命令。调整 Particle（粒子）的选项如下。

- Life 为 2.0 秒。
- Particle Type 为 Star（No DOF）。
- Rotation（旋转）中的 Random Speed Rotate（随机旋转速率）为 0.1。
- Opacity Random（不透明随机）为 80.0。
- Color（颜色）为橙色 RGB（255,160,0）。
- Color Random（颜色随机）为 20，让颜色随机产生变化。

调整结果如图 7-13 所示。

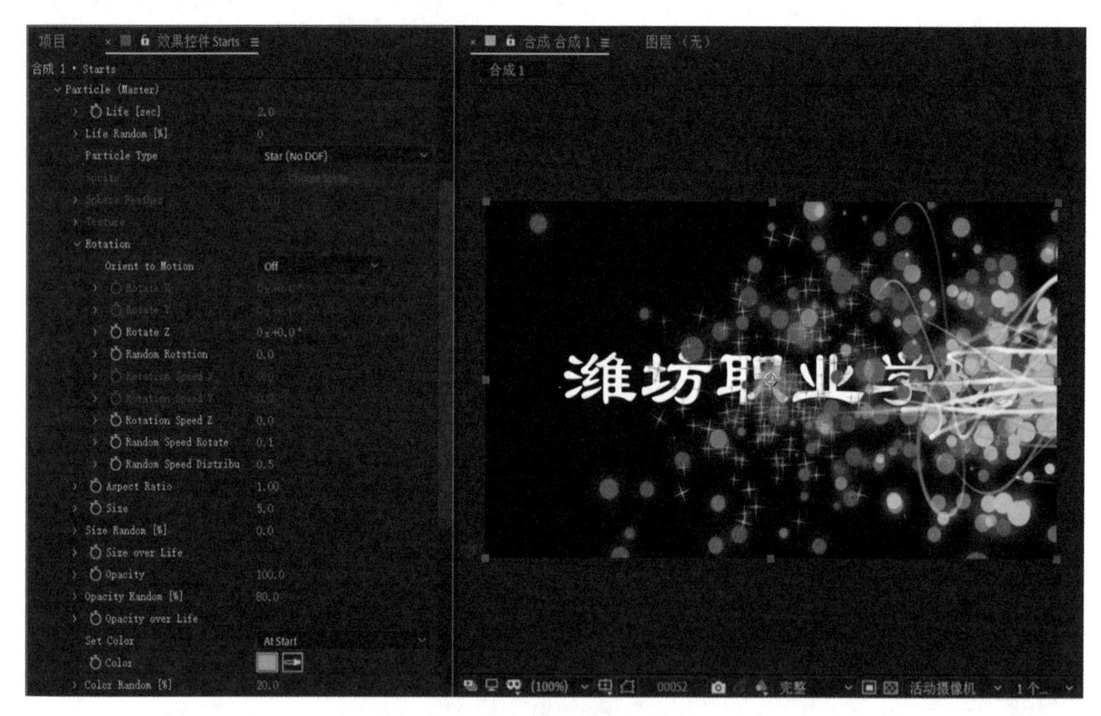

图 7-13　调整 Particle（粒子）选项

设置关键帧。在【图层】面板展开 Starts →【效果】→ Particular → Emitter → Particles/sec（每秒粒子数量），为 Particles/sec 设置关键帧，分别在第 20 帧、第 25 帧、第 60 帧处设置数值为 0、100、0。为 Position（位置）设置关键帧，分别在第 2 帧、第 75 帧处设置从左到右的位移动画，如图 7-14 所示。

7. 整体调整并输出

（1）调整画面主次关系。将画面中图层 Starts 和 Organic Lines Motion 的【不透明度】分别设置为 80% 或 70%，如图 7-15 所示。

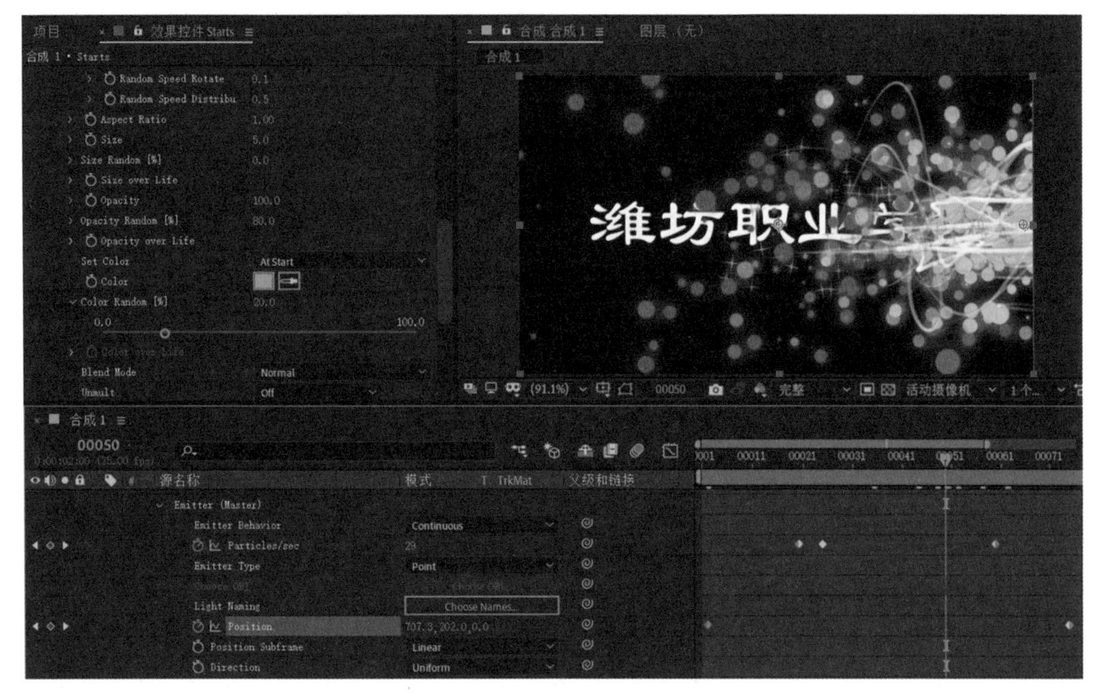

图 7-14　设置关键帧

图 7-15　调整画面主次关系

（2）添加运动模糊。将图层 Starts 和 Organic Lines Motion 的【运动模糊】开关打开。将【时间轴】面板上打开“为设置了‘运动模糊’开关的所有图层启用运动模糊”开关，如图 7-16 所示。

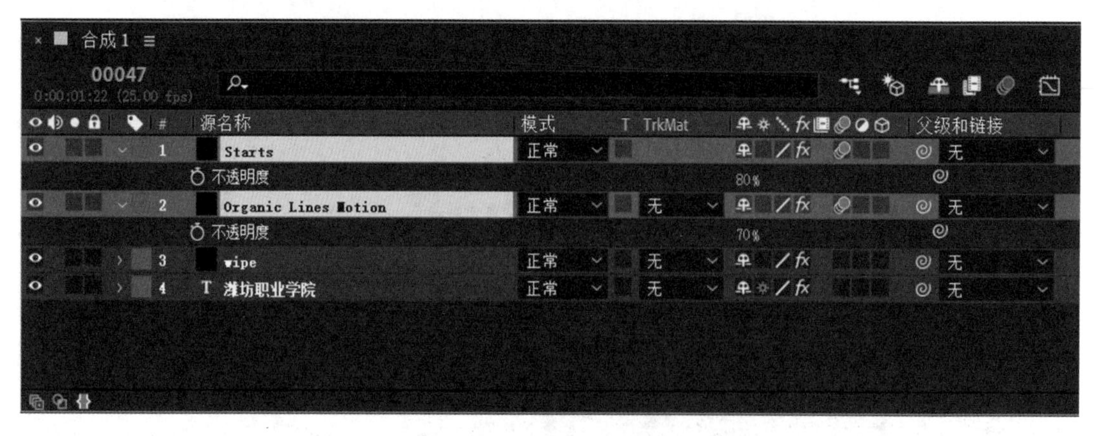

图 7-16　添加运动模糊

（3）保存文件并渲染输出。

【技术视角】

Trapcode的Particular是一名欧洲人编写的插件，应用非常广泛。云、雾、烟、火、烟花、雪、雨、粒子替换、水、生长动画，甚至爆炸等都可以利用 Particular 来做。相关选项说明如下。

1. Emitter（粒子发生器）面板

用于产生粒子，并设定粒子的大小、形状、类型、初始速度与方向等属性。

（1）Particles/sec：控制每秒钟产生的粒子数量，该选项可以通过设定关键帧来实现在不同的时间内产生的粒子数量。

（2）Emitter Type：设定粒子的类型。粒子类型主要有 point、box、sphere、grid、light、layer、layer grid 7 种类型。

（3）Position XY & Position Z：设定产生粒子的三维空间坐标。（可以设定关键帧）

（4）Direction：用于控制粒子的运动方向。

（5）Direction Spread：控制粒子束的发散程度，适用于当粒子束的方向设定为 Directional、Bi-directional、Disc 和 Outwards 四种类型。对于粒子束方向设定为 Uniform 和以灯光作为粒子发生器等情况时不起作用。

（6）X,Y and Z Rotation：用于控制粒子发生器的方向。

（7）Velocity：用于设定新产生粒子的初始速度。

（8）Velocity Random：默认情况下，新产生的粒子的初速度是相等的，可以通过该选项为新产生的粒子设定随机的初始速度。

（9）Velocity from Motion：让粒子继承粒子发生器的速度。此参数只有在粒子发生器是运动的情况下才会起作用。该参数设定为负值时能产生粒子从粒子发生器时喷射出来一样的效果。设定为正值时，会出现粒子发生器好像被粒子带着运动一样的效果。当该参数值为 0 时，没有任何效果。

（10）Emitter Size X,Y and Z：当粒子发生器选择 Box、Sphere、Grid and Light 时，设定粒子发生器的大小。对于 Layer and Layer Grid 粒子发生器，只能设定 Z 参数。

2. Particle（粒子）面板

在 particle 参数组可以设定粒子的所有外在属性，如大小、透明度、颜色，以及在整个生命周期内这些属性的变化。

（1）Life [sec]：控制粒子的生命周期，它的值是以秒为单位的，该参数可以设定关键帧。

（2）Life Random [%]：为粒子的生命周期赋予一个随机值，这样就不会出现“同生共死”的情况。

（3）Particle Type：在该粒子系统中共有八种粒子类型：球形（sphere）、发光球形（glow sphere）、星形（star）、云团（cloudlet）、烟雾（smokelet）、自定义形（custom、custom colorize、custom fill）等。自定义类型（custom）是指用特定的层（可以是任何层）作为粒子，custom colorize 类型在 custom 类型的基础上又增加了可以为粒子（层）根据其亮度信息来着色的能力，custom fill 类型在 custom 类型的基础上又增加了为粒子（层）根据其 Alpha 通道来着色的能力。

对于 custom 类型的粒子，如果用户选择一个动态的层作为粒子时，还有一个重要的概念：时间采样方式（time sampling mode）。系统主要提供了以下几种方式。

① Start at Birth-Play Once：从头开始播放 custom 层粒子一次。粒子可能在 custom 层结束之前死亡（die），也可能是 custom 层在粒子死亡之前就结束了。

② Start at Birth-Loop：循环播放 custom 层粒子。

③ Start at Birth-Stretch：从头开始或者是对 custom 层进行时间延伸的方式播放 custom 层粒子，以匹配粒子的生命周期。

④ Random-Still Frame：随机抓取 custom 层中的一帧作为粒子，贯穿粒子的整个生命周期。

⑤ Random-Play Once：随机抓取 custom 层中的一帧作为播放起始点，然后按照正常的速度播放 custom 层。

⑥ Random-Loop：随机抓取 custom 层中的一帧作为播放起始点，然后循环播放 custom 层。

⑦ Split Clip-Play Once：随机抽取 custom 层中的一个片断（clip）作为粒子，并且只播放一次。

⑧ Split Clip-Loop：随机抽取 custom 层中的一个片断作为粒子，并进行循环播放。

⑨ Split Clip-Stretch：随机抽取 custom 层中的一个片断，并进行时间延伸，以匹配粒子的生命周期。

（4）Sphere/Cloudlet/Smokelet Feather：控制球形、云团和烟雾状粒子的柔和（softness）程度，其值越大，所产生的粒子越真实。

（5）Custom：该参数组只有在粒子类型为 custom 时才起作用。

（6）Rotation：用来控制粒子的旋转属性，只对 Star、Cloudlet、Smokelet 和 Custom 类型的粒子起作用。可以对该属性进行设定关键帧。

（7）Rotation Speed：用来控制粒子的旋转速度。

（8）Size：用来控制粒子的大小。

（9）Size Random [%]：用来控制粒子大小的随机值，当该参数值不为 0 时，粒子发生器将会产生大小不等的粒子。

（10）Size over Life：用来控制粒子在整个生命周期内的大小。

（11）Opacity：用来控制粒子的透明属性。

（12）Opacity Random [%]：用来控制粒子透明的随机值，当该参数值不为 0 时，粒子发生器将产生透明程度不等的粒子。

（13）Opacity over Life：控制粒子在整个生命周期内透明属性的变化方式。

（14）Set Color：选择不同的方式来设置粒子的颜色。

① At Birth 在粒子产生时设定其颜色并在整个生命周期内保持不变。颜色值通过 Color 参数来设定。

② Over Life 在整个生命周期内粒子的颜色可以发生变化，其具体的变化方式通过 Color over Life 参数来设定。

③ Random from Gradient 为粒子的颜色变化选择一种随机的方式，具体通过 Color over Life 参数来设定。

（15）Color：当 Set Color 参数值设定为 At Birth 时，该参数用来设定粒子的颜色。

（16）Color Random [%]：用来设定粒子颜色的随机变化范围。当该参数值不为 0 时，粒子的颜色将在所设定的范围内变化。

（17）Color over Life：该参数决定了粒子在整个生命周期内颜色的变化方式。

Trapcode Particular 采用渐变条编辑的方式来达到控制颜色变化的目的。

其中，Opacity 区域反映出了不透明的属性，粒子系统以此作为 Alpha 通道来控制粒子的透明属性。Result 区域就是用户编辑好的颜色渐变条，粒子系统用它来控制粒子在整个生命周期中颜色的变化。

颜色渐变条由某一系统的颜色块组成，在不同的颜色块之间通过内插值的方式进行渐变。用户可以通过增加、移动、删除、改变颜色块的颜色或者选择系统提供的预设等方式来编辑颜色渐变条。

编辑渐变条的命令如下。

- Random：随机产生渐变条。
- Flip：水平翻转渐变条。
- Copy：复制渐变条到剪切板中。
- Paste：粘贴剪切板中的渐变条。

（18）Transfer Mode：该参数用来控制粒子的合成（composite）方式。

① Normal：普通的合成方式。

② Add：采用 Add 叠加的方式。这种方式对产生灯光和火焰效果非常有用。

③ Screen：以 Screen 方式进行叠加。这种方式对产生灯光和火焰效果非常有用。

④ Lighten：使颜色变亮。

⑤ Normal/Add over Life：在整个生命周期中能够控制 Normal 和 Add 方式的平滑融合。

⑥ Normal/Screen over Life：在整个生命周期中能够控制 Normal 和 Screen 方式的平滑融合。

⑦ Transfer Mode over Life：用来控制粒子在整个生命周期内的转变方式。这对于当火焰转变为烟雾时非常有用。当粒子为火焰时，转变方式应该是 Add 或 Screen 方式，因为火焰具有加法属性（additives properties），当粒子变为烟雾时，转变方式应该改为 Normal 型，因为烟雾具有遮蔽属性（obscuring properties）。

3. Physics（物理）面板

用来控制粒子产生以后的运动属性，如重力、碰撞、干扰等。

（1）Physics Model：系统提供了两种物理模型，即 air 和 bounce。

（2）Gravity：该参数为粒子赋予一个重力系数，使粒子模拟真实世界下落的效果。

（3）Physics time factor：该参数可以控制粒子在整个生命周期中的运动情况，可以使粒子加速或减速，也可以冻结或返回等，该参数可以设定关键帧。

（4）Air：这种模型用于模拟粒子通过空气的运动属性。在这里用户可以设置空气阻力、空气干扰等内容。

① Air Resistance：该参数用来设置空气阻力，在模拟爆炸或烟花效果时非常有用。

② Spin：该参数用来控制粒子的旋转属性。当参数值不为 0 时，系统将为粒子赋以在该参数范围内的一个随机旋转属性。

③ Wind：该参数用来模拟风场，使粒子朝着风向进行运动。为了达到更加真实的效果，用户可以为该参数设定关键帧，增加旋转属性和增加干扰场来实现。

④ Turbulence Field：在 Trapcode 3D 粒子系统中的干扰是由 4D displacement perlin noise fractal （这并非基于流体动力学）。它以一种特殊的方式为每个粒子赋予一个随机的运动速度，使它们看起来更加真实，这对于创建火焰或烟雾类的特效尤其有用，而且它的渲染速度非常快，相关选项如下。

- Affect Size：该参数使用不规则碎片的图形（fractal）来决定粒子的大小属性，通过设置该参数来影响粒子的位置与大小的属性。该参数对于创建云团效果特别有效。
- Affect Position：该参数使用不规则碎片的图形（fractal）来决定粒子的位置属性。经常用在创建火焰或烟雾效果的场合。
- Time Before Affect：设置粒子受干扰场影响前的时间。
- Scale：设置不规则碎片图形（fractal）的放大倍数。
- Complexity：设置产生不规则碎片图形（fractal）的叠加层次。用于调节 fractal 的细部特征，值越大则细部特征越明显。
- Octave Multiplier：设置干扰场叠加在前一时刻干扰场的影响程度（影响系数）。值越大，干扰场对粒子的影响越大，粒子属性的变化越明显。
- Octave Scale：设置干扰场叠加在前一时刻干扰场的放大倍数。
- Evolution Speed：设置干扰场变化的速度。
- Move with Wind [%]：给干扰场增加一个风的效果。使创建火焰或烟雾效果时产生更加真实的效果。

⑤ Spherical Field：设置一个球形干扰场，这种场可以排斥或吸引粒子。它有别于力场，当场消失时，受它影响而产生的效果马上消失。

- Strength：该参数为正值时，形成一个排斥粒子的场；参数为负值时，则形成一个吸引粒子的场。
- Position XY & Z：设置场的位置属性。
- Radius：设置场的大小。
- Feather：设置场的边缘羽化程度。
- Visualize Field：设置场是否可见。

（5）Bounce：该模型模拟粒子的碰撞属性。

该参数组使粒子在场景中的层上产生碰撞的效果。粒子系统提供了两种层类型，即地面和墙壁。粒子的碰撞区域可以是层的 Alpha 通道，也可以是整个层区域，也可以设置为一个无限大的层。

注意：

场景中的摄像机可以自由移动，但地板与墙面必须是保持静止的，它们不能设置任何关键帧。

① Floor Layer：该选项用来设置一个地板（层），要求是一个 3D 层，而且不能是文字层（text layer）。如果要使用文字层时，用户可以为文字层建立一个合成，并关闭 continous rasterize 选项。

当用户选择了一个地板（层）以后，系统会自动产生一个名为 Floor [layername] 的灯光层。该层在默认情况下是被锁定并不可见的，用户不能对它进行编辑。该层的作用是为了让粒子系统更好地跟踪地板（层）。

② Floor Mode：该参数让用户选择碰撞区域是无穷大的平面，还是整个层大小或层的 Alpha 通道。

③ Wall Layer：该选项用来设置一个墙壁（层），要求是一个 3D 层，并且不能是文字层（text layer）。如果要使用文字层时，用户可以为文字层建立一个合成，并关闭 continous rasterize 选项。

当用户选择了一个墙壁（层）以后，系统会自动产生一个名为 Wall [layername] 的灯光层，该层在默认情况下是被锁定并不可见的，用户不能对它进行编辑。该层的作用是为了让粒子系统更好地跟踪墙壁（层）。

④ Wall Mode：该参数让用户选择碰撞区域是无穷大的平面，还是整个层大小或层的 Alpha 通道。

⑤ Collision Event：该参数用来控制碰撞的方式。系统提供了三种类型的碰撞方式，即弹跳、滑行和消失。

⑥ Bounce：该参数用来控制粒子发生碰撞后弹跳的强度。

⑦ Bounce Random：该参数用来设置粒子弹跳强度的随机程度，使弹跳效果更加真实。

⑧ Slide：该参数用来控制材料的摩擦系统。值越大，粒子在碰撞后滑行的距离越短；值越小，滑行的距离越长。

4. Aux System（辅助系统）面板

粒子可以发射子粒子，或者当粒子与地板（layer）碰撞以后会产生一批新的粒子。通常我们将新产生的粒子称为子粒子，或者辅助粒子。辅助粒子的属性可以通过 Aux System 面板和 options 进行控制。

（1）Emit：用户可以选择子粒子产生的方式是连续发射或碰撞发射。

（2）Particles/sec：每秒钟发射的粒子数。

（3）Life：粒子的寿命。

（4）Type：粒子类型。

（5）Velocity：粒子产生的初始速度。

（6）Size：粒子的大小

（7）Size over Life：控制子粒子在整个生命周期中的大小变化。

（8）Opacity：粒子的透明属性。

（9）opacity over Life：控制子粒子在整个生命周期中的透明属性变化。

（10）Color over Life：控制子粒子在整个生命周期中颜色的变化。

（11）Color From Main：设置子粒子继承父粒子的颜色属性。

5. Visibility 面板

控制粒子在何处可见。

（1）Far Vanish 最远可见距离：当粒子与摄像机的距离超过最远可见距离时，粒子在场景中变得不可见。

（2）Far Start Fade 最远衰减距离：当粒子与摄像机的距离超过最远衰减距离时，粒子开始衰减。

（3）Near Start Fade 最近衰减距离：当粒子与摄像机的距离低于最近衰减距离时，粒子开始衰减。

（4）Near Vanish 最近可见距离：当粒子与摄像机的距离低于最近可见距离时，粒子在场景中变得不可见。

（5）Near & Far Curves：设定粒子衰减的方式，系统提供直线型（Linear）和圆滑型（Smooth）两种类型。

（6）Z Buffer：选择一个基于亮度的 Z 通道。Z 通道带有深度信息，该信息由 3D 软件产生，并导入到 AE 中来，这对于在由 3D 软件生成的场景中插入粒子时非常有用。

（7）Z at Black：以 Z 通道信息中的黑色像素来描述深度（与摄像机之间的距离）。

（8）Z at White：以 Z 通道信息中的白色像素来描述深度（与摄像机之间的距离）。

（9）Obscuration Layer：任何 3D 层（除了文字层）都可以用来使粒子变得朦胧（半透明），如果要使用文字层，可以将文字层放到一个合成中，并且关闭 continuously rasterize 属性。

将遮蔽层（obscuration layer）放到时间层窗口（TLW）的最低部。

用户也可以将层粒子发生器（layer emitter）、墙壁（wall）、地板（layer）作为遮蔽层来使用，确保在时间层窗口中遮蔽层处于粒子发生层的下面。

6. Motion Blur 面板

为了更加真实地模拟粒子运动的效果，系统给粒子赋予运动模糊来解决这一问题。在Trapcode 的 3D 粒子系统中的运动模糊概念与其他应用软件或插件中的概念有些不同，在该粒子系统中，系统在渲染之前直接在粒子队列中插入附加的粒子，而不仅仅融合一些时间偏移帧来得到一个模糊帧，这就意味着不管是哪个方向，运动模糊的效果都是真实的，所以Trapcode 的 3D 粒子系统能够模拟出更加真实的运动模糊效果。

（1）Motion Blur：该参数有三个选项为 on、off 和 use comp settings。当使用 use comp settings 时，Shutter Angle 和 Shutter Phase 的值均使用合成的高级设置，同时保证层的运动模糊开关打开。

（2）Shutter Angle：控制摄像机在拍摄时快门的开放时间。

（3）Shutter Phase：快门开放时及时调整相位。

（4）Type：系统提供了以下两种运动模糊的方式。

- Linear：这种运动模糊是在假定粒子在整个快门处于开放状态下始终沿着直线运动。通常这种运动模糊在渲染的时候较快，但有时候效果不是很真实。
- Subframe Sample：这种运动模糊综合考虑了粒子的位移和旋转因素。

（5）Levels：当使用 Subframe Sample 运动模糊时，设定系统采样的点数。

（6）Opacity Boost：当激活运动模糊后，粒子会变得模糊，增加了透明的效果，而该参数设置刚好是为了抵消这种效果的发生。该参数经常用于火花效果或者灯光粒子发生器发射的粒子当中。

（7）Disregard：有时并不是场景中所有的运动物体都需要加运动模糊。该参数用来设置那些不需要加运动模糊的运动物体。

- Nothing：不需要排除任何运动物体。
- Physics Time Factor（PTF）：排除使用 Physics Time Factor 参数时的情况。比如在爆炸的过程中，使用 Physics Time Factor 冻结时间制作成的特效，而在粒子被冻结的过程中，不希望有运动模糊的效果，此时就可以用该参数来排除这一时段的运动模糊。
- Camera Motion：在摄像机快门速度非常高的状态下，如果摄像机是运动的，那么会造成非常厉害的运动模糊，该选项就是用来排除这种情况的发生。
- Camera Motion & PTF：既不排除 Camera Motion，也不排除 PTF。

7. Options

（1）License：许可协议。

（2）Emission Extras：有以下两个选项。

- Pre-run：提前粒子生成的时间，使场景的第一帧即可见粒子。
- Periodicity Rnd：用来设置粒子发生器的间隔。该参数主要用于方向型粒子发生器。

（3）Random Seed：该参数控制所有的随机参数，通过赋予粒子效果或位置属性一定的随机值，使动画看起来更加真实。

（4）Glow：控制粒子的发光程度，只对球形和星形粒子类型有效。

（5）Grid Emitter：该参数只对 layer grid 粒子发生器起作用，用来控制在每个维度发生粒子的数量。系统提供两种粒子发射的类型，即 Periodic Burst（周期性地同时发射粒子，所以粒子将在同一时刻同时发射）和 Traverse（每一时刻只发射一个粒子）。

（6）Light Emitters：当使用灯光作为粒子发生器时，对灯光的命名是有要求的，用户可以通过该参数来设定灯光命名的规则，同时可以选择每秒产生粒子数的影响参数。

（7）Smokelet Shadow：该参数仅适用于粒子类型是烟雾（Smokelet）的情况下。其中 RGB 用来定义阴影的颜色，Color Strength 用来定义与粒子原始颜色混合的比例，Opacity 用来定义阴影的透明度。Light name 用来定义产生阴影的灯光名称，用来产生阴影的灯光类型可以是点光源（point light），也可以是平行光源（parallel light）。

（8）Aux System：当使用 Aux System 时，这些设置将被激活。Emit Probability 用来定义能够发射子粒子（Aux particles）的父粒子（main particles）数量，Inherit velocity 用来定义有多少子粒子将继承父粒子的速度，Start and Stop Emit 用来定义子粒子产生的时间。

任务二　制作绽放的花朵

【任务实施】

本案例使用 CC Particle World、CC Vector Blur 等插件制作绽放的花朵。

CC Particle World 是 CC 插件里最好的一款例子插件。它的功能也很强大，包括发射、粒子、物理系统等属性，但是它比 Particle 简略得多，参数也简单很多。

CC Vector Blur 是用来添加运动模糊效果的。

1. 创建粒子

（1）新建项目，单击【新建合成】按钮，创建合成，设置如图 7-17 所示。

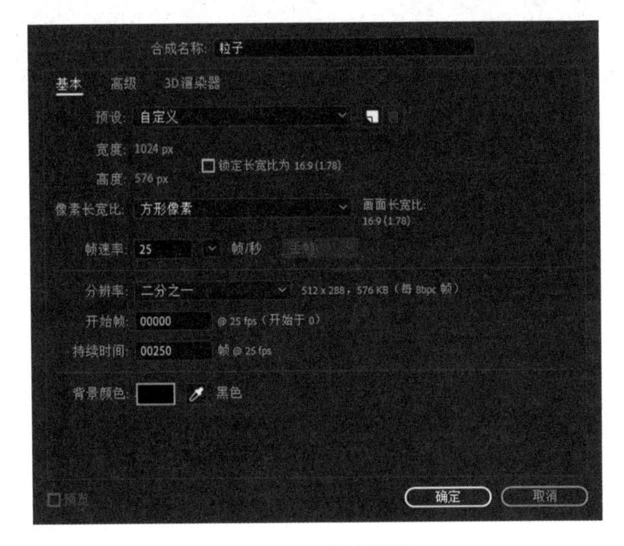

图 7-17　合成设置

制作绽放的花朵.mp4

（2）执行【图层】→【新建】→【纯色】命令，创建一个纯色层，取名为“粒子”。单击【制作合成大小】按钮，使其尺寸与合成大小匹配，单击【确定】按钮。

（3）选择“粒子”图层，在上面右击，从弹出的快捷菜单中选择【效果】→【模拟】→CC Particle World 命令，设置如图 7-18 所示。

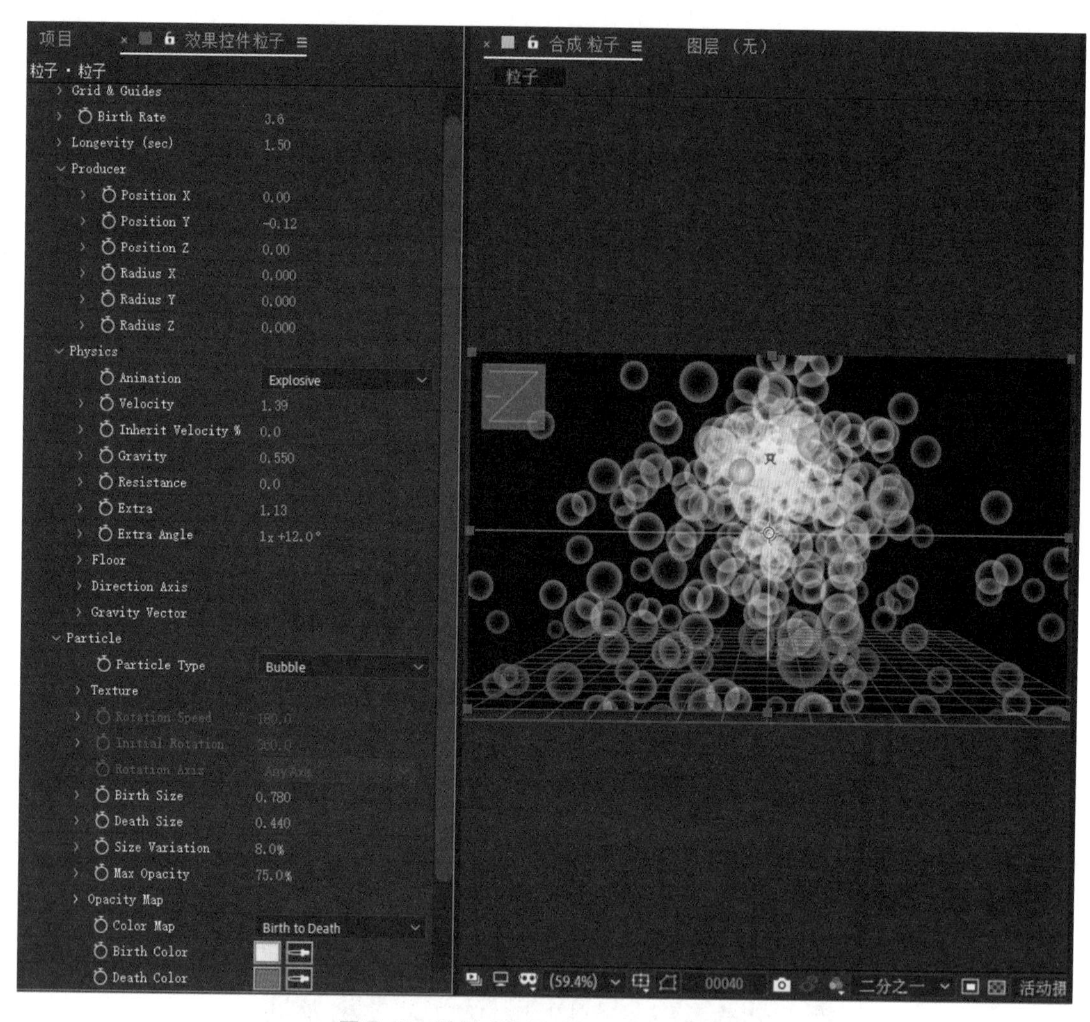

图 7-18　设置 CC Particle World 属性值

（4）在【时间轴】面板上展开图层【粒子】→【效果】→CC Particle World→Producer，将播放头放在第 30 帧处，单击 Position X 前面的“小钟”图标，设置其值为-0.53；将播放到放到第 106 帧处，设置其值为 0.61。展开 Extras→Effect Camera 属性，按住 Alt 键并单击 FOV 属性前面的小钟图标，输入表达式 time*100，如图 7-19 所示。

2. 添加“模糊”效果

选择“粒子”图层，在上面右击，从弹出的快捷菜单中【效果】→【模糊和锐化】→CC Vector Blur 命令，设置 Amount 值为 300.0，设置 Ridge Smoothness 值为 3.00，Property 选择 Alpha 模式，设置 Map Softness 值为 80.0，如图 7-20 所示。

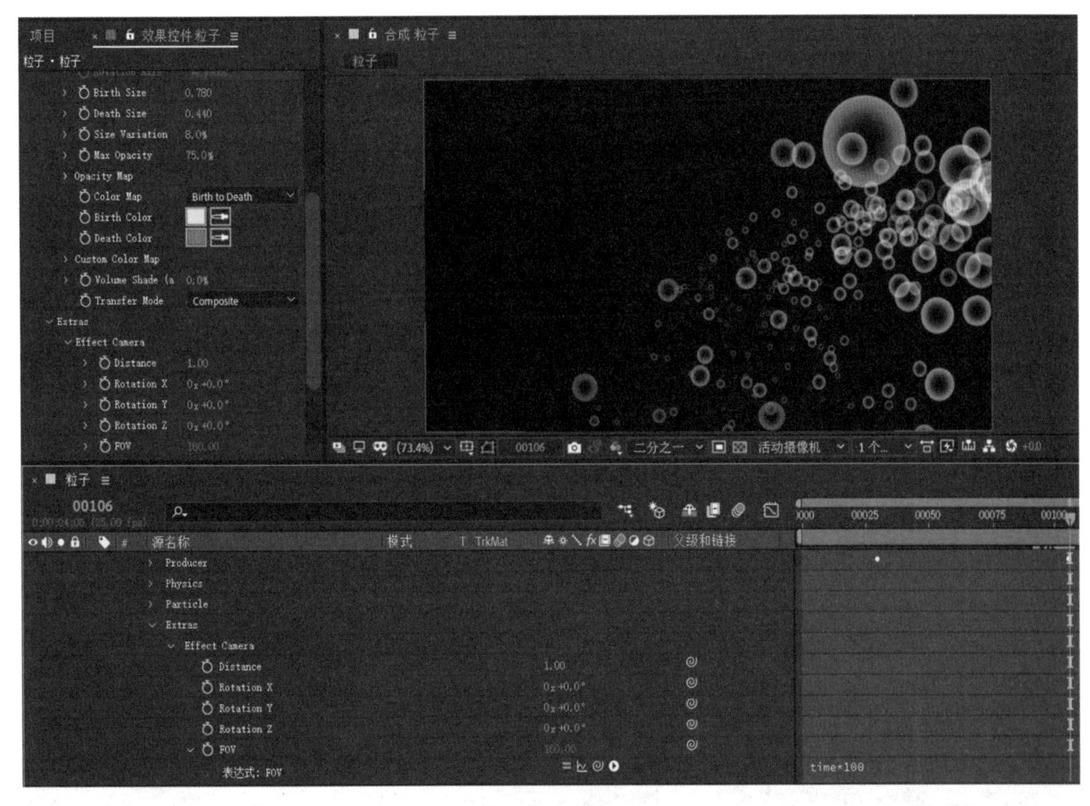

图 7-19　添加关键帧

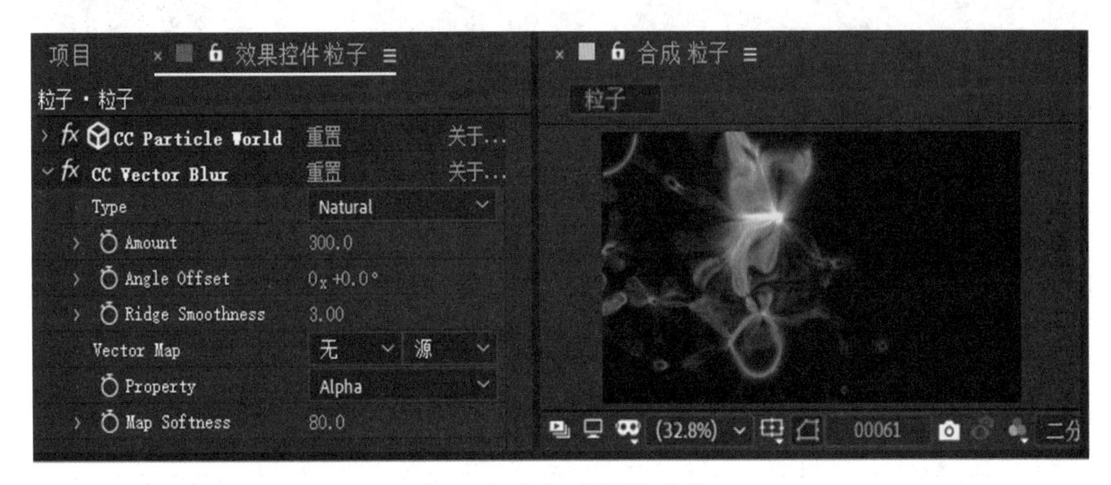

图 7-20　添加“模糊”效果

3. 添加光特效

（1）按 Ctrl+N 组合键，创建一个合成层，设置如图 7-21 所示。

（2）在【项目】面板里，把合成“粒子”拖入合成“粒子 +Glow”中。选择“粒子”图层，在上面右击，从弹出的快捷菜单中选择【效果】→【风格化】→【发光】命令，设置【发光阈值】值为 0，【发光半径】值为 0，如图 7-22 所示。

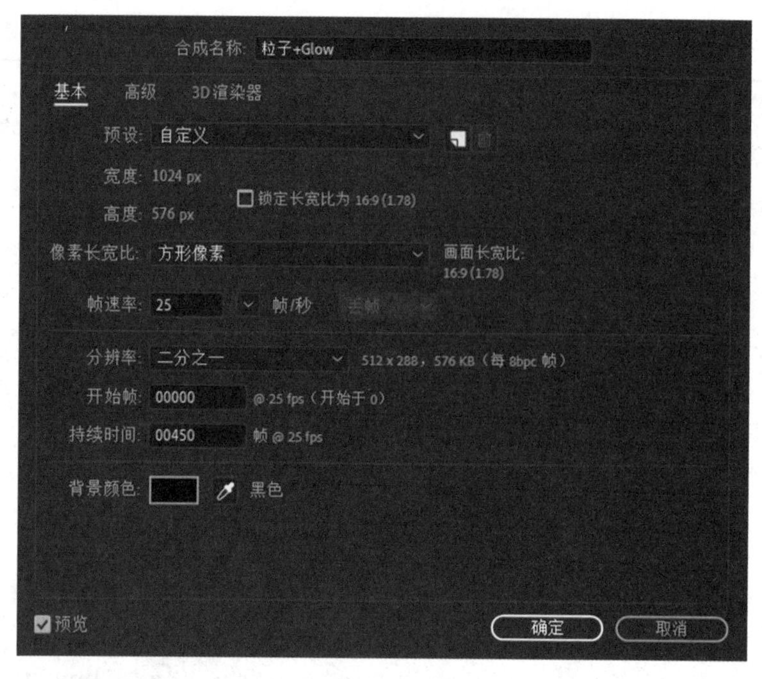

图 7-21　创建合成

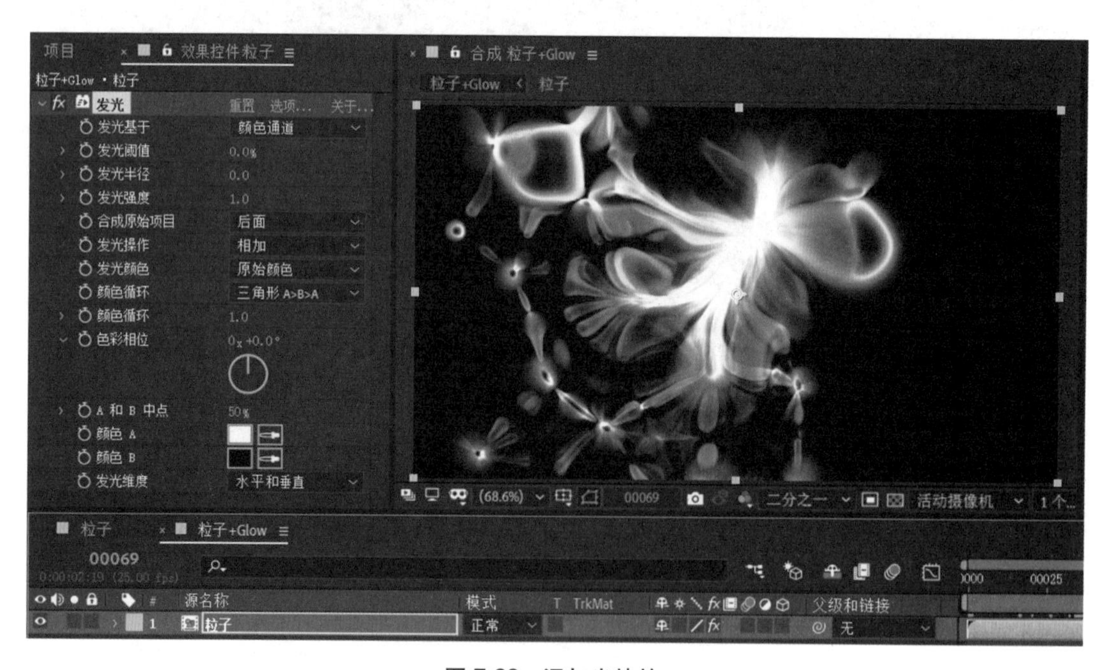

图 7-22　添加光特效

4. 制作绽放的花朵

（1）按 Ctrl+N 组合键，创建一个合成，设置如图 7-23 所示。

（2）按 Ctrl+I 组合键导入素材文件 393.wav，从【项目】面板中把导入的 393.wav 素材拖入“绽放的花朵”合成中。

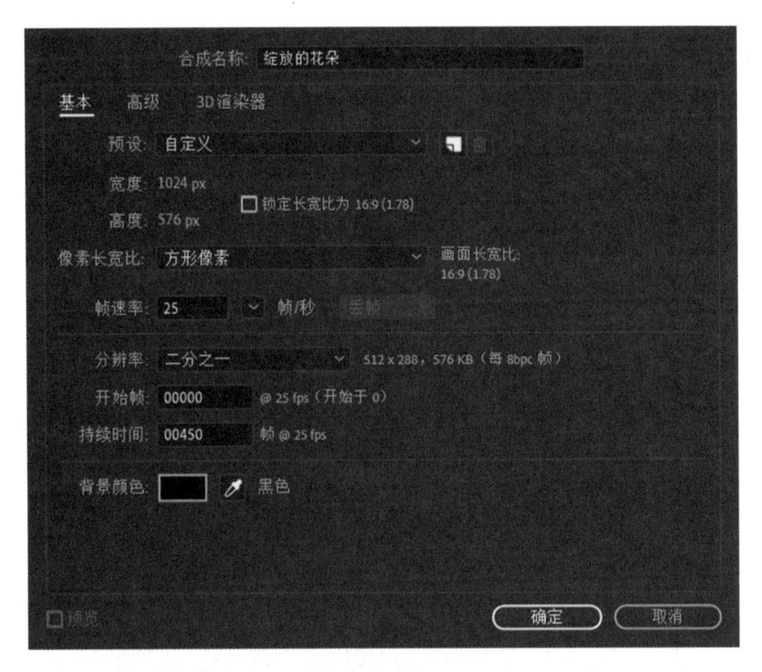

图 7-23　创建合成

(3) 执行【图层】→【新建】→【纯色】命令,创建一个纯色层,命名为 BG。单击【制作合成大小】,使其尺寸与合成大小匹配,单击【确定】按钮。

(4) 选择 BG 图层,在上面右击,从弹出的快捷菜单中选择【效果】→【生成】→【梯度渐变】命令,【起始颜色】设置为“R：120；G：0；B：85”,【结束颜色】设置为黑色,如图 7-24 所示。

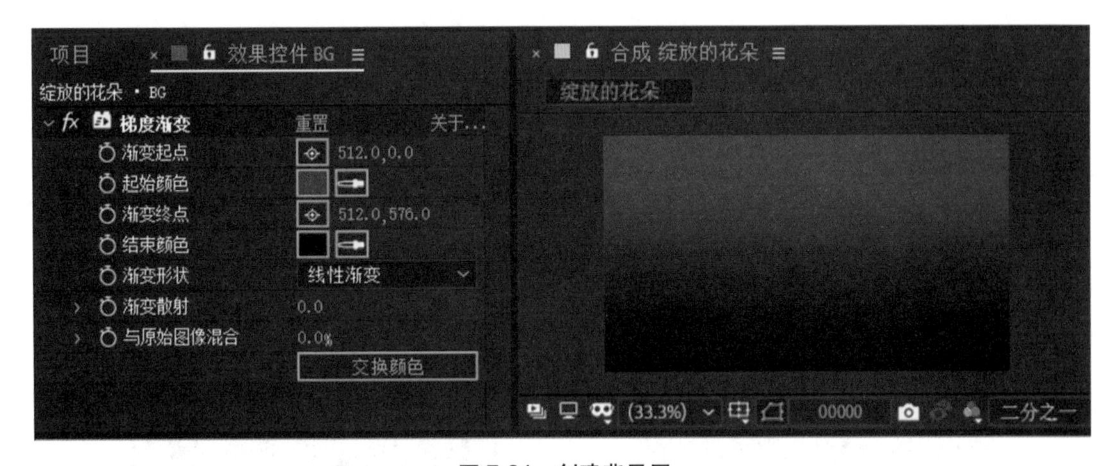

图 7-24　创建背景层

(5) 在【项目】面板中,把“粒子 +Glow”合成拖入“绽放的花朵”合成中。选择“粒子 +Glow”图层,按 Ctrl+D 组合键复制一个图层,重命名为 Map,关闭显示开关；单击【时间轴】左下角的【展开】按钮,打开【伸缩】面板,设置“粒子 +Glow”合成的【伸缩】为 −100.0%,将出入点的值互换,使之倒放。将播放头放在第 0 帧处,选中图层“粒子 + Glow”,按“[”键,使图层“粒子 +Glow”的时间线从第 0 帧开始,如图 7-25 所示。

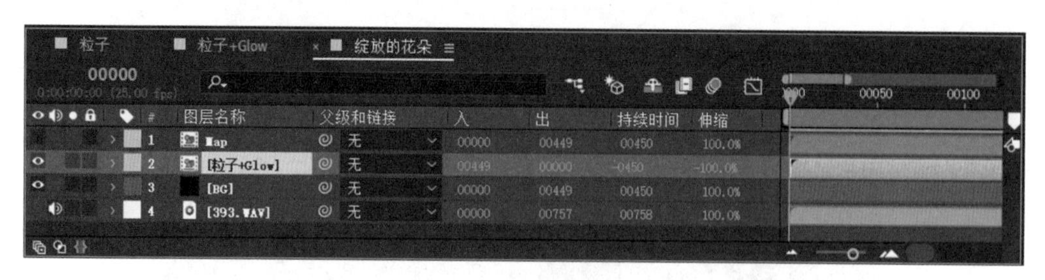

图 7-25　设置图层

5. 添加“波纹”

（1）选择【图层】→【新建】→【纯色】命令，创建一个纯色层，命名为“波纹”。单击【制作合成大小】按钮，使其尺寸与合成大小匹配，单击【确定】按钮。

（2）选择“波纹”图层，在上面右击，从弹出的快捷菜单中选择【效果】→【生成】→【填充】命令，设置【颜色】值为白色，如图 7-26 所示。

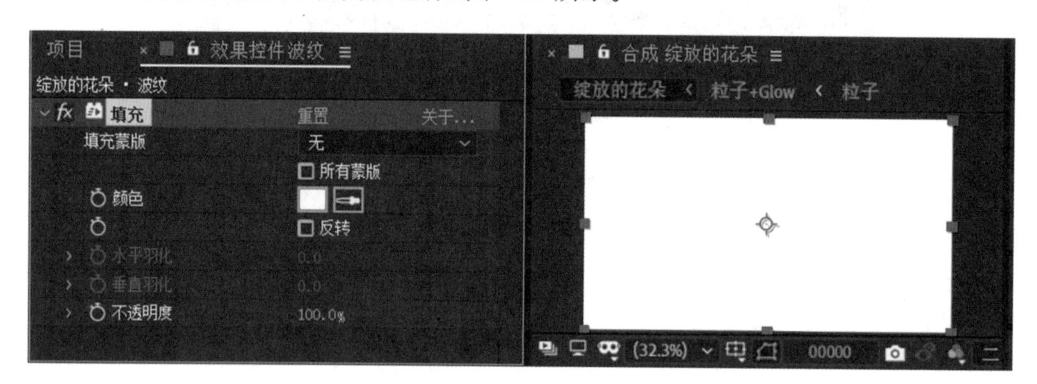

图 7-26　添加【填充】特效

（3）选中“波纹”图层，使用工具栏中的【矩形工具】绘制一个遮罩。展开“波纹”图层→【蒙版】→【蒙版 1】，单击【蒙版路径】后面的【形状】项，弹出【蒙版形状】对话框，设置如图 7-27 所示。

（4）将播放头放在第 197 帧处，单击【蒙版路径】前面的“小钟”图标；将播放头放在第 147 帧处，给【蒙版路径】添加关键帧，设置如图 7-28 所示。

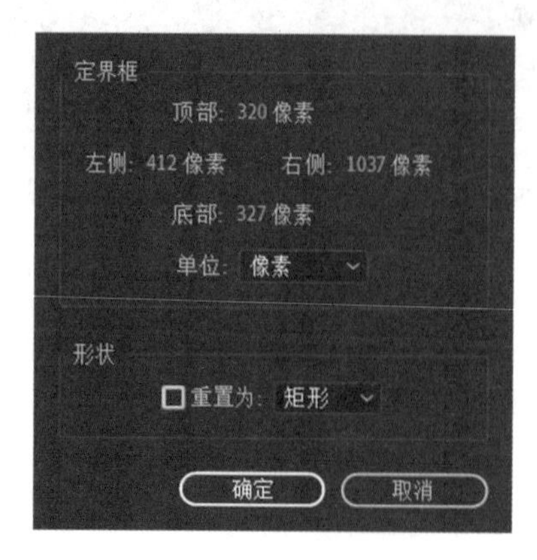

图 7-27　设置遮罩形状

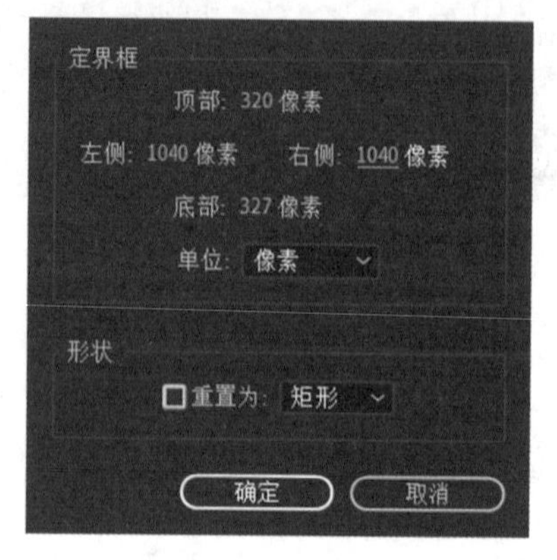

图 7-28　第 147 帧处属性值

（5）选中图层“波纹”，在上面右击，从弹出的快捷菜单中选择【效果】→【模糊和锐化】→ CC Vector Blur 命令，设置【类型】属性值为 Direction Center，Amount 值为 -24.0，Revolutions 值为 9.90，Property 值为 Alpha，Map Softness 值为 16.0，如图 7-29 所示。

图 7-29　添加“矢量模糊”特效

（6）展开图层“波纹”→【效果】→ CC Vector Blur，按 Ctrl+D 组合键，复制一个特效，重命名为 CC Vector Blur 1，设置 Type 属性值为 Natural，Amount 值为 181.0，Ridge Smoothness 值为 20.00，Vector Map 值为 2Map，Property 值为 Alpha，Map Softness 值为 14.0，如图 7-30 所示。

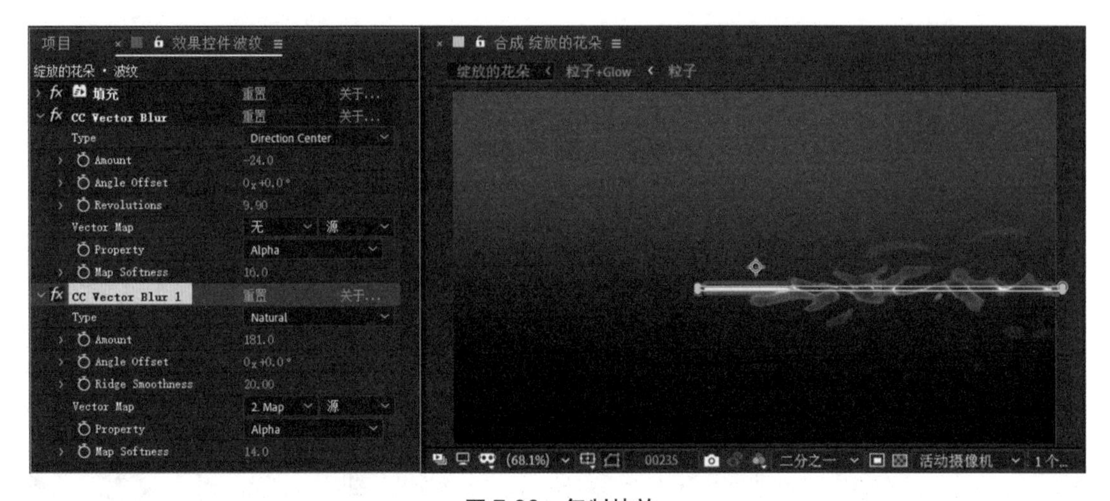

图 7-30　复制特效

（7）给 CC Vector Blur 1 特效添加关键帧。将播放头放在第 419 帧处，展开 CC Vector Blur 1，单击 Amount 前面的“小钟”图标，设置 Amount 值为 181，将播放头放到第 447 帧处，设置 Amount 值为 0。

（8）选择图层“波纹”，在上面右击，从弹出的快捷菜单中选择【效果】→【扭曲】→【波纹】命令，设置【半径】值为 83.0，【波形速度】值为 0，【波形宽带】值为 35.1，【波形高度】值为 79.0，【波纹相】值为 0_x+20.0°，如图 7-31 所示。

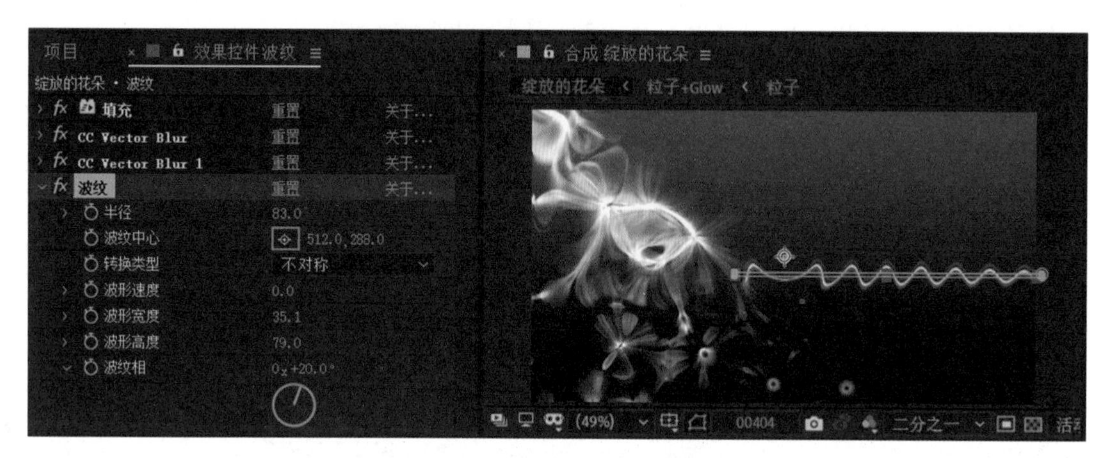

图 7-31 添加“波纹”特效

（9）给【半径】添加关键帧。将播放头放到第 184 帧处，单击【半径】前面的“小钟”图标，设置【半径】值为 83；将播放头放到第 353 帧处，设置【半径】值为 0；将播放头放到第 405 帧处，设置【半径】值为 66。

（10）给图层“波纹”的【不透明度】属性设置关键帧。选中图层“波纹”，按 T 键，将播放头放到第 161 帧处，添加关键帧，设置【不透明度】值为 0；将播放头放到第 184 帧处，设置【不透明度】值为 100%；将播放头放到第 418 帧处添加关键帧；将播放头放到第 447 帧处，设置【不透明度】值为 0，如图 7-32 所示。

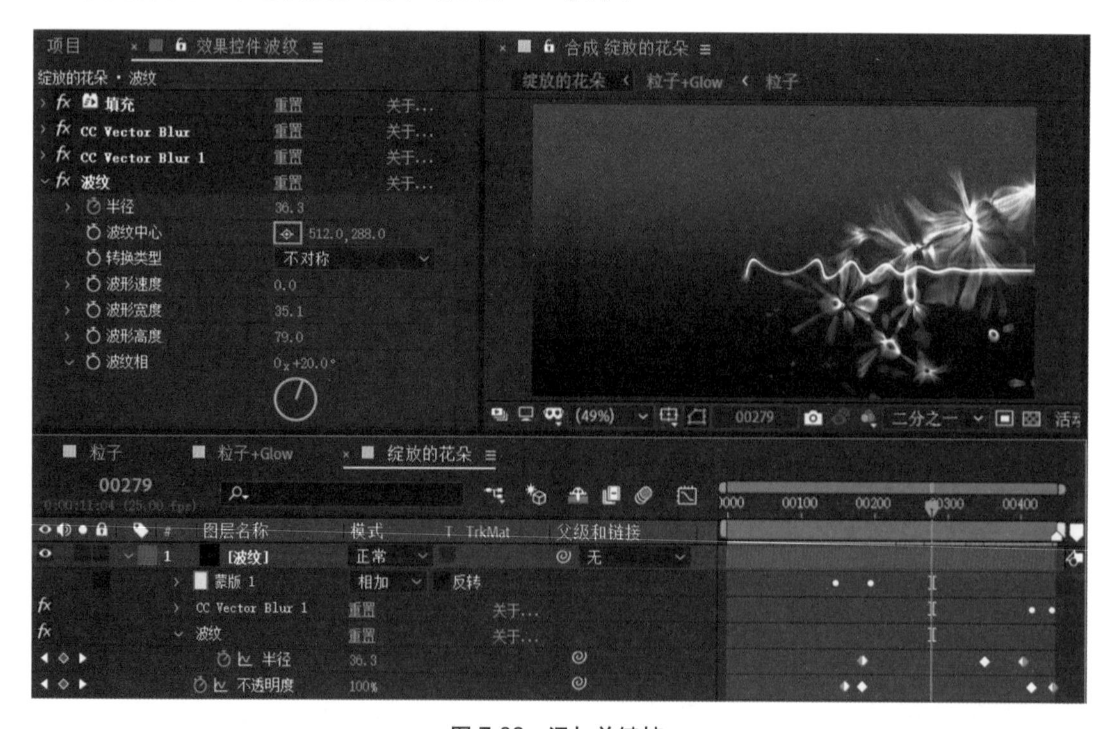

图 7-32 添加关键帧

（11）使用工具栏中的【文本工具】，在场景中输入文本 www.sdwfvc.cn，设置其字体属性，放到合适的位置。选择文本图层，在上面右击，从弹出的快捷菜单中选择【效果】→【模糊和锐化】→ CC Vector Blur 命令，设置 Amount 值为 63.0，Ridge Smoothness 值为 12.70，Property 值为 Alpha，Map Softness 值为 18.2，如图 7-33 所示。

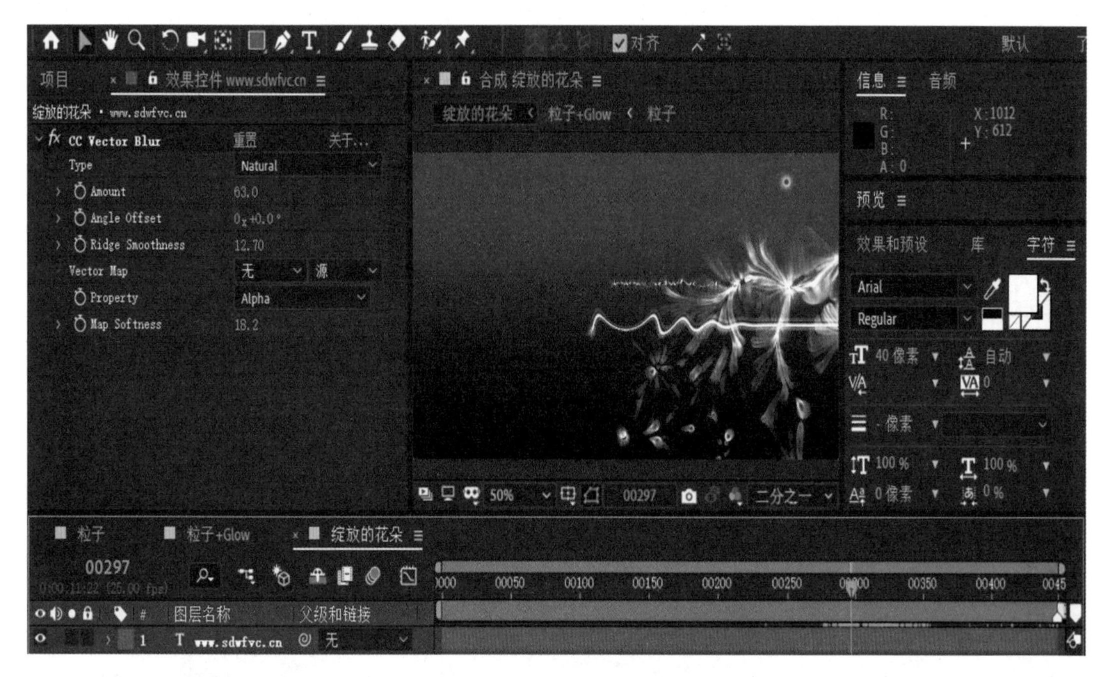

图 7-33　给文本添加特效

（12）给文本图层的 CC Vector Blur 特效添加关键帧。将播放头放到第 194 帧处，单击 Amount 前面的“小钟”图标，设置 Amount 值为 63.0，将播放头放到第 258 帧处，设置 Amount 值为 0；将播放头放到第 418 帧处添加关键帧；将播放头放到第 447 帧处，设置 Amount 值为 65。

（13）给文本图层的【不透明度】属性添加关键帧。选中文本图层，按 T 键，将播放头放到第 175 帧处，单击【不透明度】属性前面的“小钟”图标，设置【不透明度】值为 0；将播放头放到第 194 帧处，设置【不透明度】值为 100%；将播放头放到第 430 帧处添加关键帧；将播放头放到第 447 帧处，设置【不透明度】值为 0。选中文本图层，按 P 键，按住 Alt 键，单击【位置】属性前面的秒表，给【位置】属性添加表达式 wiggle（3,2），如图 7-34 所示。

（14）选择文本图层，按 Ctrl+D 组合键复制一个图层，输入文字“潍坊职业学院”，设置其属性，调整其位置，如图 7-35 所示。

（15）保存文件，预览后渲染输出。

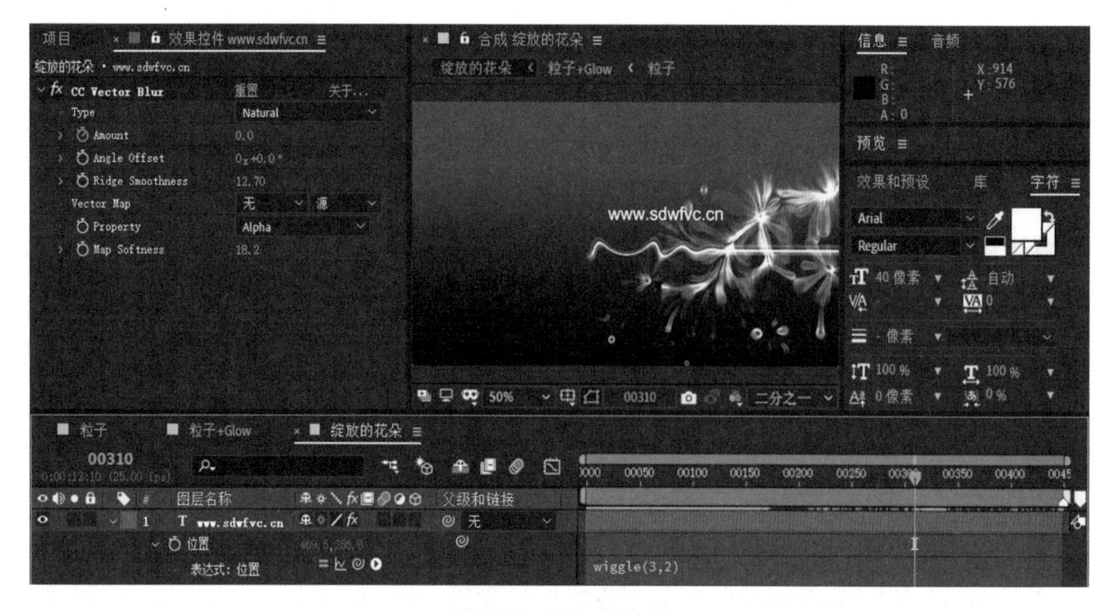

图 7-34　添加表达式

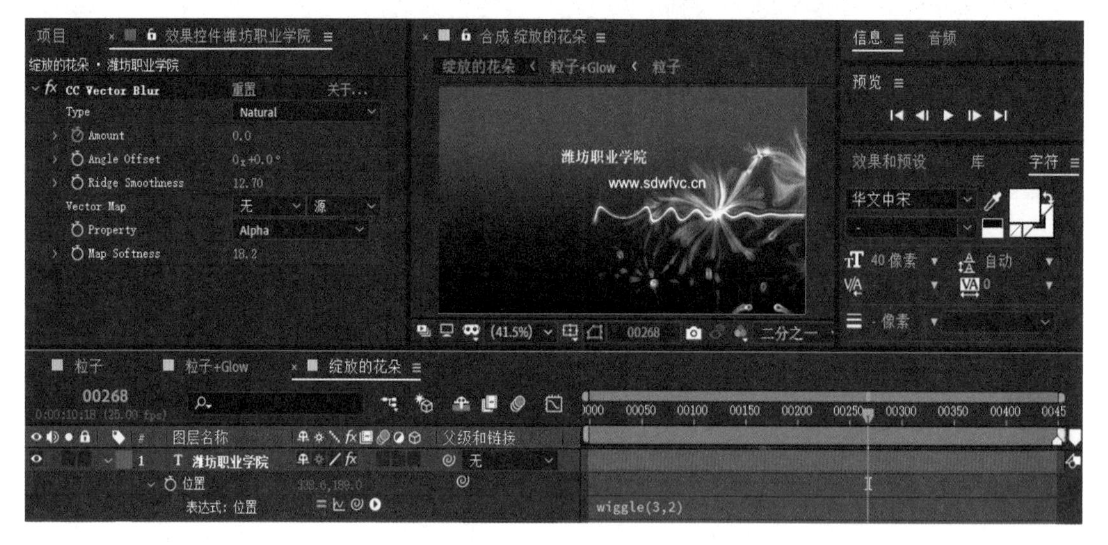

图 7-35　编辑文本

【项目总结】

本项目利用 Particular 粒子特效制作了文字光带效果。Particular 粒子特效的属性非常多，能制作各种各样的特效。大家要对常用的属性非常了解，并掌握这些属性的设置方法，灵活运用 Particular 制作各种特效。

【项目拓展】

利用本项目所学知识，自己动手、动脑设计并制作一个下雪的效果。

项目八　制 作 片 头

【项目描述】

本项目来源于 Adobe 创意大学。

一个栏目包括片头、片尾和片花三部分，本项目将制作一个“新闻探索”栏目的片头，主要利用合成层、遮罩、安全框、校色、文本、固态层、调节层、蒙版、混合模式、关键帧、转场、特效等知识制作完成，如图 8-1 ～图 8-4 所示。

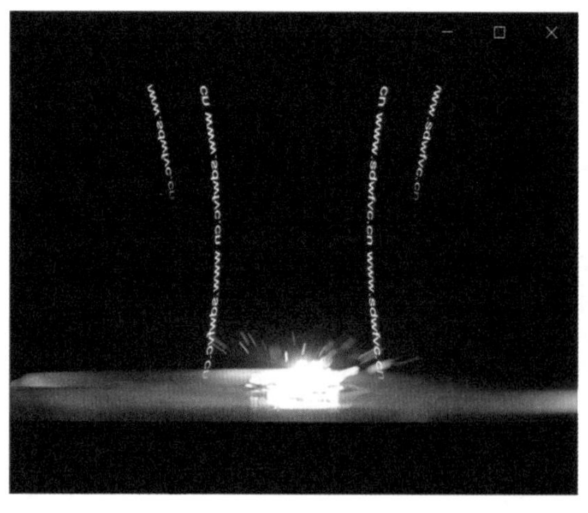

图 8-1　第一段

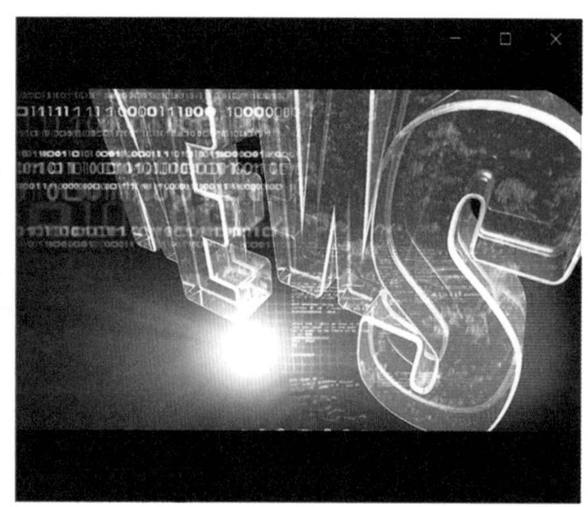

图 8-2　第二段

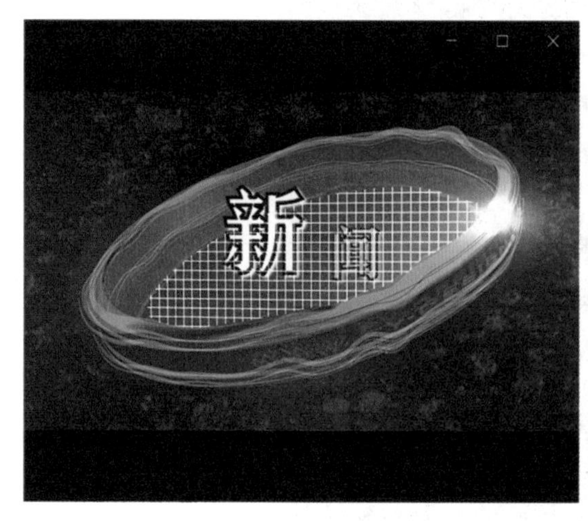

图 8-3　第三段

图 8-4　第四段

【项目目标】

知识目标：

（1）掌握 Bezier Warp（贝塞尔曲线变形）特效的使用方法。

（2）掌握 Mirror（镜像）特效的使用方法。

（3）掌握蒙版的使用方法。

（4）掌握 Fractal Noise（分形杂色）特效的使用方法。

（5）掌握 Turbulent Displace（湍流置换）特效的使用方法。

（6）掌握 Time Reverse Keyframes（反向关键帧）的使用。

（7）掌握 Grid（网格）特效的使用方法。

技能目标：

制作片头 .mp4

（1）能正确使用安全框。

（2）能整合影片。

（3）能添加背景音乐。

（4）能合理校色。

素质目标：

锻炼学生的创意能力和动手操作能力。

任务一　制作新闻探索 1

【任务实施】

1. 新建合成

（1）单击【新建合成】按钮，创建合成，如图 8-5 所示。

图 8-5　创建合成

(2) 在【项目】面板的空白区域双击,导入素材中的文件“水滴泛起波纹 2.mov”,拖到新建的合成层中,调整素材的大小,如图 8-6 所示。

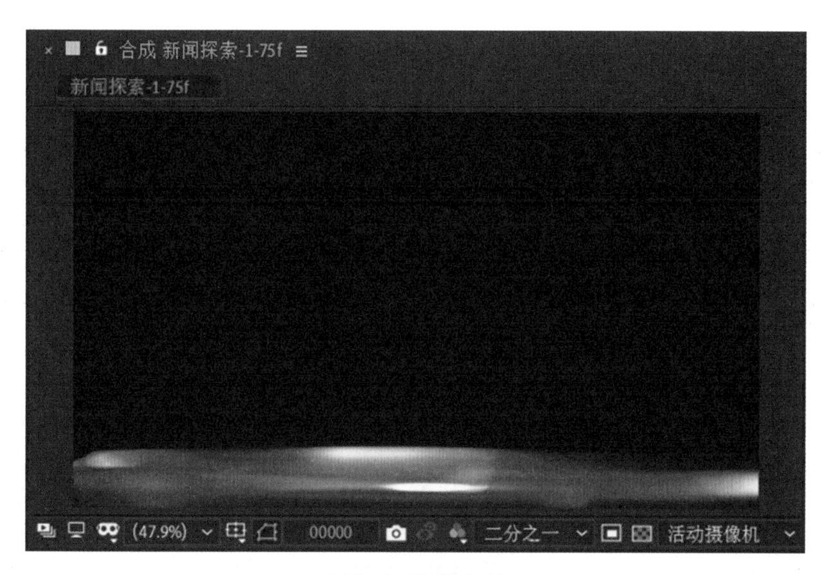

图 8-6　调整素材

(3) 将播放头放到第 15 帧处,用鼠标左键按住时间线,向左拖动,直到水滴出现在场景中上方,如图 8-7 所示。

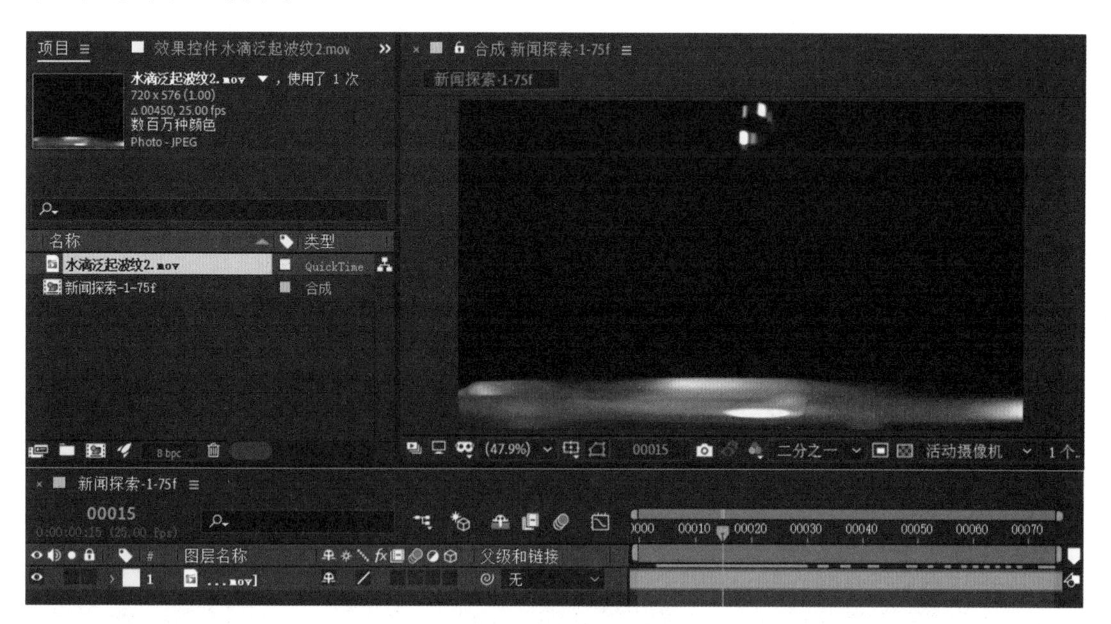

图 8-7　调整水滴位置

2. 创建文本动画

(1) 在图层空白区域右击,选择【新建】→【文本】在场景中输入文本“www.sdwfvc.cn www.sdwfvc.cn www.sdwfvc.cn www.sdwfvc.cn”。将图层重命名为“曲线文字”,设置字体大小为 30 像素,字符行距为 0,字符间距为 50,颜色为白色,字体为“Adobe 黑体 Std”。

按 P 键，在第 1 帧处添加关键帧，将文字放在场景左侧（离场景左侧稍远点）；在第 75 帧处添加关键帧，将文字放到场景右侧。按 S 键，在第 1 帧处添加关键帧，在第 75 帧处调大缩放值为 130%，如图 8-8 所示。

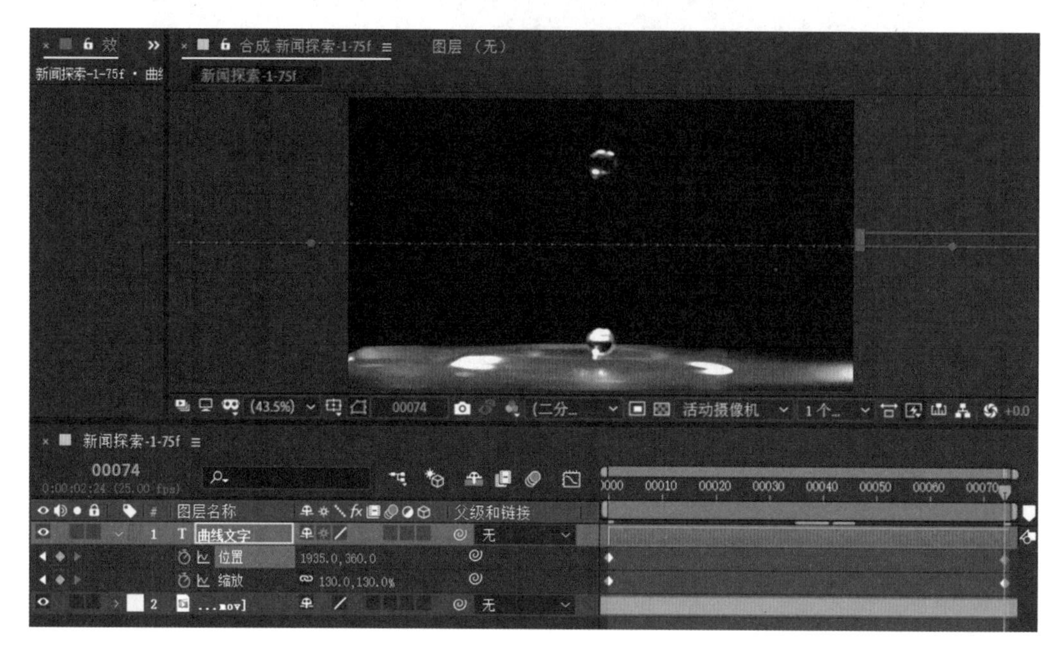

图 8-8　创建文本

(2) 选中文字图层，使用工具箱中的【矩形工具】绘制矩形遮罩，设置羽化值为 59 像素，蒙版扩展为 11 像素，使文字看起来近大远小，近实远虚，如图 8-9 所示。

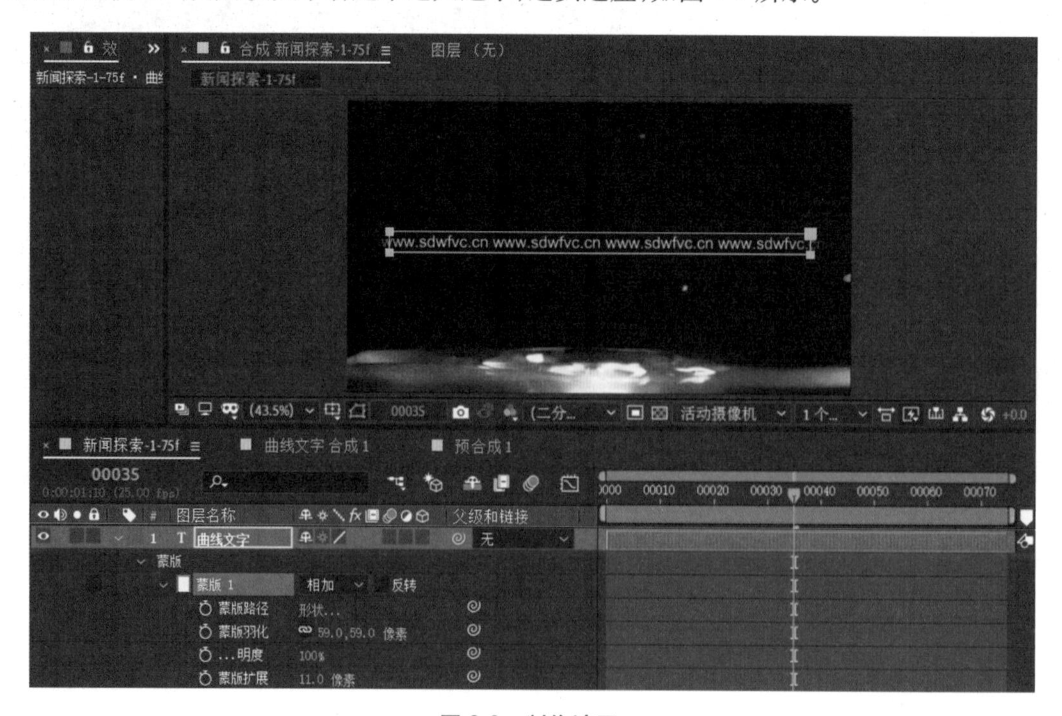

图 8-9　制作遮罩

（3）单击文字图层，按 Ctrl+Shift+C 组合键，嵌套图层。按 R 键，设置其值为 90°。在文本图层上右击，选择【效果】→【扭曲】→【贝塞尔曲线变形】命令，调整文本的形状如图 8-10 所示。

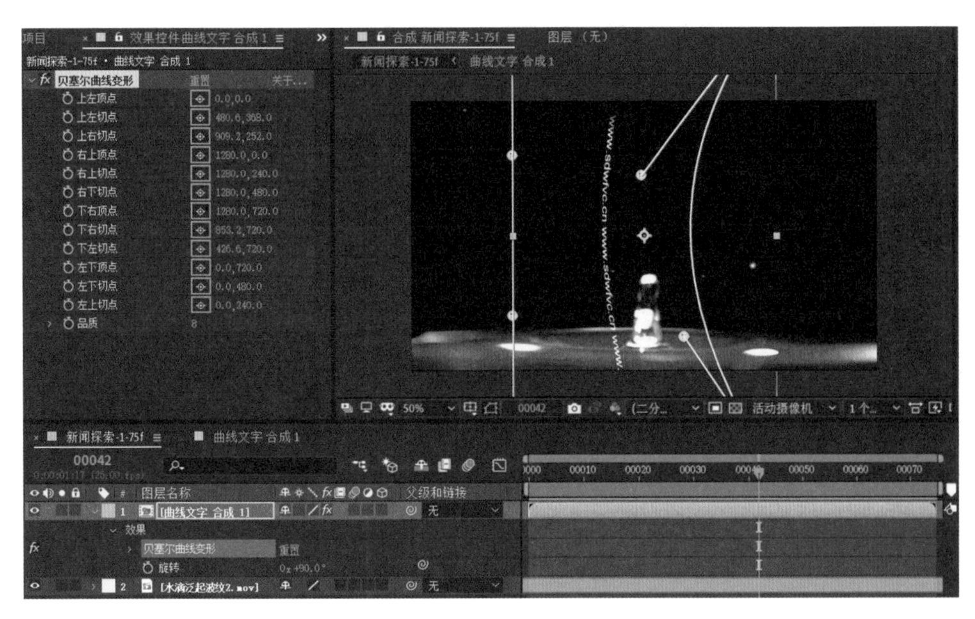

图 8-10　调整文本形状

（4）单击文字图层，按 Ctrl+D 组合键，复制一个图层，调整角度、位置和不透明度，向后拖时间线 10 帧，增强空间感、节奏感和重心感，如图 8-11 所示。

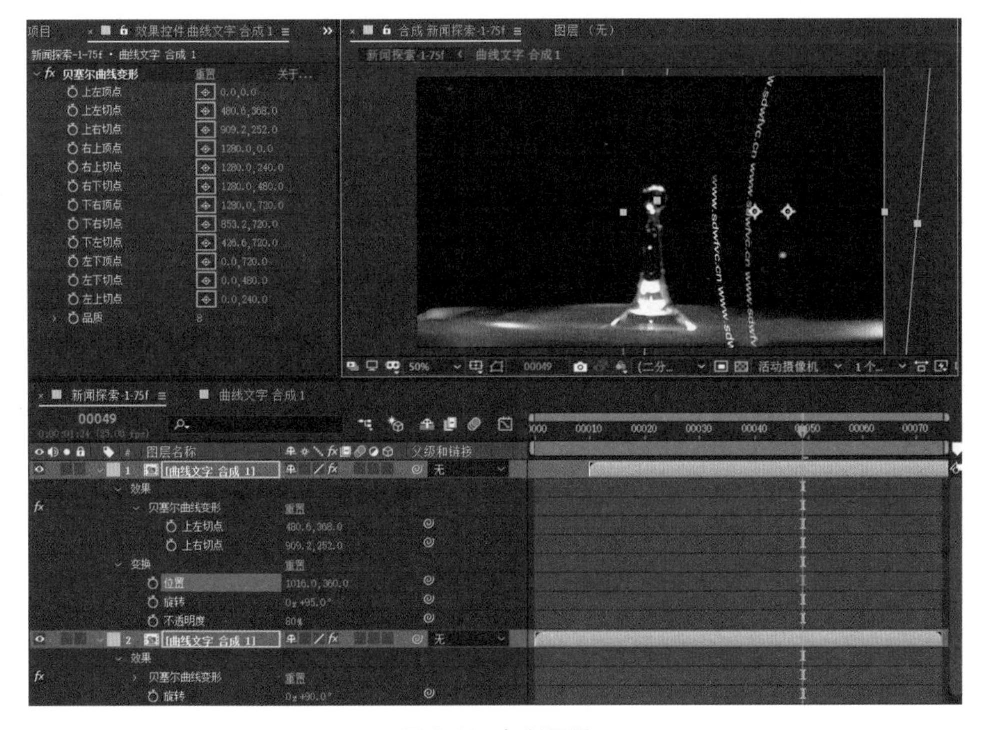

图 8-11　复制图层

（5）按住 Shift 键，单击两个文字图层，按 Ctrl+Shift+C 组合键嵌套图层。在该图层上右击，选择【效果】→【风格化】→【发光】命令，设置【发光阈值】值为 50%，【发光半径】值为 10.0。复制预合成图层，并水平翻转，如图 8-12 所示。

图 8-12　添加镜像特效

3. 设置光效

（1）在【图层】面板空白区域右击，从弹出的快捷菜单中选择【新建】→【纯色】命令，添加一个黑色纯色层。在纯色层上右击，选择【效果】→ RG VFX → Knoll Light Factory 命令，单击 Designer，弹出 Knoll Light Factory Lens Designer 对话框，在窗口右侧单击 Stripe 的 Hide 按钮，隐藏蓝色光带，然后单击窗口右下角的 OK 按钮。选择纯色层的混合模式为“相加”，如图 8-13 所示。

图 8-13　添加光工厂

（2）在第 15 帧处，单击【黑色 纯色 1】→【效果】→ Knoll Light Factory → Location → Light Source Location 前面的“小钟”图标，调整 X、Y 值，将光放到水滴上。将播放头放到第 23 帧处，调整 X、Y 值，移动光源到下方的水滴处。单击【黑色 纯色 1】→【效果】→ Knoll Light Factory → Lens → Scale 前面的“小钟”图标。将播放头移到第 60 帧处，调大 Scale 的值，如图 8-14 所示。

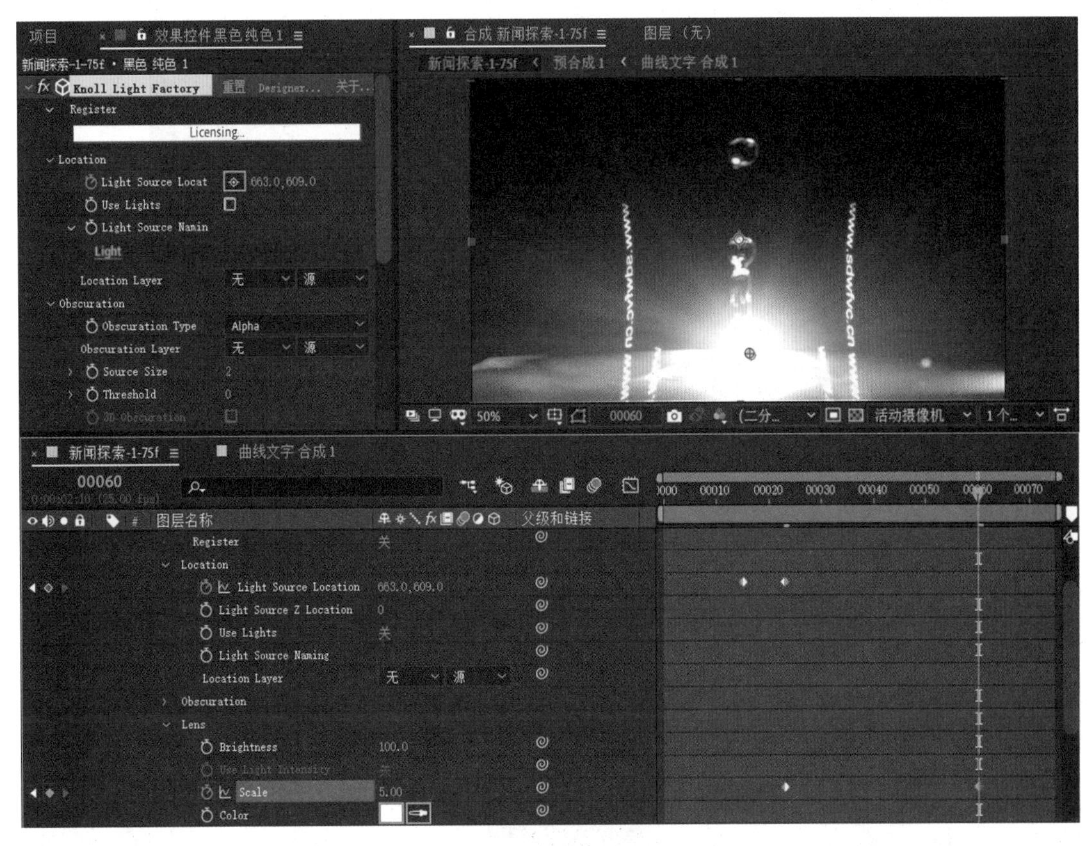

图 8-14　调整光源

任务二　制作新闻探索 2

【任务实施】

（1）按 Ctrl+N 组合键，创建合成，设置如图 8-15 所示。

（2）导入文本素材“新闻字”序列图片，并将之拖入合成层中，此时发现只有 70 帧，单击【时间轴】面板左下方第三个按钮。单击【伸缩】，弹出【时间伸缩】对话框，设置【拉伸因数】值为 −142，单击【确定】按钮，设置入点和出点，如图 8-16 所示。

注意：

伸缩值大于 100 时，表示播放速度快；小于 100 时，表示播放速度慢；为负值时，说明倒放。

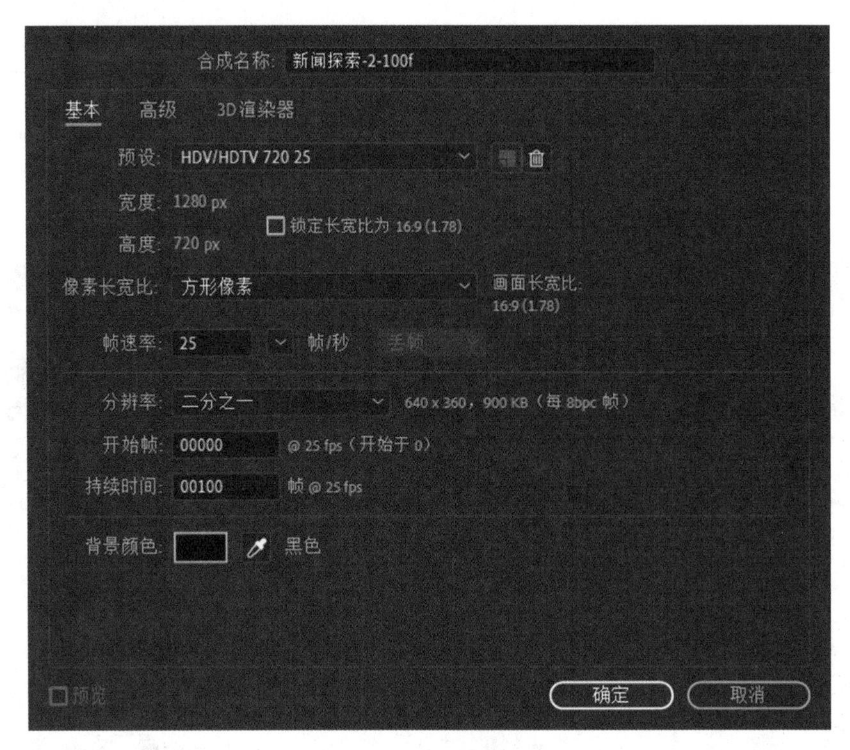

图 8-15　创建合成

图 8-16　调整时间线

(3) 校色。在新闻字图层上右击,选择【效果】→【颜色校正】→【色阶】命令,设置其【输入白色】值为 175,增强画面的层次感；选择【效果】→【颜色校正】→【色相 / 饱和度】命令,设置【主色相】值为 -13.0°；选择【效果】→【颜色校正】→【亮度 & 对比度】命令,设置【亮度】值为 -8,【对比度】值为 18,如图 8-17 所示。

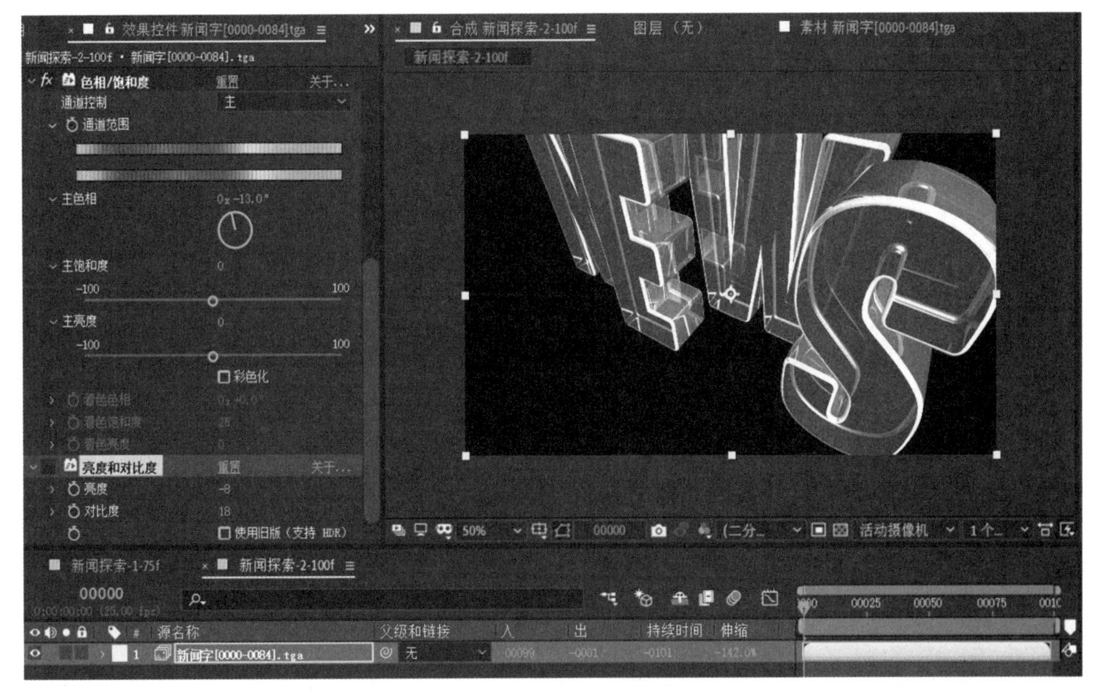

图 8-17　校色

(4) 在新闻字图层上右击,选择【效果】→【模糊和锐化】→【锐化】命令,设置【锐化量】值为 10,如图 8-18 所示。

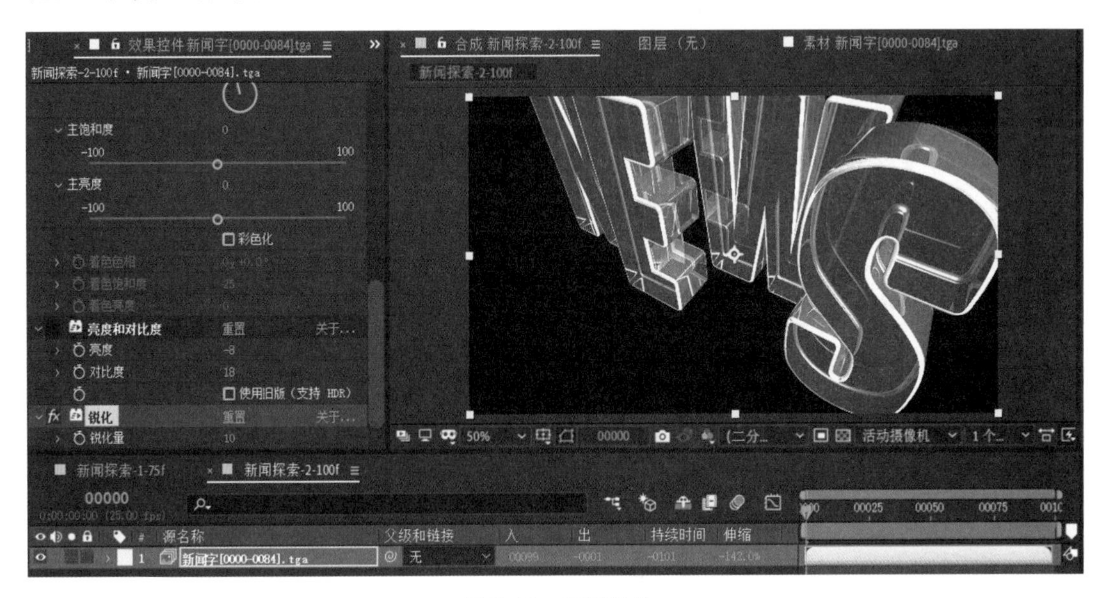

图 8-18　设置锐化

(5) 在【项目】面板空白处双击,导入素材“翻滚上升的气泡 5.mov”,并拖入合成层,调整其大小与场景一样大。将“翻滚上升的气泡 5”图层名改为“正常层”,拖到下方,将“新闻字”图层重命名为“蒙版”。在“正常层”图层后面的 TrkMat 值设置为“Alpha 遮罩”蒙版。复制“蒙版”图层,单击前面的“眼睛”图标,让其显示,将该图层拖到最下面。将“蒙版”图层和“正常层”图层进行组合，设置不透明度为 35%，设置混合模式为“相加”，如图 8-19 所示。

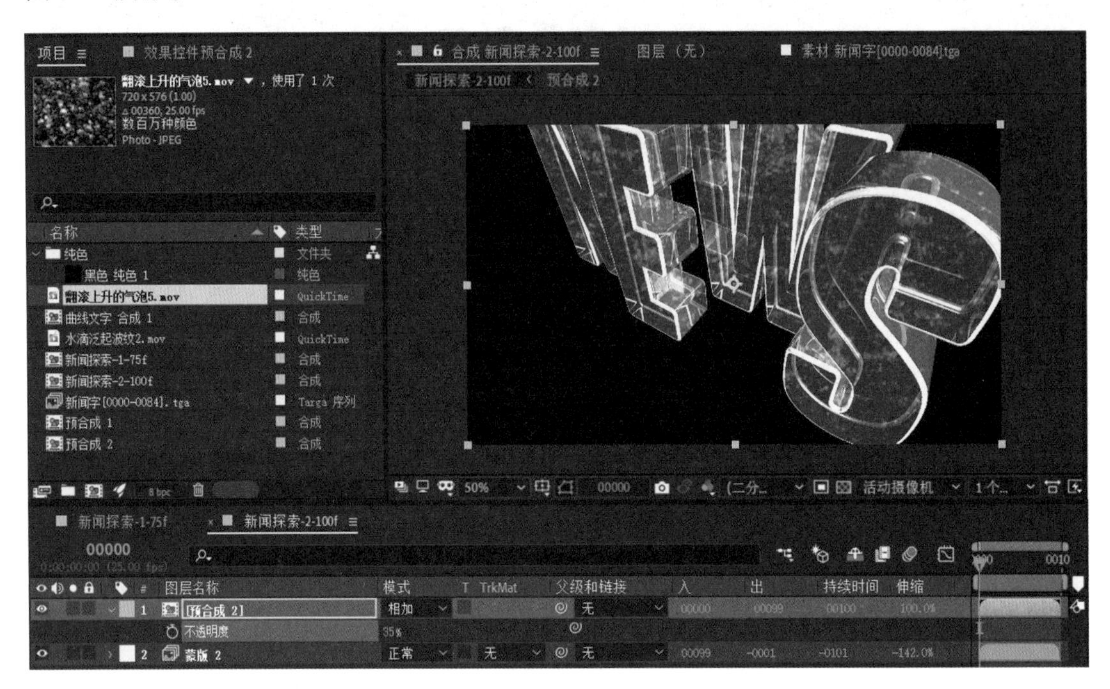

图 8-19　制作蒙版特效

注意：

① 蒙版包含不正常层（蒙版层）和正常层两个图层，不正常层中的内容含 Alpha 通道或者是黑白色。

② 通过正常层选不正常层。

③ 正常层在下，不正常层在上，两层之间不能夹其他层。

④ 建立蒙版关系后，蒙版层被隐藏。

(6) 装饰场景。在【项目】面板空白处双击，导入素材“动态文字.mp4”，拖到合成层中。选中图层“动态文字”，使用【矩形工具】绘制矩形，添加遮罩，进行羽化。在该图层上右击，选择【效果】→【颜色校正】→【色相 / 饱和度】命令，设置【主饱和度】值为 -100。添加【色阶】命令，设置【输入白色】值为 148.0。设置混合模式为“相加”，如图 8-20 所示。

(7) 装饰场景。在【项目】面板空白处双击，导入素材 DA118.mov，拖到合成层中。添加遮罩，羽化后，复制图层“动态文字”的特效，在该图层上粘贴。混合模式为“相加”，如图 8-21 所示。

(8) 复制合成层“新闻探索-1-75f”中的图层 Black Solid 1 到合成层“新闻探索-2-100f”中，设置其【伸缩】值为 140%。选中该图层，按 U 键，展开所有关键帧，框选所有关键帧，在上面右击，选择【关键帧辅助】→【时间反向关键帧】命令，翻转动画过程，让光从下往上运动。此时，光的运动轨迹是直线，双击图层，出现运动轨迹后，选择【选取工具】，在 99 帧处添加关键帧，调整轨迹，如图 8-22 所示。

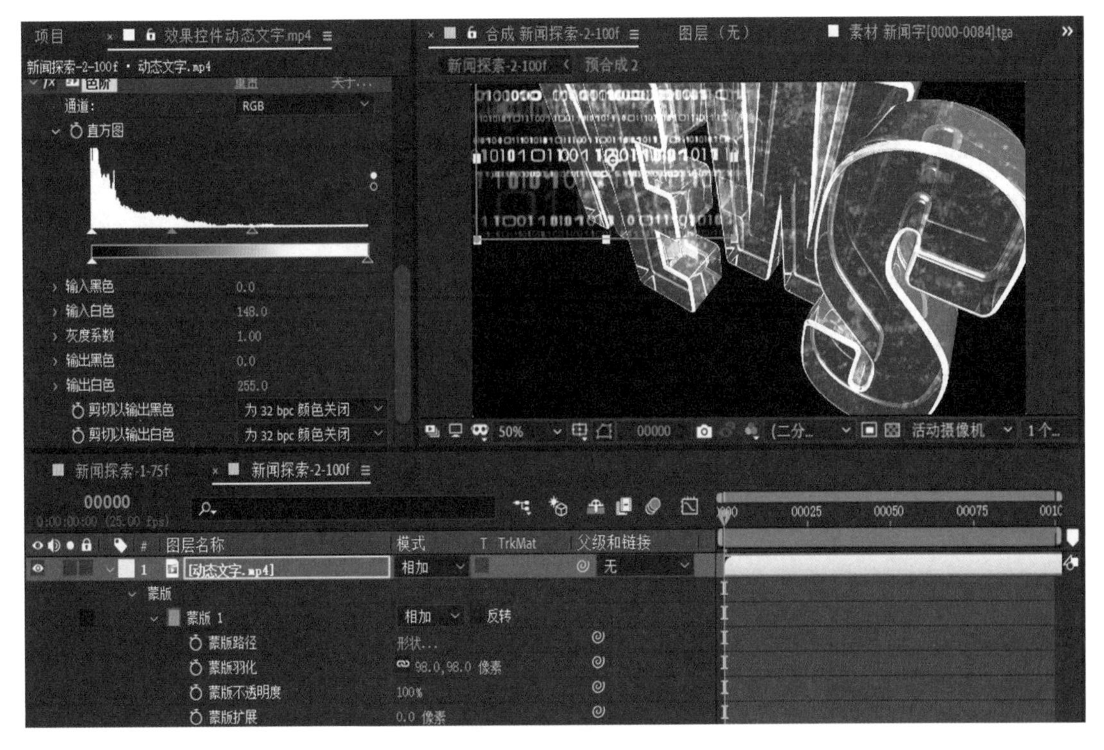

图 8-20　添加动态文本

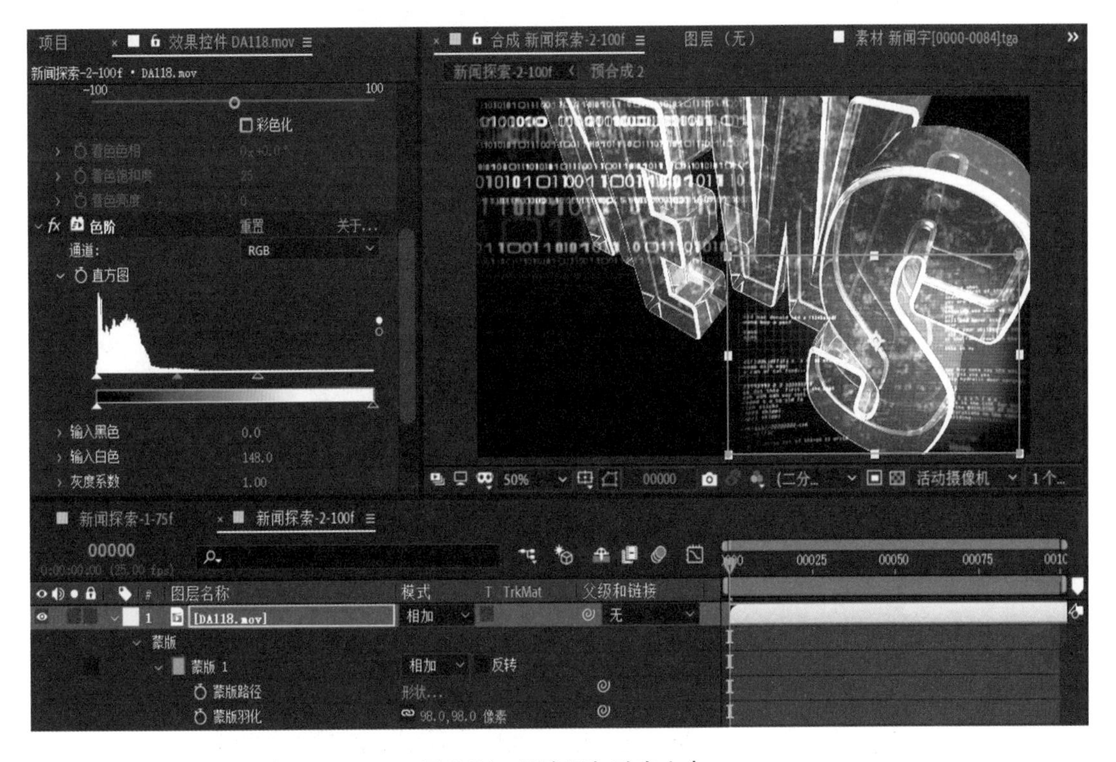

图 8-21　再次添加动态文本

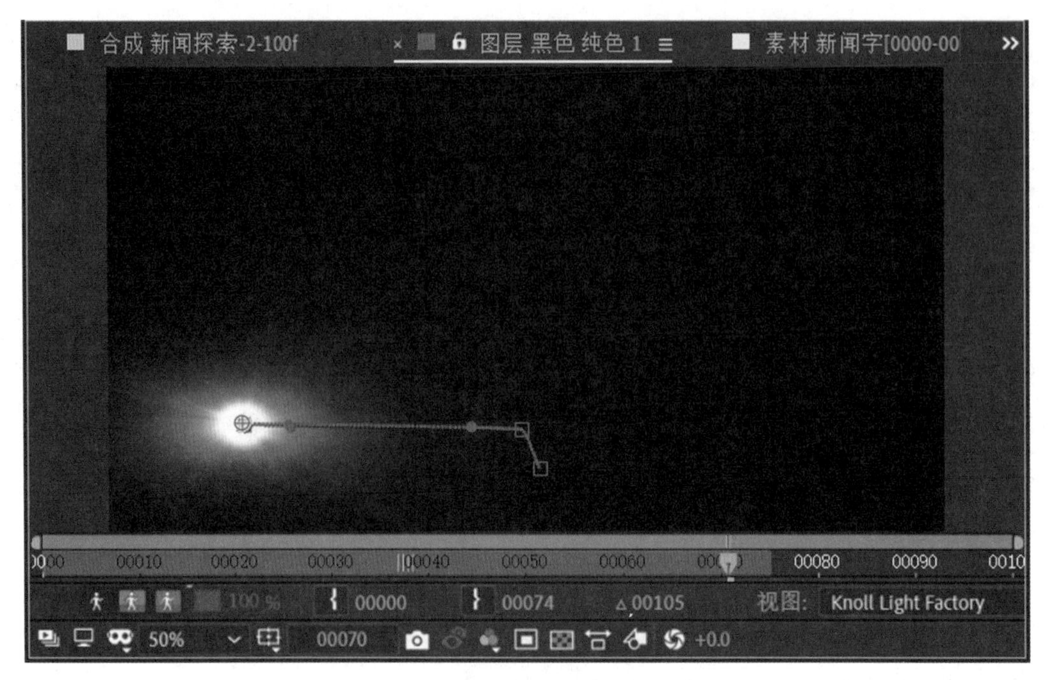

图 8-22 调整光的轨迹

任务三 制作新闻探索 3

【任务实施】

（1）按 Ctrl+N 组合键，创建合成，设置如图 8-23 所示。

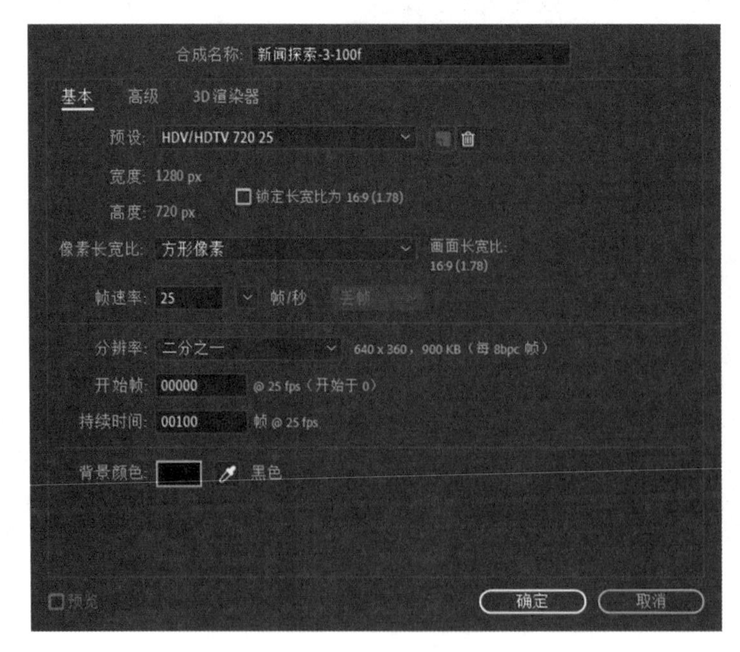

图 8-23 创建合成层

（2）按 Ctrl+Y 组合键创建纯色层，设置使用默认，颜色为黑色。

（3）在纯色层上右击，选择【效果】→【杂色和颗粒】→【分形杂色】命令，设置如图 8-24 所示。

图 8-24　添加特效

（4）将播放头放到第 0 帧处，单击【分形杂色】→【子设置】→【演化】前面的“小钟”图标，将播放头放到第 100 帧处，设置【演化】值为 1x+0.0°。

（5）按 Ctrl+Y 组合键创建黑色纯色层，在该图层上右击，选择【效果】→【生成】→【四色渐变】命令，设置【颜色 1】、【颜色 2】、【颜色 3】、【颜色 4】的值分别黑 RGB（0,0,0）、深绿 RGB（1,78,5）、深橙 RGB（124,33,0）、深蓝色 RGB（2,2,93），分别添加【点 1】、【点 2】、【点 3】、【点 4】的关键帧（0 帧和 100 帧），顺时针交换这四种颜色的位置。单击该图层，按 T 键，设置其值为 99%，如图 8-25 所示。

（6）在【项目】面板空白处双击，导入“镜头”序列帧，拖入合成层中，单击【时间轴】面板左下角的第三个按钮，设置其【新持续时间】值为 00100，如图 8-26 所示。

（7）复制合成层“新闻探索-2-100f”中“新闻字”（蒙版图层）的特效，粘贴到合成层“新闻探索-3-100f”中的“镜头”图层上。

（8）将【项目】面板中“翻滚上升的气泡 5.mov”拖到合成层中，调整其大小与场景一样大。按 T 键，设置其值为 20%，如图 8-27 所示。

（9）此时，圆盘中也有气泡，需要把它们清除掉。单击图层“翻滚上升的气泡 5.mov”，选择【钢笔工具】，框选圆盘，展开图层“翻滚上升的气泡 5.mov”→【蒙版】→【蒙版 1】，选中后面的【反转】复选框，设置羽化、扩展等。单击【蒙版路径】前面的“小钟”图标，根据圆盘的形状在遮罩的范围内添加关键帧，如图 8-28 所示。

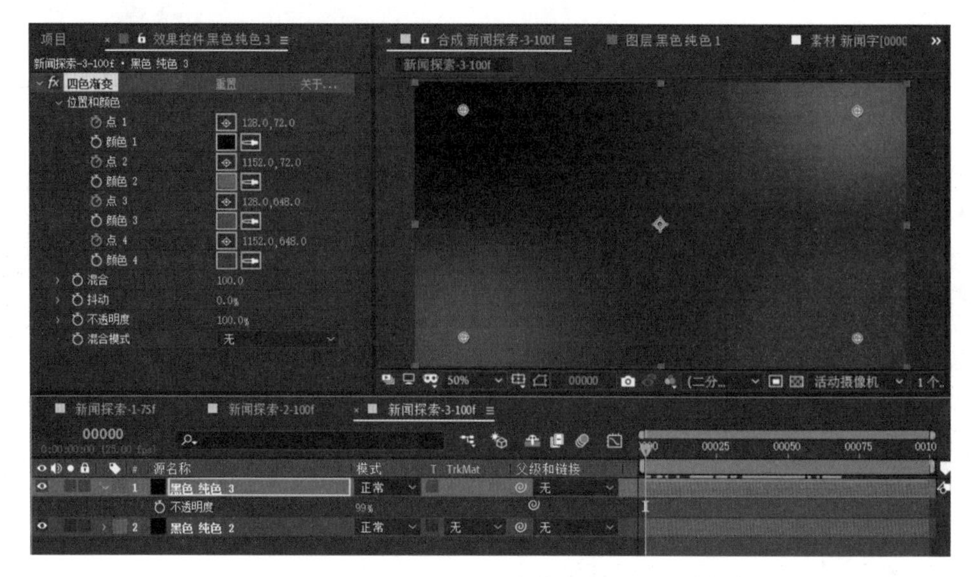

图 8-25　设置颜色动画

图 8-26　设置素材帧数

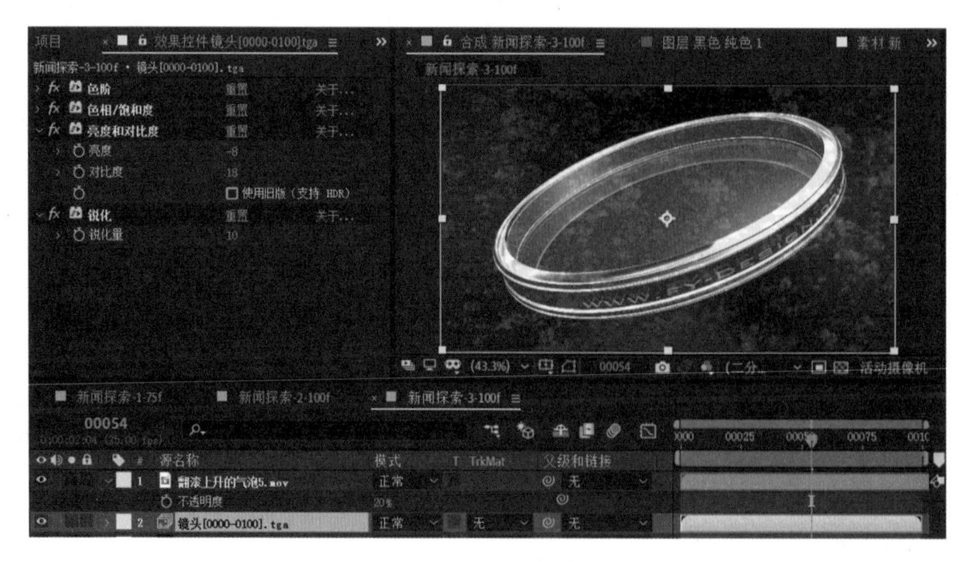

图 8-27　导入气泡

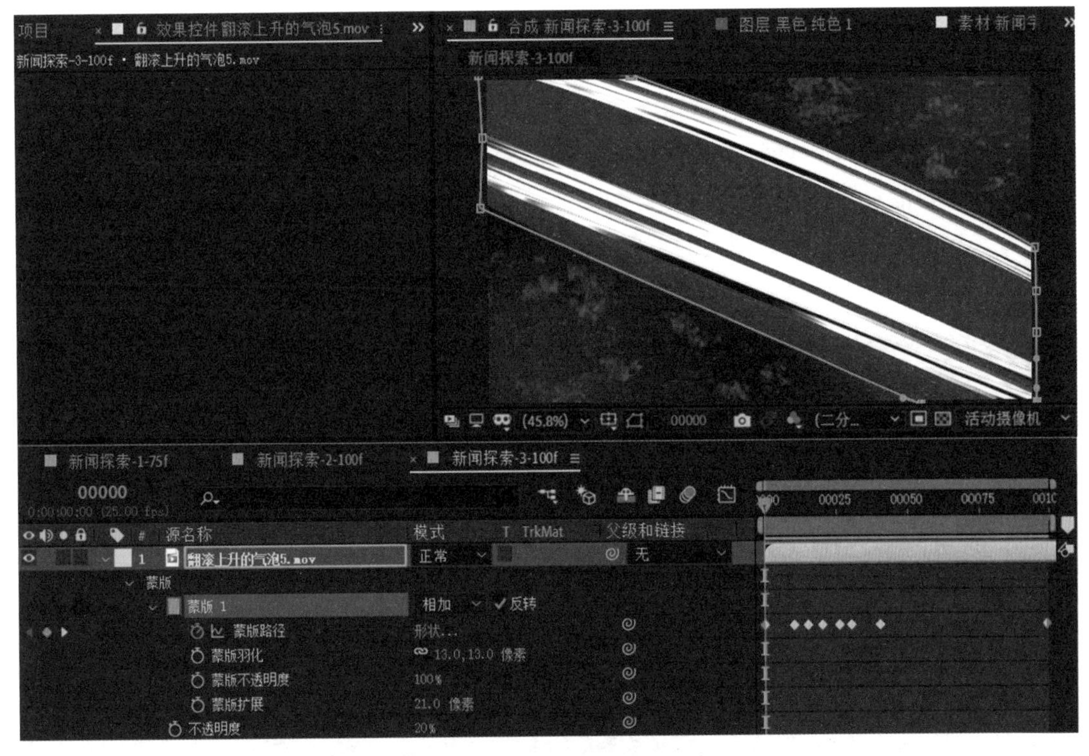

图 8-28　调整遮罩形状

(10) 复制合成层“新闻探索-2-100f”中的“光”图层,粘贴过来。选中该图层,按 U 键,展开所有关键帧,保留 Light Source Location 的最后一帧,删除其他帧,重新添加关键帧,使光沿着圆环走,并设置 Scale 值为 1.0,如图 8-29 所示。

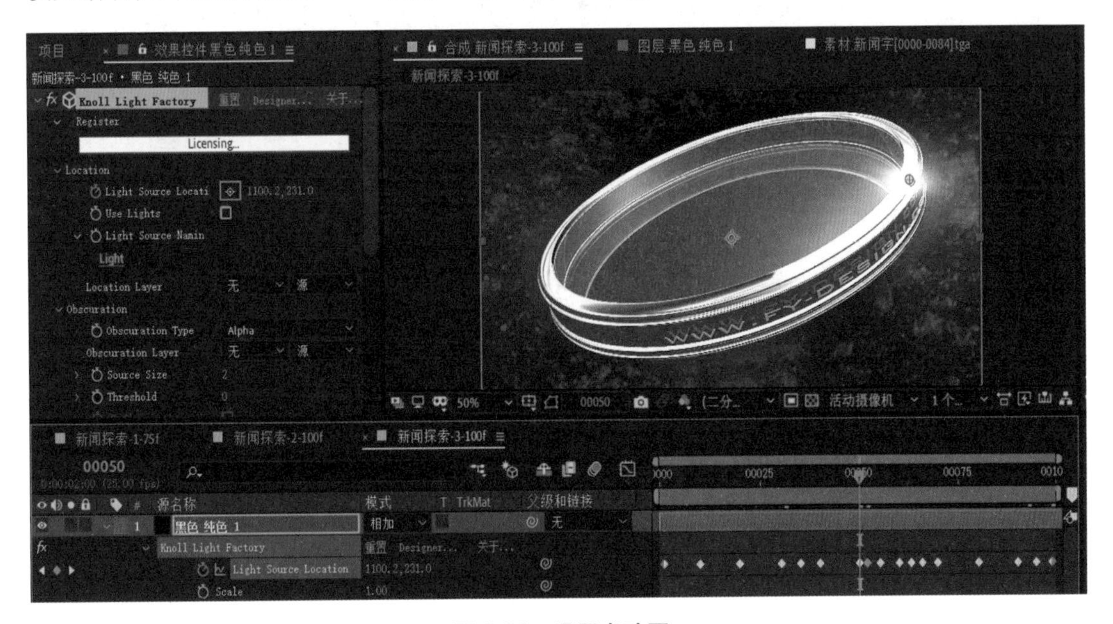

图 8-29　设置光动画

(11) 单击“镜头”图层,按 Ctrl+D 组合键,复制出一个“镜头”图层,在复制出的“镜头”图层上右击，选择【效果】→【扭曲】→【湍流置换】命令，展开“镜头”图层→【效果】→【湍流置换】→【数量】。将播放头放到第 0 帧处，单击【数量】前面的“小钟”图标，设置其值为 70。将播放头放到第 70 帧处，设置其值为 30.0。将播放头放到第 0 帧处，单击【大小】前面的“小钟”图标，设置其值为 15。将播放头放到第 50 帧处，设置其值为 42.0。将播放头放到第 0 帧处，单击【演化】前面的“小钟”图标，将播放头放到第 50 帧处，设置其值为“2x+0.0°”。设置该图层的混合模式为“变亮”，设置两个“镜头”图层的不透明度均为 35%，如图 8-30 所示。

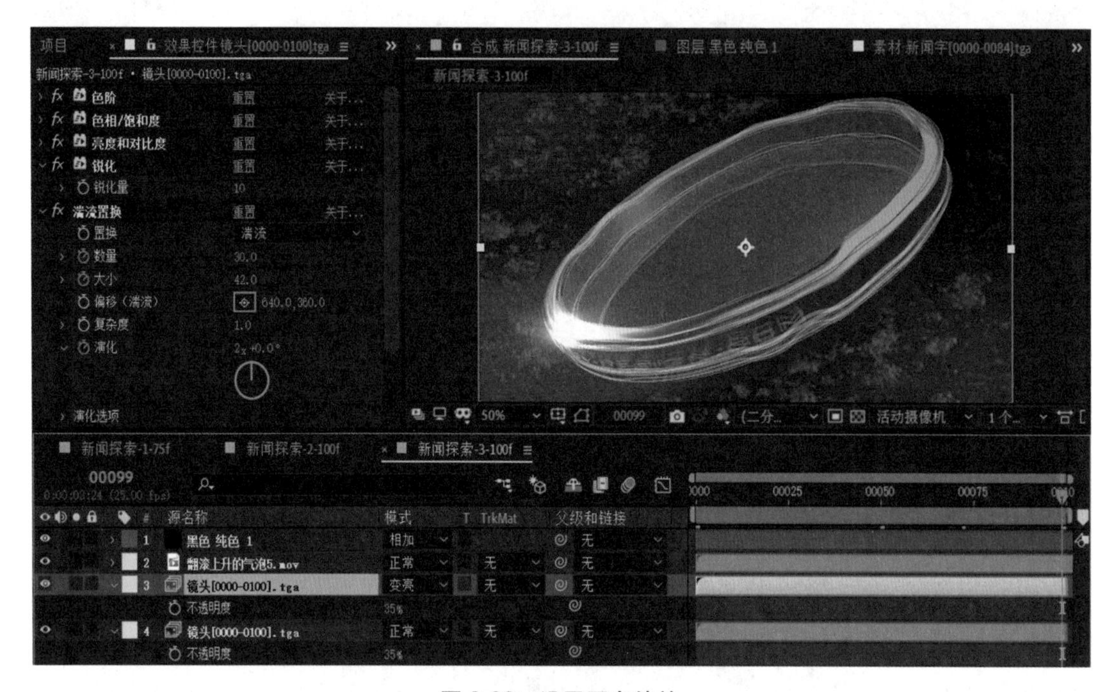

图 8-30　设置圆盘特效

（12）选择【文本工具】，单击场景下方的“选择网格和参考线选项”按钮，选择【标题 / 动作安全】，打开安全框。将播放头放到第 5 帧处，在场景中输入 S，在【字符】面板上设置字体为 Arial，字体样式为 Bold，字体大小为 230，颜色为白色。单击【源文本】和【不透明度】前面的“小钟”图标，将播放头放到第 0 帧处，设置【不透明度】值为 0，设置不透明度变化动画。将播放头放到第 10 帧处，将文本改为 D，设置【不透明度】值为 100%。将播放头放到第 15 帧处，将文本改为 W，将播放头放到第 20 帧处，将文本改为 F，将播放头放到第 25 帧处，将文本改为 V。将播放头放到第 30 帧处，将文本改为 C。将播放头放到第 35 帧处，设置【不透明度】为 100%。将播放头放到第 40 帧处，设置【不透明度】为 0，如图 8-31 所示。

（13）将播放头放到第 40 帧处，输入文本“新”，在【字符】面板上设置字体为“方正粗黑宋简体”，大小为 240，设置描边颜色为黑色，【设置描边宽度】值为 9。在文本图层上右击，选择【效果】→【透视】→【投影】，设置【阴影颜色】为白色，不透明度为 100%，方向为 128°，【距离】值为 10，【柔和度】值为 17，如图 8-32 所示。

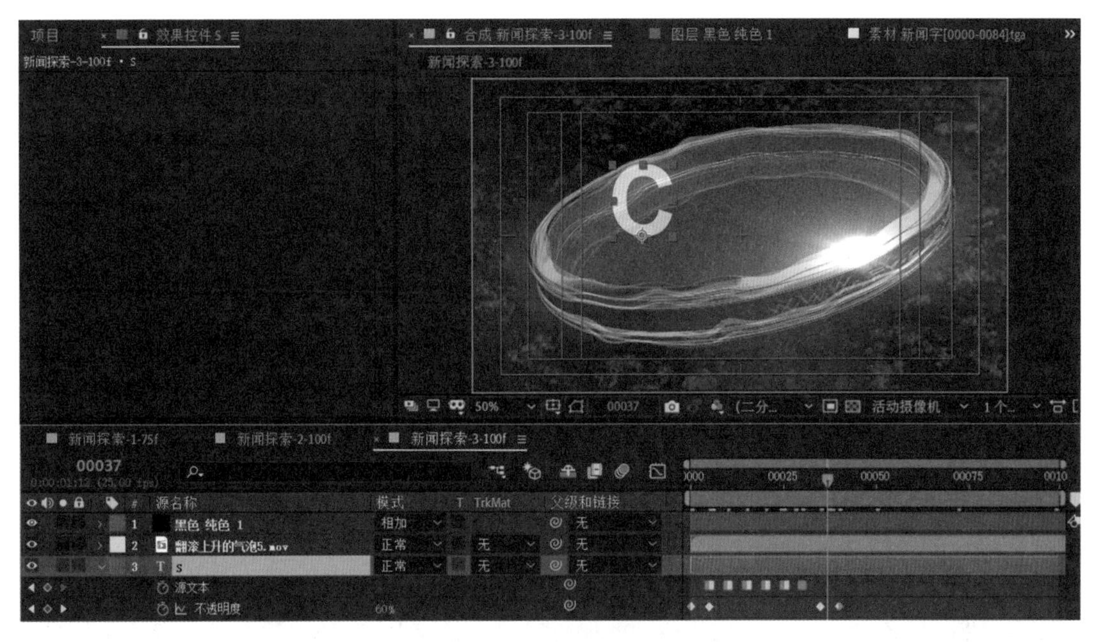

图 8-31　设置文本动画

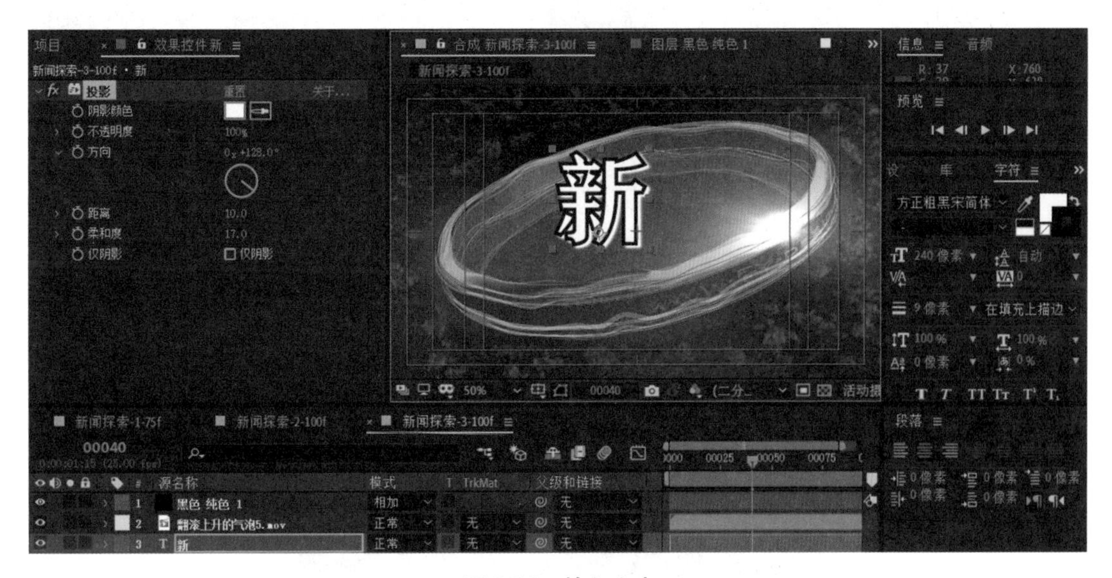

图 8-32　输入文本

（14）单击文本图层“新”，按 T 键，单击【不透明度】前面的“小钟”图标。将播放头放到第 37 帧处，将【不透明度】值设为 0。将播放头放到第 60 帧处，设置【不透明度】值设为 0。将播放头放到第 59 帧处，设置【不透明度】值设为 100%。选中该图层，按 S 键，将播放头放到第 40 帧处，单击【缩放】前面的“小钟”图标。将播放头放到第 59 帧处，设置【缩放】值为 50%。

（15）将播放头放到第 60 帧处，输入文本“闻”，并复制“新”的特效【投影】到“闻”字上。单击图层“闻”，按 S 键。单击【缩放】前面的“小钟”图标，将播放头放到第 45 帧处，设置【缩放】值为 50%。单击图层“闻”，按 T 键。单击【不透明度】前面的“小钟”图标，设置其值为 50%。将播放头放到第 60 帧处，设置其值为 100%。将播放头放到第 44 帧和第 65 帧处，设置其值为 0，如图 8-33 所示。

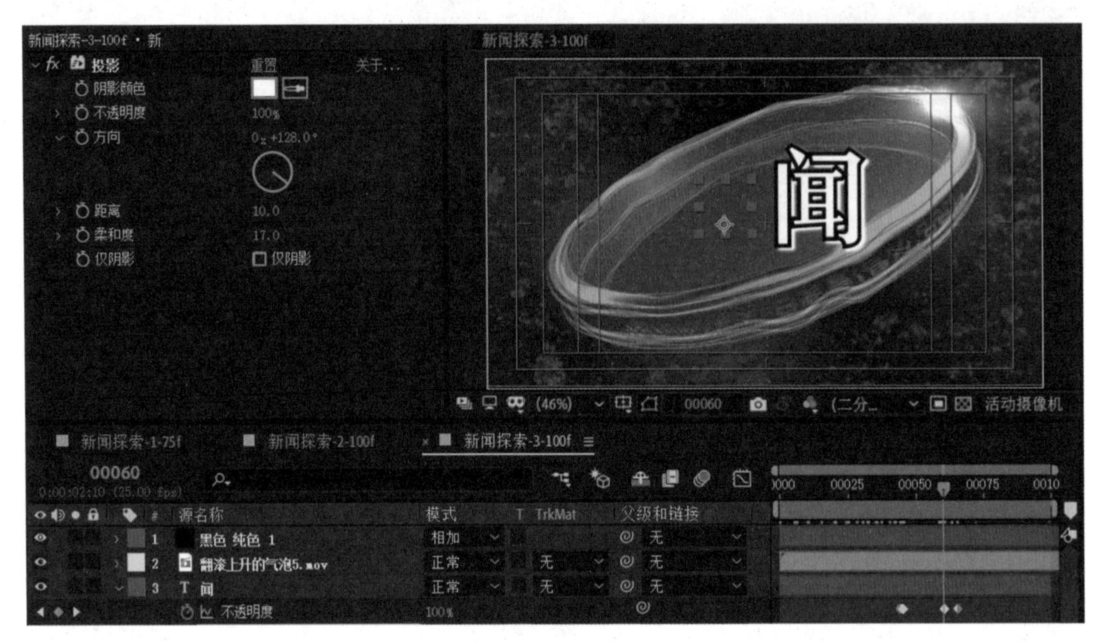

图 8-33　设置文本动画

（16）网格制作。按 Ctrl+Y 组合键创建黑色纯色层，在纯色层上右击，选择【效果】→【生成】→【网格】命令，设置【大小依据】值为“宽度滑块”，【宽度】值为 20，【边界】值为 3。单击图层，按 Ctrl+Shift+C 组合键，进行嵌套操作，设置如图 8-34 所示。

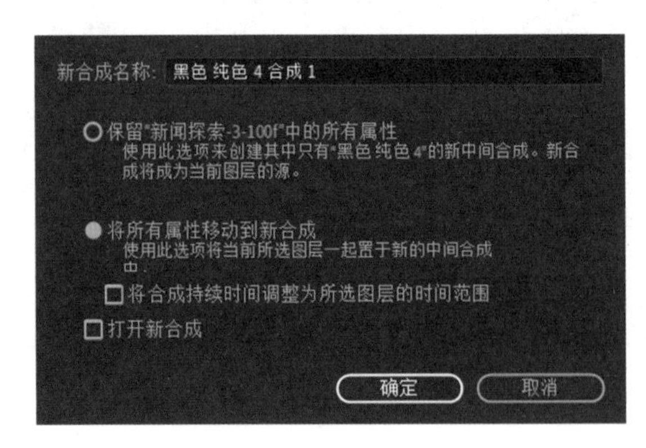

图 8-34　进行嵌套操作

注意：

如果素材使用遮罩后不管用，则先将素材嵌套，再使用遮罩。

（17）将播放头放到第 25 帧处，使用【钢笔工具】绘制遮罩（框选圆盘内侧），该图层的混合模式设置为“相加”。选中图层，按 T 键，设置【不透明度】值为 100%，设置第 24 帧处的【不透明度】值为 0。展开该图层的【蒙版】→【蒙版 1】→【蒙版路径】，添加关键帧，随着圆盘的变化，修改遮罩的形状，如图 8-35 所示。

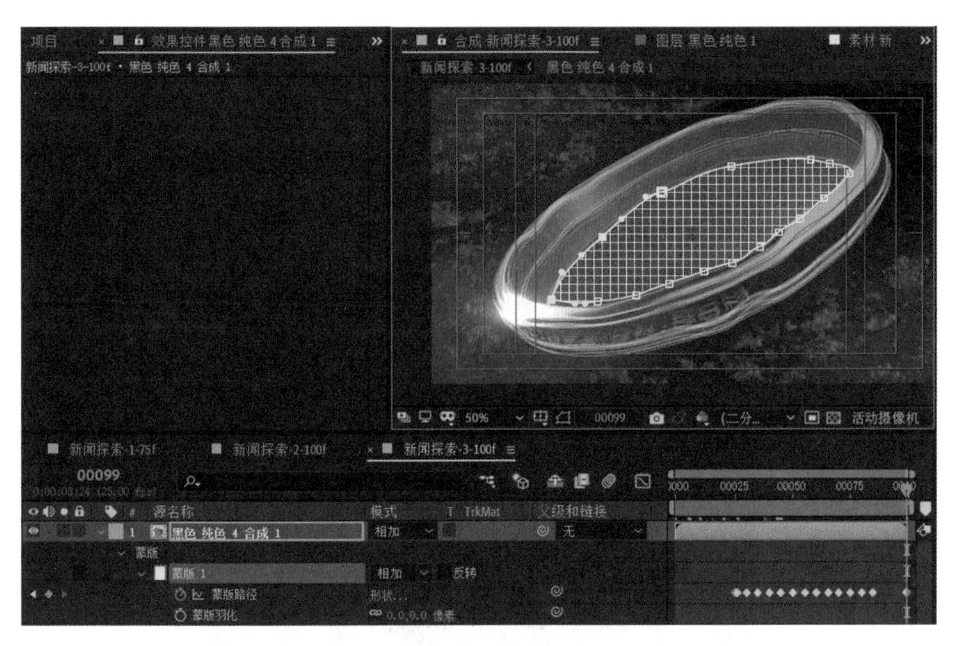

图 8-35 制作遮罩

（18）在该图层上右击，选择【效果】→【过时】→【基本 3D】命令，添加【旋转】、【倾斜】、【与图像的距离】的关键帧，使网格具有立体感。将播放头放到第 25 帧处，设置【旋转】值为 0°，设置【倾斜】值为 0°，设置【与图像的距离】值为 0°。将播放头放到第 39 帧处，设置【倾斜】值为 6°。将播放头放到第 42 帧处，设置【旋转】值为 4.8°。将播放头放到第 68 帧处，设置【旋转】值为 16.6°，设置【倾斜】值为 - 10°。将播放头放到第 99 帧处，设置【旋转】值为 8°，设置【倾斜】值为 - 9°，设置【与图像的距离】值为 - 7°，如图 8-36 所示。调整不合适的锚点位置。

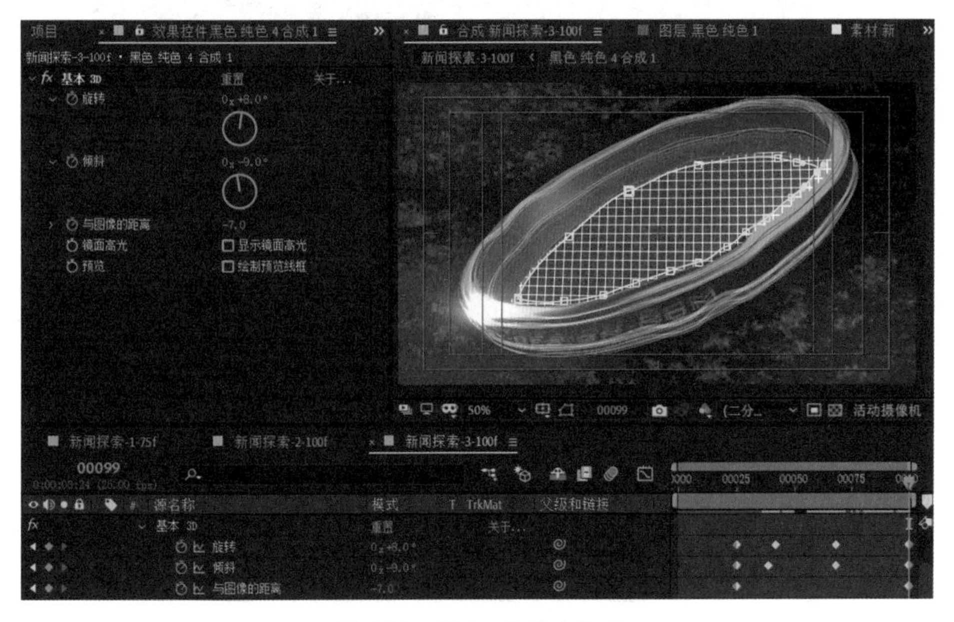

图 8-36 调整网格的立体感

任务四　制作新闻探索 4

【任务实施】

（1）按 Ctrl+N 组合键创建合成，设置如图 8-37 所示。

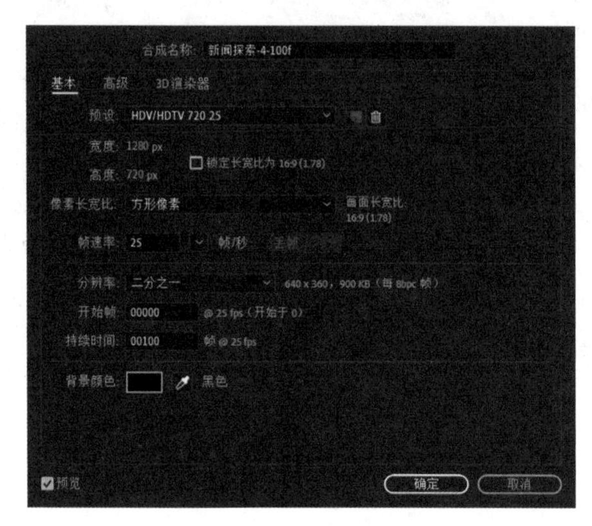

图 8-37　创建合成

（2）将合成“新闻探索 -3-100f”中的颜色渐变背景复制，粘贴过来，设置【颜色 1】、【颜色 2】、【颜色 3】、【颜色 4】的 RGB 值分别为“115,59,4”“150,38,4”“2,9,59”“1,1,24”，设置混合模式为“强光”，如图 8-38 所示。

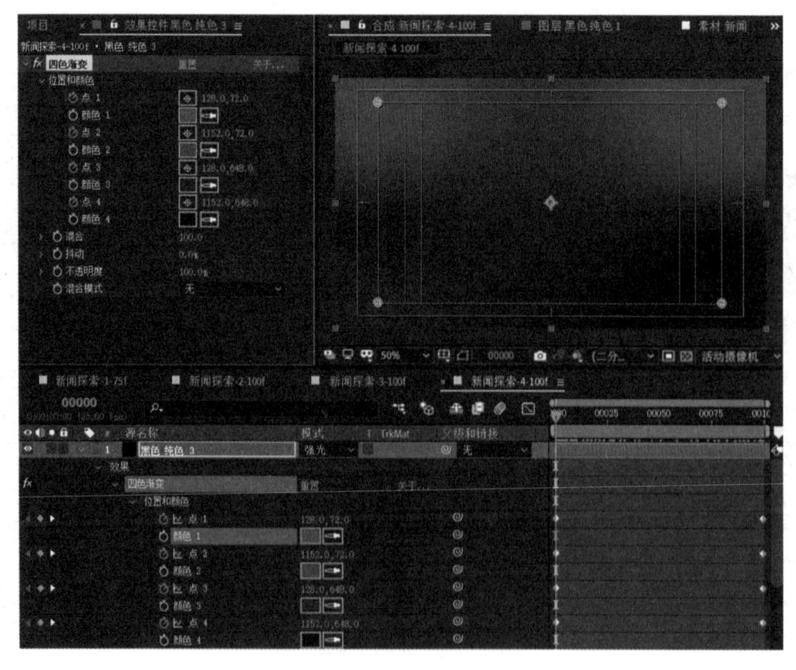

图 8-38　设置颜色

(3) 导入素材“地球”序列图片,拖到合成层中,在【时间轴】面板中设置其【新持续时间】值为 100。按 S 键,将“地球”调小至 80%,如图 8-39 所示。

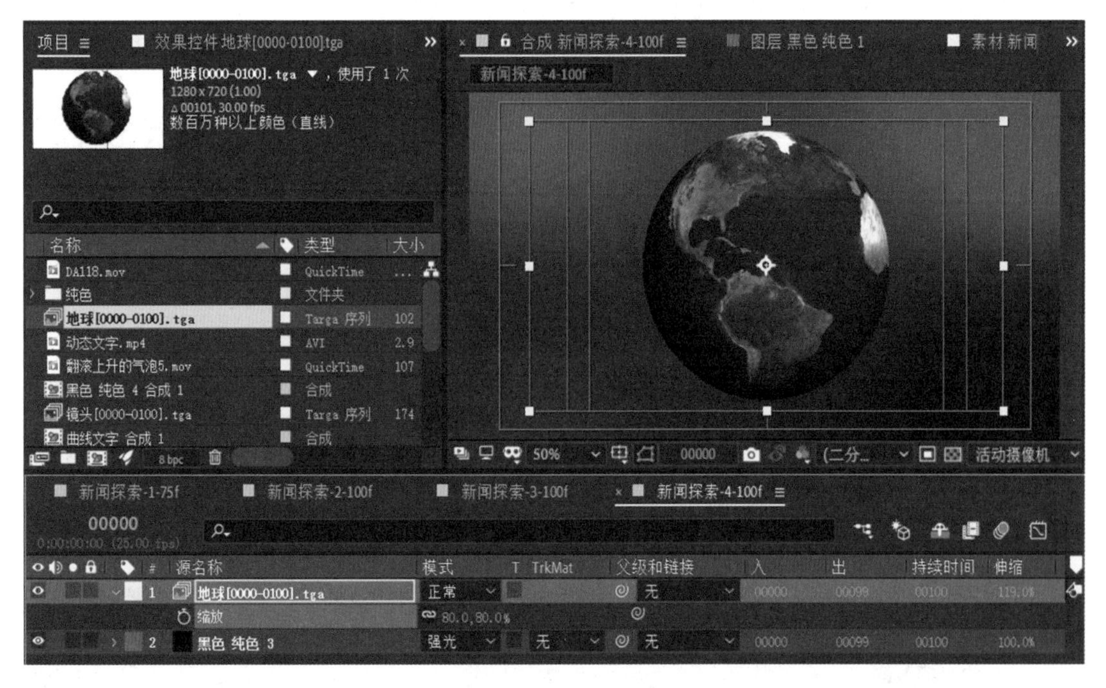

图 8-39　导入“地球”

(4) 按 Ctrl+Y 组合键创建黑色纯色层,名称为“地球背光”,放到“地球”层下方。在该图层上右击,选择【效果】→【生成】→【圆形】命令,设置【半径】、【羽化】和【颜色】的 RGB 值为“10,3,102”,如图 8-40 所示。

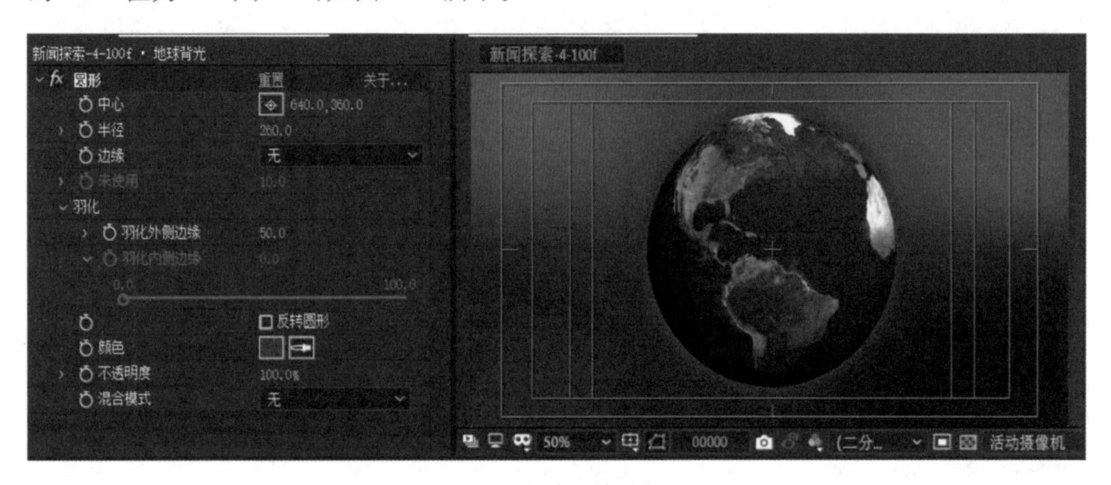

图 8-40　创建“地球背光”

(5) 按 Ctrl+Y 组合键创建黑色纯色层,名称为“大气层”。在该图层上右击,选择【效果】→【生成】→【圆形】命令,设置【半径】、【边缘】、【边缘半径】、【羽化外侧边缘】、【羽化内侧边缘】的值,如图 8-41 所示。

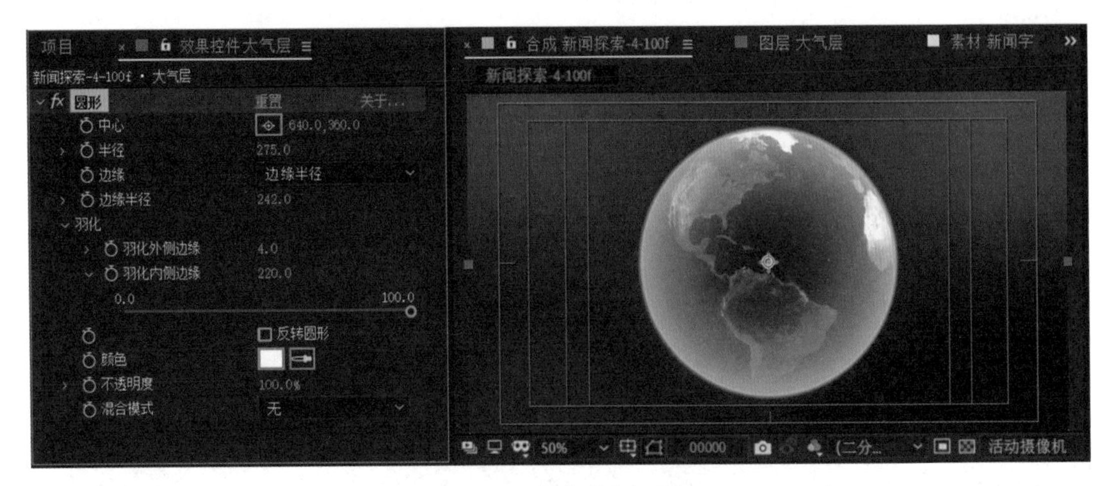

图 8-41 创建“大气层”

(6) 按 Ctrl+Y 组合键创建白色纯色层，使用【钢笔工具】绘制月牙形遮罩（为了便于绘制，可以先降低图层的不透明度），调整蒙版羽化值和不透明度值，混合模式为“相加”，如图 8-42 所示。

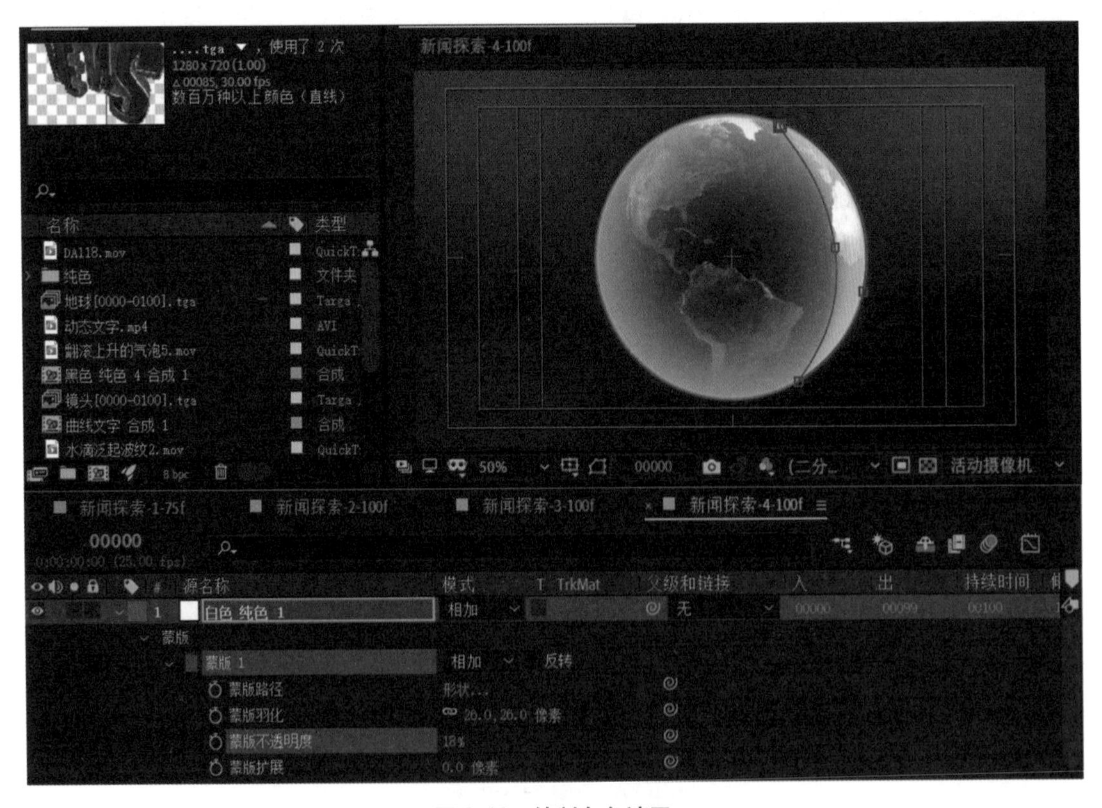

图 8-42 绘制白色遮罩

(7) 按 Ctrl+Y 组合键创建红色纯色层，使用【钢笔工具】绘制遮罩，调整羽化值和不透明度。按 Ctrl+D 组合键两次，复制出两个图层，分别放到“大气层”“地球”和“地球背光”图层的上方，如图 8-43 所示。

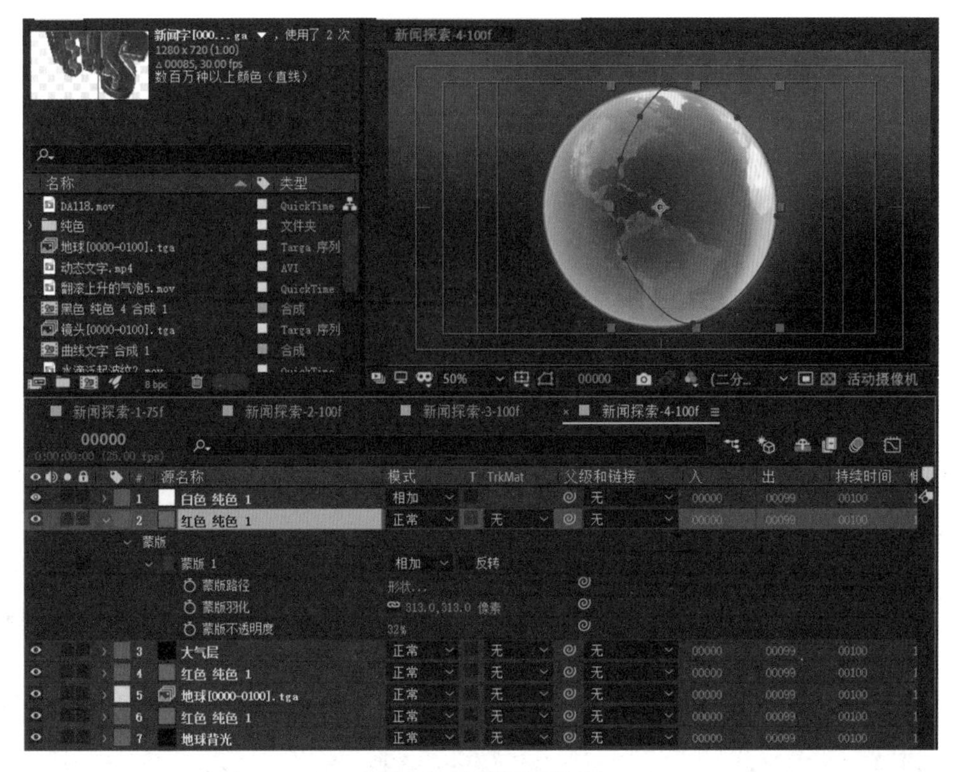

图 8-43　调整图层位置

(8) 按 Ctrl+Y 组合键创建黑色纯色层,名称为“星空”,在上面右击,选择【效果】→【杂色和颗粒】→【分形杂色】命令,设置【杂色类型】值为“柔和线性”,【对比度】值为 1136,【亮度】值为－445,【缩放】值为 10,混合模式为“相加”,放到背景图层“黑色 纯色 3”上面,如图 8-44 所示。

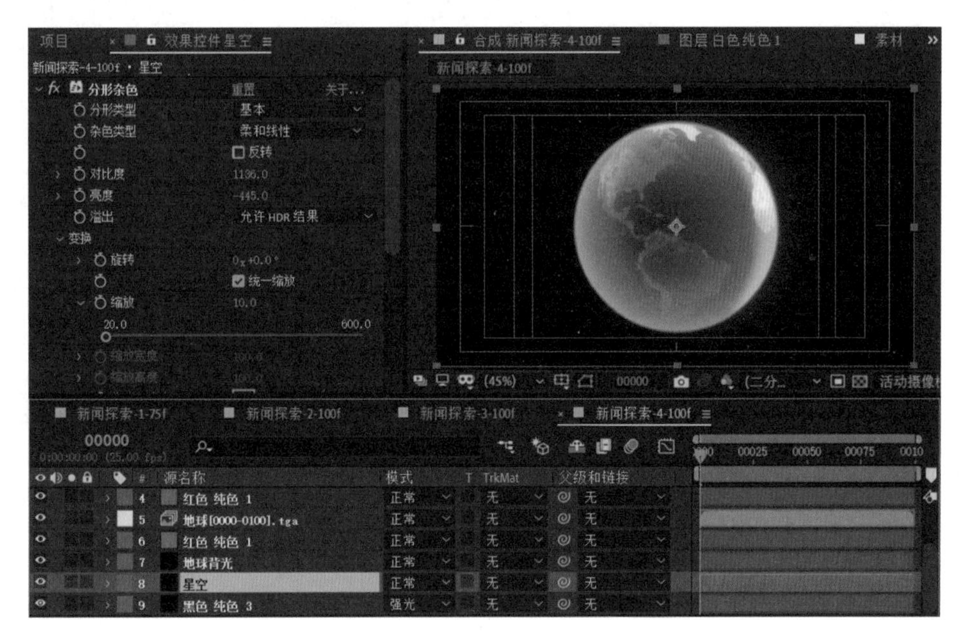

图 8-44　创建“星空”

（9）按 Ctrl+Y 组合键创建黑色纯色层，名称为“光线”，放到最上层。在图层上面右击，选择【效果】→ RG VFX → Knoll Light Factory 命令，单击 Designer 按钮，选择【镜头光晕预设】值为 Warm Sunflare。【镜头光晕编辑】栏只留主光源，其余隐藏。单击 OK 按钮，如图 8-45 所示。拖动光晕的中心点将光晕放到地球右侧，选中该图层，使用【椭圆工具】绘制椭圆形遮罩，调整羽化值、扩展值和遮罩形状，并设置“光线”图层的混合模式为“屏幕”，如图 8-46 所示。

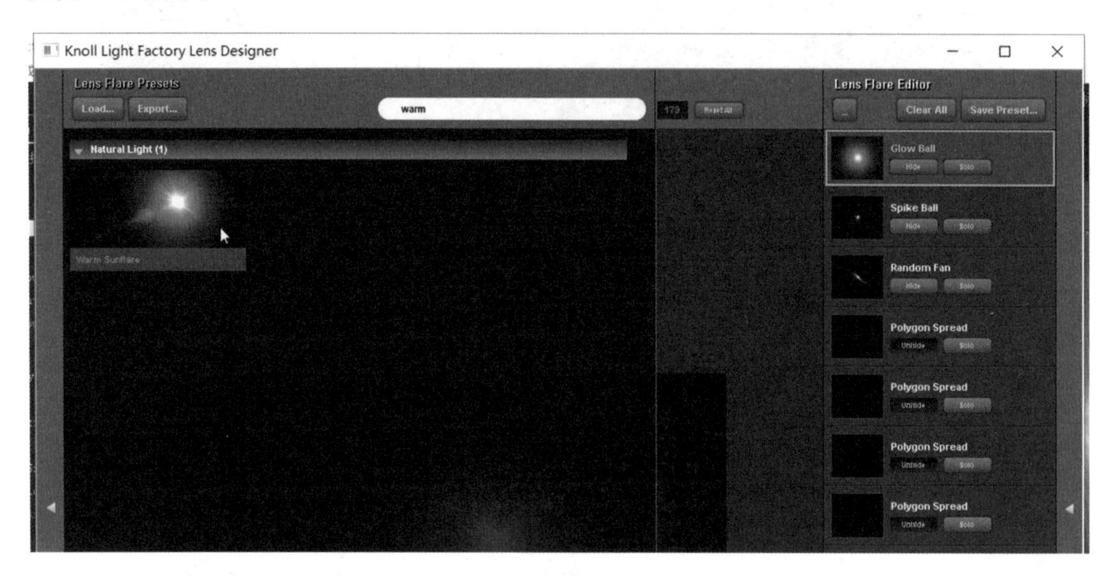

图 8-45　设置镜头光晕

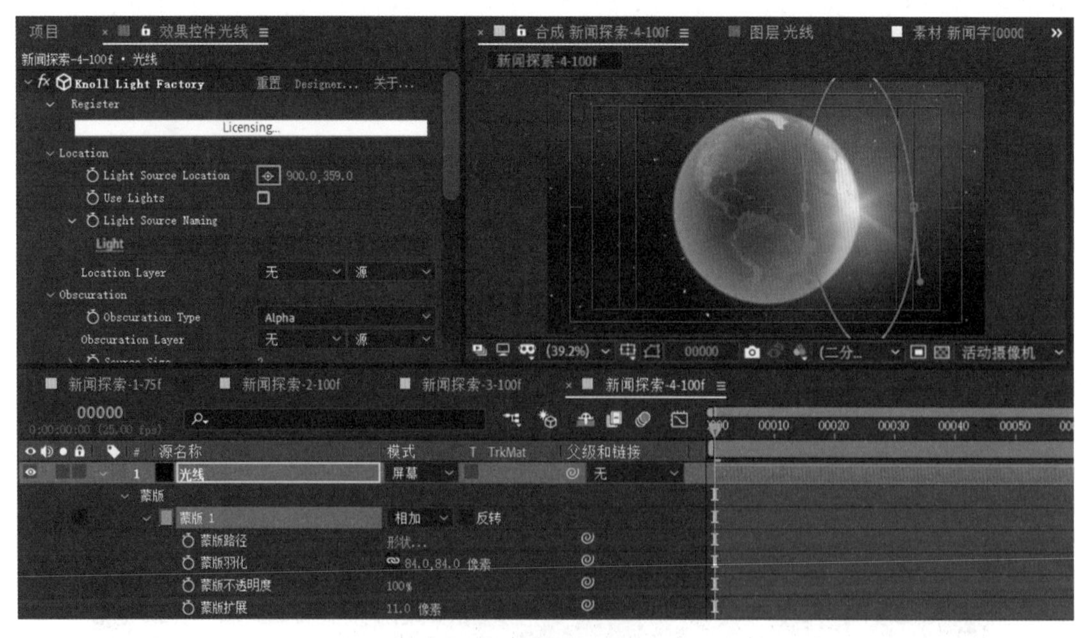

图 8-46　创建“光”

（10）导入素材“文字”，拖到合成层中，复制合成“新闻探索-3-100f”中文字“新”的特效，粘贴过来。在【时间轴】面板上设置【持续时间】值为 100，如图 8-47 所示。

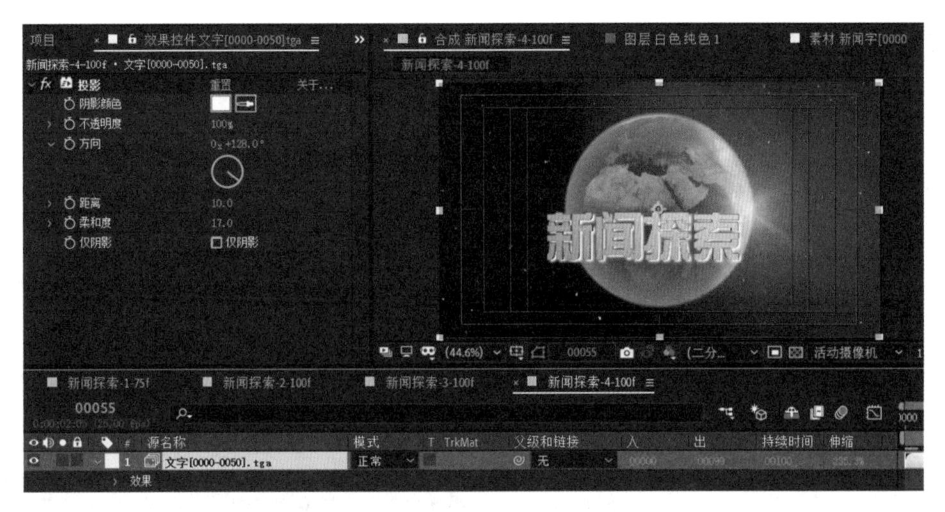

图 8-47 文字设置

（11）导入单张素材图片“文字 0050”，拖入合成层中。将播放头放到第 51 帧处，单击【不透明度】前面的“小钟”图标，设置为 100%。将播放头放到第 40 帧处，设置其【不透明度】值为 0。在该图层上右击，选择【效果】→【生成】→【梯度渐变】命令，设置【起始颜色】值为白色，【结束颜色】值为蓝色（RGB 为“6,25,206”）。【渐变起点】定位在文本上方，【渐变终点】定位在文本下方，如图 8-48 所示。

图 8-48 设置梯度渐变特效

（12）按 Ctrl+D 组合键，复制一个“文字 0050”图层，删除【梯度渐变】特效。在该图层上右击，选择【效果】→【生成】→【填充】命令，设置颜色为黑色。按 S 键，取消约束比例，设置其值为“102,108%”。将图层下移一层，调整黑色文字的位置。再次按 Ctrl+D 组合键，复制一个“文字 0050”图层，设置填充颜色为淡蓝色（RGB 为“160,198,247”）。按 S 键，取消约束比例，设置其值为“103,110%”。将图层下移一层，调整淡蓝色文字的位置，如图 8-49 所示。

图 8-49　制作描边效果

（13）将合成层“新闻探索-2-100f”中的图层 DA118.mov 和“动态文字.mp4”复制、粘贴过来，调整大小和位置，如图 8-50 所示。

图 8-50　添加动态文本

（14）将播放头放到第 51 帧处，使用【文本工具】输入文本 DISCOVERY NEWS，放到场景左侧。按 P 键，单击【位置】前面的“小钟”图标。将播放头放到第 70 帧处，将文本移到场景中间，如图 8-51 所示。

图 8-51　创建文本动画

（15）按 Ctrl+N 组合键创建合成，名称为“完整合成”，包括 0 ～ 360 帧。在【合成】窗口中取消显示“标题 / 动作安全”。分别将“新闻探索 -1-75f”“新闻探索 -2-100f”“新闻探索 -3-100f”“新闻探索 -4-100f”拖到合成层“完整合成”中。其中，“新闻探索 -1-75f”在第 0 ～ 75 帧，“新闻探索 -2-100f”在第 61 ～ 160 帧，“新闻探索 -3-100f”在第 161 ～ 260 帧，“新闻探索 -4-100f”在第 261 ～ 360 帧，如图 8-52 所示（为便于调整，可放大或缩小帧级别）。

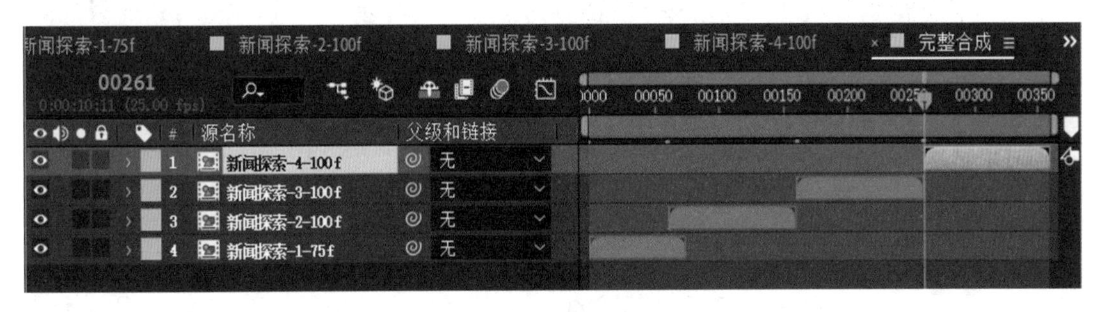

图 8-52　整合影片

注意：

- 按 [键，使素材轨迹的首端移到播放头处。
- 按] 键，使素材轨迹的末端移到播放头处。
- 按 I 键，快速移动播放头到素材轨迹左端。
- 按 O 键，快速移动播放头到素材轨迹右端。

（16）导入素材“片头合成 2010.mov”，拖入合成层中，放到最下面并隐藏，但保留声音。选择场景下方的【分辨率设置】中的【二分之一】，降低品质并预览动画。

任务五　制 作 转 场

【任务实施】

（1）将播放头放到第 61 帧处，分别单击“新闻探索-1-75f”和“新闻探索-2-100f”图层，按 T 键，单击【不透明度】前面的“小钟”图标，设置“新闻探索-1-75f”图层的【不透明度】值为 100%，“新闻探索-2-100f”图层的【不透明度】值为 0。将播放头放到第 75 帧处，设置“新闻探索-1-75f”图层的【不透明度】值为 0，“新闻探索-2-100f”图层的【不透明度】值为 100%。

（2）导入素材“翻滚上升的气泡 2.mov”，拖到合成层中，放到“新闻探索-1-75f”图层和“新闻探索-2-100f”之间，调整其长度为第 38 ～ 77 帧（可以将播放头放到 38 帧处，按 Alt+[组合键；将播放头放到 77 帧处，按 Alt+] 组合键），使用【钢笔工具】绘制遮罩（框选大气泡），调气泡的中心点到下方位置，如图 8-53 所示。

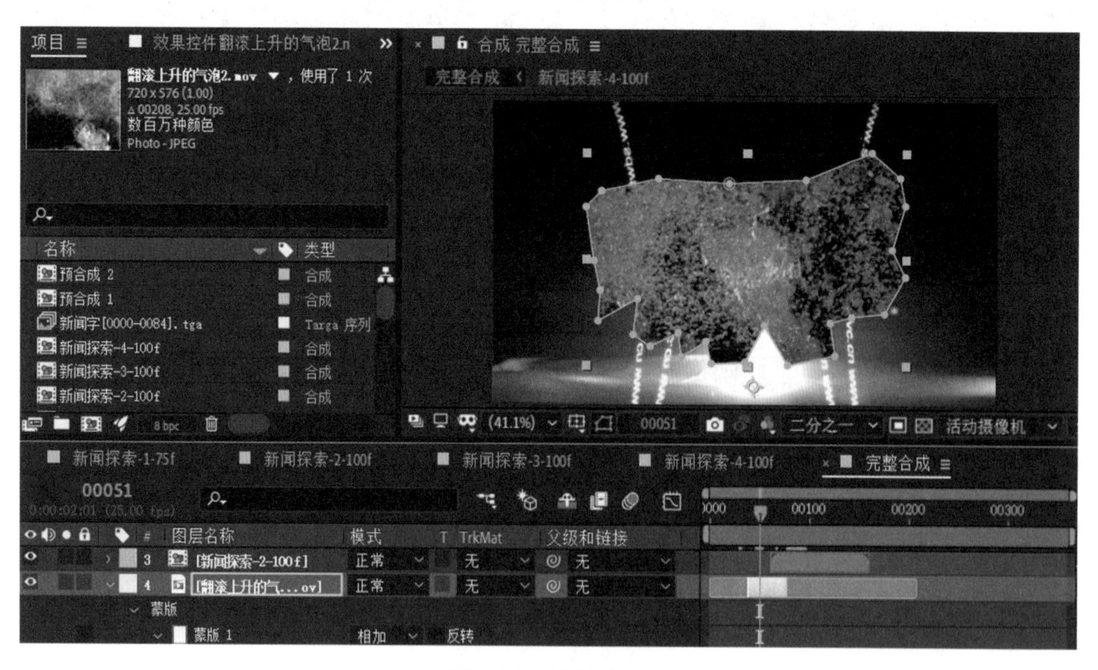

图 8-53　绘制遮罩

（3）单击“翻滚上升的气泡 2”图层，设置【蒙版羽化】值为 62 像素。按 S 键，将播放头放到第 38 帧处，单击【缩放】前面的“小钟”图标，设置其值为 0。将播放头放到第 50 帧处，设置【缩放】值为 150%。将播放头放到第 77 帧处，设置【缩放】值为 285%。设置该图层的混合模式为“相加”，如图 8-54 所示。

（4）在【时间轴】面板空白处右击，从弹出的快捷菜单中选择【新建】→【调整图

层 1】命令，创建一个调整层。在该图层上右击，选择【效果】→【扭曲】→【波纹】命令，将播放头放到第 38 帧处，单击【半径】前面的“小钟”图标。将播放头分别放到第 39 帧和第 159 帧处，设置【半径】值为 15。将播放头放到第 160 帧处，设置【半径】值为 0。调整波形中心位置，如图 8-55 所示。

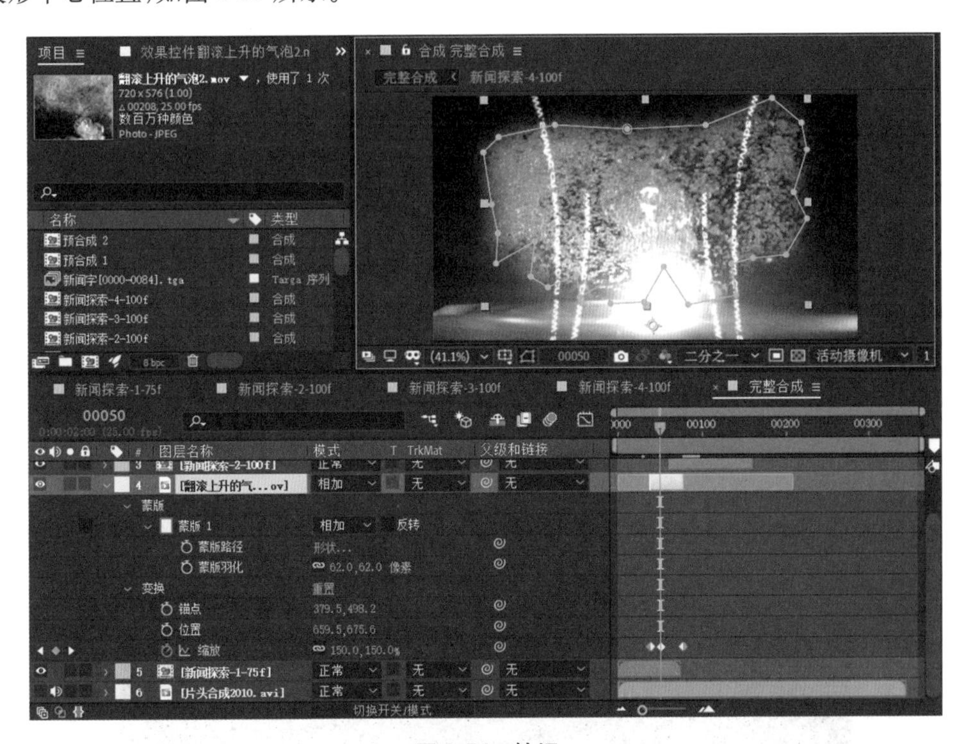

图 8-54　转场

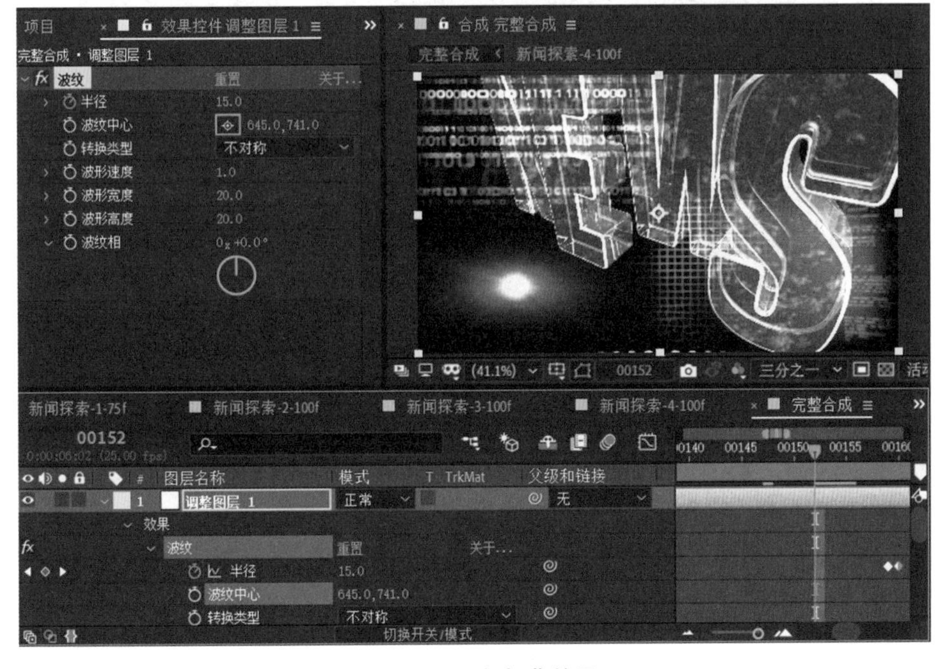

图 8-55　添加扭曲效果

（5）添加背景音乐，保存文件，再渲染输出。

注意：

为了减小资源，便于传输，提供的素材中已将文中提到的mov格式的文件都转成了mp4格式。

【项目总结】

本项目综合利用前面所学知识，制作了一个“新闻探索”栏目的片头，共包括4段。在制作时注意以下几点：

（1）每一段内容在一个合成层中，最后将4段进行整合。

（2）通过为不透明度添加关键帧，控制内容的出现时段。

（3）校色时，需要反复调整，跟场景色调一致。

（4）特效属性没有固定值，也需要反复调整，直到合适为止。

【项目拓展】

综合利用分形噪波、调色剂、光、颜色、光工厂、模糊、3D描边、粒子等特效及遮罩，制作素材crystal影片中的片头效果，如图8-56所示。

图8-56　片头

参 考 文 献

[1] 水晶石教育 . 建筑动画后期 [M]. 北京：高等教育出版社，2011.

[2] 张凡,等 . After Effects CC 2015 中文版应用教程 [M].3 版 . 北京 : 中国铁道出版社，2018.